非金属矿物精细化加工系列

U0149562

非金属矿物

加工设计分析

杨华明　欧阳静　编著

　化学工业出版社

·北京·

本书围绕非金属矿物精细化加工过程中主要使用的实验设计方法、检测分析方法进行介绍，主要包括：实验设计的必要性和单因素实验、正交试验设计、矿物岩相分析、矿物成分分析、晶体结构分析与计算、表面和内部形貌分析、界面分析技术、热分析、红外吸收光谱分析等技术，还具体介绍了典型非金属矿物的相应最新表征测试结果。本书对主要非金属矿物的实验研究、数据查阅、应用推广等有重要的参考价值。

全书内容丰富、实用性强，可供广大从事非金属矿物材料、无机非金属材料、复合材料以及矿物加工、非金属矿深加工和化工、环境工程等科研技术人员参考，也可供大专院校无机非金属材料、矿物材料等相关专业师生作为教学参考书或教材。

图书在版编目（CIP）数据

非金属矿物加工设计与分析/杨华明，欧阳静编著. —北京：化学工业出版社，2018.9
（非金属矿物精细化加工系列）
ISBN 978-7-122-32439-9

Ⅰ.①非…　Ⅱ.①杨…②欧…　Ⅲ.①非金属矿物-加工
Ⅳ.①TD97

中国版本图书馆 CIP 数据核字（2018）第 135265 号

责任编辑：朱　彤　　　　　　　　　　文字编辑：李　玥
责任校对：边　涛　　　　　　　　　　装帧设计：刘丽华

出版发行：化学工业出版社（北京市东城区青年湖南街 13 号　邮政编码 100011）
印　　装：河北鹏润印刷有限公司
787mm×1092mm　1/16　印张 13½　字数 363 千字　2020 年 1 月北京第 1 版第 1 次印刷

购书咨询：010-64518888　　　　　　售后服务：010-64518899
网　　址：http://www.cip.com.cn

凡购买本书，如有缺损质量问题，本社销售中心负责调换。

定　　价：78.00 元　　　　　　　　　　　　　　版权所有　违者必究

非金属矿物是地球上占绝对优势的矿物种类，人类生活、居住的各个方面均离不开非金属矿物及其加工的产品。对非金属矿物的性质及其性能的深入研究，并运用新的技术手段对非金属矿物进行精细化加工，以及对非金属矿物及其矿物材料进行分析与表征，是现代科学技术发展的必然要求和发展趋势。

这套"非金属矿物精细化加工系列"丛书围绕非金属矿物精细化加工过程的主要环节，从非金属矿物的矿物学特性、检测分析、深加工技术及其工程装备等角度，系统介绍了非金属矿物精细化加工的重要内容。该丛书各分册内容主要如下：丛书之一《非金属矿物加工理论与基础》介绍了非金属矿物超细与提纯加工过程涉及的表面化学原理；丛书之二《非金属矿物精细化加工技术》介绍了代表性非金属矿物精细化加工的基本技术原理，如选矿提纯、超微细与分级、颗粒形状处理、表面改性及结构改型技术，以及相关技术的应用等；丛书之三《非金属矿物加工设计与分析》介绍了非金属矿物精细加工过程涉及的主要实验设计方法及检测分析方法，重点介绍了典型非金属矿物的相关表征测试结果；丛书之四《非金属矿物加工工程与设备》介绍了与非金属矿物精细化加工过程相关的主要机械设备及其基本构造、工作原理和应用特点等，并简要介绍了精细化加工的工艺设计及设备选型的原则与思路等。

整套丛书融合了与非金属矿物加工相关学科的基础理论知识，汇集了国内外同行在非金属矿物加工领域的研究成果，从非金属矿物精细化加工的基础理论、技术、工程设备到检测分析，整体系统性强，可供从事非金属矿物加工研发及生产的工程技术人员参考。

中国工程院　院士
中南大学　教授

2018 年 6 月 19 日

FOREWORD 前言

《非金属矿物加工设计与分析》是"非金属矿物精细化加工系列"丛书之一。

在现代科技革命和新兴产业发展过程中，非金属矿物及其材料的作用越来越重要。非金属矿物材料是现代高温、高压、高速工业的基础原材料，也是支撑现代高新技术产业的原辅材料和多功能环保材料。精细化加工是非金属矿物资源开发利用的大趋势与主方向。

在非金属矿物的研究、设计及应用过程中，需要使用多种测试分析手段。对于以非金属矿物为原料的矿物材料研发，由于天然原料的复杂性以及不同加工方式对矿物结构与特性的影响，对矿物及其产品的跟踪、检测显得尤为重要，包括矿物成分、结构、表面性质、形貌特征与元素嵌布特点等。对杂质的深入分析需要用到光学显微镜，对粉体原料则需要检测粉体的粒径分布及颗粒的形貌特征，这些数据将为下一步进行材料开发提供基础数据。此外，在矿物材料合成与制备过程中，需要以单因素实验和正交试验方法等，对样品的合成过程进行科学设计，合理安排实验数量和方案，并实时检测产品的结构、形貌、性能等参数，为合成过程提供监测；在产品开发完成后，还需要对产品的微观结构和表面成键等特征进行系统分析，特别是对矿物材料的使用性能等进行测试。通过上述分析，基本可以完成对以矿物为原料进行精细化加工与利用过程中需要使用的实验设计方法，以及通用的检测与分析技术介绍。通过查阅已有的典型数据，就可能对矿物的基本属性有所了解，从而有针对性、有目的地设计相关实验，合成新型矿物材料。

本书综合归纳了非金属矿物加工设计与实验开发过程中的检测、分析技术及实验设计思路与方法。全书具体分为11章：第1章主要综述矿物材料合成中的实验、技术、工艺等的发展历程与趋势；第2章介绍实验设计中的单因素实验法；第3章详细介绍矿物加工实验设计中的正交试验方法与设计方法；第4章介绍原料矿物学特性分析使用的岩相分析技术；第5章介绍矿物成分分析的几种典型方法；第6章介绍以X射线衍射对矿物原料和产品进行物相的定性、定量分析的方法；第7章至第9章分别介绍对矿物原料和产品的表面扫描电子显微分析、透射电子显微分析和原子力显微分析技术；第10章介绍矿物原料和产品受热分析状态的变化分析技术；第11章主要介绍硅酸盐矿物表面和内部的成键状态与分子结构特点的红外光谱分析技术。另外，在本书主要章节中还专门附有典型非金属矿物的特性参数。

该系列丛书由杨华明任主编，由陈德良、张向超、杜春芳、欧阳静任副主编。本书由杨华明和欧阳静编著，由欧阳静负责整理与修改。在编写过程中，获得了博士研究生何曦、李传常、丁文金、金娇、李晓玉、刘松阳、彭康，硕士研究生伦惠林、谢亚玲、李阿鹏、周正、吕长征、徐大伟等的大力支持，在此一并表示感谢。

由于编著者水平有限，书中难免存在不妥之处，恳请读者批评指正。

编著者

2019 年 5 月

CONTENTS 目 录

第7章　扫描电子显微镜及矿物能谱分析技术　　110

第8章　透射电子显微镜技术及非金属矿物形貌　　122

第9章　原子力显微镜及在矿物中的应用　　150

第 1 章
绪 论

1.1 矿物分析研究方法的发展历史

矿产资源是重要的自然资源，是社会生产、生活和科技发展不可缺少的物质基础。在矿藏的勘探过程中，如何快速、准确地对岩石中各种矿物成分进行性质分析与测定，判明矿产资源的品质和储量，再根据岩石矿物所在地区矿产资源利用价值，决定采矿的投资规模，具有重大的现实意义和深远的历史意义。

矿物是由地壳中的一种或多种化学元素组成的自然聚合体，是地壳中各种地质作用的产物。一般矿物种类是多种多样的，这主要是由于自然界中不同的化学元素和它们多样的组合方式，以及复杂多变的地质作用促使了矿物的多样化。自然界中目前已知的矿物种类达到三千多种，然而最常见的也不过百余种之多，多数是几种元素的化合物，如石英、赤铁矿、磁铁矿等含氧矿物，白云石和方解石等碳酸盐类矿物，长石、云母、角闪石等硅酸盐类矿物，石膏、重晶石等硫酸盐类矿物；此外，还有一些如锌、铜、铁等硫化矿物。

矿物分析测试的历史，应该说与分析化学是同源的，甚至与元素发现的历史也是相伴的。在分析化学的早期发展中，矿物的检测分析长期处于无机化学的前沿。从 18 世纪开始到 19 世纪中期，天然矿物材料的化学组成一直是许多化学家研究的热门课题。甚至到了 20 世纪中期，化学性质极为相似的 Nb 和 Ta、Zr 和 Hf 及稀土元素的分离与分析仍是分析化学的难题。矿物分析不仅为元素的发现、矿产资源的开发利用和近代工业革命做出了贡献，而且推动了地学的发展，特别是成为岩石学、矿物学、地球化学、同位素地质学和年代学的基础。其中，地球化学的奠基人克拉克就是一位著名化学家，也是一位岩石分析者。

矿物分析测试是运用化学、物理和光学等多种手段，对岩石、矿石和矿物的化学成分、物质组成、元素赋存状态和价态、选冶工艺性能以及其他物理、化学性能进行实验测试等微观研究信息的综合技术手段的总称。它与宏观地质调查相结合，达到对客观地质体的全面研究和认识，从而为地质找矿、矿产资源综合利用和评价、生态环境评价以及地质科学研究等提供科学依据。因此，地质学家们将地质实验测试工作视为地质工作的"眼睛"，是野外地质工作的继续。世界著名地质学家、我国首任地质部部长李四光先生曾在 1953 年全国地质化验工作会议上说："地质、钻探、化验三足鼎立，三分天下有其一"，精辟地阐明了矿物分析测试在地质工作中的作用和地位。

必须指出，当前，国民经济快速发展，岩石矿物探测技术的发展对地质学等多个学科的发展起到推动作用，并且对于岩石矿物的检测分析技术更趋向于国际化、制度化，对于岩石矿物分析仪器的要求也越发地严格，这也就在无形中推动了检测分析仪器开发与研究的国际合作。如何更为有效地使用更准确、更先进的岩石矿物分析方法和手段合理地对岩石和矿物进行开发和利用，是当今岩石矿物分析技术的发展趋势之一。

1.2 矿物分析测试的一般方法

矿物的鉴定基本遵循加工式样→定量与半定量的分析→选择测定方法→拟定测定方案→分析鉴定并且进行审查这几个步骤有序进行。这种科学化的鉴定方法由于严格按照质检制度进行，其分析的结果很大程度上符合了国家的规定，为岩石矿物的鉴定提供了很大的便利，鉴定结果的精确性和正确性大为提高。所以，这种鉴定方法常被地质研究工作者所采用，同时是材料科学工作者的常用分析方法。矿物鉴定的几个步骤是地质工作者进行矿物勘探最基础的一项工作，有利于查询中国最基本的地质状况；同时，地质工作者对矿物的测试工作所提取的有关地质数据信息具有公益性、基础性、超前性和指导性意义。在某个程度上，人类通过地质工作者所进行的矿物工作，能够更为深入地了解自然界本源，探索地球未知的一面。以下简单介绍岩石矿物分析和鉴定一般使用的方法、流程。

（1）对矿物的实体样品进行加工　在这个环节中，一般都是将采取的原始矿物样品送至专门的实验机构进行专业的鉴定，鉴定时不仅要依据样品的实际重量以及矿物种类进行鉴定，同时需要根据样品的原始组成进行有效分析。在实际的操作过程中，用于鉴定以及分析的矿物样品只需要自身几克重量即可，因此在整个岩石矿物的鉴定以及相应的分析过程中，可在矿物加工中逐渐获得。对矿物样品进行加工的主要目的可以概括为两个方面：一方面就是将获取的岩石矿样品通过机器以及其他措施粉碎成规定的细度，以方便日后的分解；另一方面则是通过使用最为直接以及最为稳妥的办法来代替原始样品的试样。

（2）对矿物样品进行相应的定性以及半定量分析　在将岩石矿物经过一段标准流程加工完成之后，还应对其进行相应的定性以及半定量分析。这么做的主要目的就是更好地去了解以及熟悉样品当中包含哪些元素，以及这些元素在组合过程中各自的含量和比率。在经过定性分析之后，还应结合当前地质工作过程中的实际要求以及实验室内部的工作环境，来对每个待测的元素选择合适的测试方法以及相应的防护措施。在对岩石矿物样品进行定性以及半定量分析时，所选择使用的分析方法一般有两种：一种是发射光谱法；另一种就是化学分析法。

（3）选择合适的测定方法　在这个环节中，主要任务就是为岩石矿物内部所包含的所有元素选择一个科学、合理的测定方法。要想完成这一目标，就需要我们依据上个流程当中对岩石矿物的定性以及半定量分析结果选择一种最优的分析方法。选择时，主要从以下几个方面来进行：

① 依据当前待测定元素的实际含量进行有效选择。在测试过程中，对于岩石矿物样品当中待测元素含量相对较高的，大都会选择使用容量法以及重量法等进行有效的测定；而对于自身含量相对较低的岩石矿物则会选择使用比色法或仪器分析法来完成测定。

② 依据岩石矿物样品当中的共存元素来进行有效选择。比如，使用硫酸钠碘法来对钙、镁等含量相对较高的矿石样品进行有效测定，使用分离碘量法来对钙、镁含量相对较低的岩石矿物样品进行有效测定。

（4）依据鉴定结果来选择合适的分析方案　分析方案的选择主要依据当前的鉴定分析结果，来选择一种合适的鉴定分析方案，这是岩石矿物鉴定分析工作过程中非常重要又非常复杂的一个环节。由于在操作过程中，它涉及一些元素测定以及各种分离方法之间配合及影响问题，需要鉴定者自身拥有较为全面以及较为系统的岩石矿物鉴定分析的理论知识，同时也要拥有较为丰富的实际操作经验。所以，在选定相应的鉴定方案时，也要重点考虑当前岩石矿物样品的实际分解方法以及测定方法。另外，在实际操作过程中，对于那种全分析以及简项分析，所选择使用的方案最好有较强的全面性以及综合性。简单来说就是选择的岩石矿物样品在经过一定分解之后，能够分别抽取溶液，并在遵循一定流程之下进行组分测定，不但能够使用化学方法测定，同时也能够使用专门的仪器分析法进行有效测定。但不管如何，我们都必须注意，无论是哪一种分析方案都具有其自身的优点，同时也具有一定的局限性。在实际的鉴定以及分析过程中，如果既定的条件发生变化，那么其相应的方案也需要随之做出一些变化，不然会对鉴定分析结果的准确性产生一定负面影响，所以这就要求我们不断地发展和改进岩石矿物精分析技术。

1.3 非金属矿物加工的测试技术

对于地壳含量最高的非金属矿物，其分析技术在非金属矿物的开发、应用中举足轻重。随着非金属矿物在社会发展中的作用越来越大，对其分析技术提出了更高要求，因此其中一些问题必须给予足够的重视：

① 非金属矿物种类多，特性突出，成矿条件和矿物性质特殊，因此分析技术较少有定型流程，往往沿用金属矿物或其他矿物的分析技术，非金属矿物的分析技术严重缺乏。

② 目前大多数非金属矿物分析技术仍以传统的、复杂的化学方法或者单元素小型仪器分析技术为主，技术落后，标准化水平低，明显落后于分析测试技术的发展。

③ 非金属矿物分析技术的积累、综合分析、信息共享缺乏系统化，研究模式封闭、力量薄弱。

④ 技术创新和紧跟地学研究或者找矿工作的敏感度不强，对新矿物的出现缺乏与之相适应的测试方法、测试标样和相关标准。

⑤ 原有国家标准分析方法陈旧、落后，远远不能满足非金属矿物的现代分析测试任务。

⑥ 对于一些特殊样品缺乏可靠的分析方法，如含硼量高的卤水中 CO_3^{2-}、HCO_3^-、OH^- 的准确测定就是一项很大的难题。

⑦ 目前 XRF、ICP-AES、ICP-MS 等分析测试技术在非金属矿物的分析中已经得到了一定的应用，但缺乏系统的、完善的、标准化的技术方法。例如，应用 XRF 分析磷矿石、长石、铝土矿、高岭土等，所用标准物质一般都是由研究者自己制备的，分析质量难以保证。

对于以氧、硅、铝、镁、钙等为主要元素构成的非金属矿物，由于其化学惰性的特点，有的时候用一般方法很难完全溶解矿物原料，这就需要特殊的分析方法——物理法。矿物测试的物理法所指的是用电子显微镜法、分子光谱法、X 射线法等各种方法对矿物微小的形状、结构以及化学成分进行分析探究，进而得到实验所需的大量地质信息，从而提高对矿物岩石研究的真实性，并达到视觉成像的良好效果。

近年来，晶体化学领域也得到了比较快速稳定的发展，一方面为高纯度选择岩石矿物提供了科学依据；另一方面，晶体化学提供的关于形态、磁性、相分性等各方面的信息，结合其他的岩石矿物测试技术很好地还原了化学反应的全过程。多种物理测试的普及和使用，不仅在当前非金属矿物的测试研究领域取得了比较大的突破，同时还推动了生物医学、化学等多种自然学科的快速发展。

第 2 章
单因素实验

为了达到一定的目标（实验指标），通常是通过实验（这里对实验做广义理解，它可以是物理、化学、生物或生产中的实物实验，也可以是数学实验）寻找与目标有关的一些因素的最优值。与目标有关的因素有很多，如果在安排实验时，只考虑一个对目标影响最大的因素，其他因素尽量保持不变就是单因素问题。在应用时，只要主要因素抓得准，单因素实验也能解决很多问题。当一个主要因素确定后，选择方法来安排实验，找出最合适的数值（称最优值或最优点），使实验结果（目标）最好。

2.1　单因素实验的方差分析

方差分析是一种统计方法，有着广泛的应用，其中最简单的就是单因素方差分析。方差分析是实验设计中要用到的重要分析方法。在实践中，影响一个事物的因素往往很多，人们总是要通过实验，观察各种因素的影响。例如，不同型号的机器、不同的原材料、不同的技术人员以及不同的操作方法等，对产品的产量、性能都会有影响。当然有的因素影响大，有的因素影响小；有的因素可以控制，有的因素不能控制。如果从多种可控因素中找出主要因素，通过对主要因素的控制调整，提高产品的产量、性能，这是人们所希望的，解决这个问题的有效方法之一就是方差分析。

上述产品的产量、性能等称为实验指标，它们受因素的影响。因素的不同状态称为水平，一个因素可采取多个水平。不同的因素、不同的水平可以看成是不同的总体。通过观测可以得到实验指标的数据，这些数据可以看成是从不同总体中得到的样本数值，利用这些数据可以分析不同因素、不同水平对实验指标影响的大小。为便于说明问题，先从最简单的单因素情况说起。

设单因素 A 有 a 个水平 A_1，A_2，$\cdots$，A_a，在水平 A_i（$i=1,2,\cdots,a$）下，进行 n_i 次独立实验，得到实验指标的观察值列于表 2-1。

假定在各个水平 A_i（$i=1,2,\cdots,a$）下的样本为 X_{i1}，X_{i2}，$\cdots$，X_{in_i}，它们来自具有相同方差 σ^2、均值分别为 μ_i、σ^2 的正态总体 $X_i \sim N(\mu_i,\sigma^2)$，其中 μ_i、σ^2 均为未知，并且不同水平 A_i 下的样本之间相互独立。

取下面的线性统计模型：

$$\left. \begin{array}{l} x_{ij}=\mu_i+\varepsilon_{ij} \qquad i=1,2,\cdots,a\,;j=1,2,\cdots,n_i \\ \varepsilon_{ij} \approx N(0,\sigma^2) \qquad \text{各 } \varepsilon_{ij} \text{ 相互独立} \end{array} \right\}$$

$$(2\text{-}1)$$

式中　ε_{ij}——随机误差。

表 2-1　单因素实验常用分析表

水平栏	1	2	⋯	n_i
A_1	x_{11}	x_{12}	⋯	x_{1n_1}
A_2	x_{21}	x_{22}	⋯	x_{2n_2}
⋮	⋮	⋮	⋮	⋮
A_i	x_{i1}	x_{i2}	⋯	x_{in_i}
⋮	⋮	⋮	⋮	⋮
A_a	x_{a1}	x_{a2}	⋯	x_{an_a}

设

$$\mu = \frac{1}{n}\sum_{i=1}^{a} n_i \mu_i \tag{2-2}$$

为总平均值，其中 $n = \sum_{i=1}^{a} n_i$

令

$$\delta_i = \mu_i - \mu \tag{2-3}$$

为第 i 个水平 A_i 的效应，$\sum_{i=1}^{a} n_i \delta_i = 0$，则式(2-1) 变为

$$\left. \begin{array}{l} x_{ij} = \mu + \delta_i + \varepsilon_{ij} \quad i = 1,2,\cdots,a\,; j = 1,2,\cdots,n_i \\ \varepsilon_{ij} \approx N(0,\sigma^2) \qquad 各 \varepsilon_{ij} \ 相互独立 \end{array} \right\} \tag{2-1}'$$

方差分析的任务就是检验线性统计模型 [式(2-1)] 中 a 个总体 $N(\mu_i,\sigma^2)$ 中的各 μ_i 的相等性，即有

原假设 $H_0: \mu_1 = \mu_2 = \cdots = \mu_a$ $\qquad\qquad\qquad\qquad\qquad\qquad$ (2-4)

对立假设 $H_1: \mu_i \neq \mu_j$ 至少有一对这样的 i,j

也就是下面的等价假设：

$$\begin{array}{l} H_0: \delta_1 = \delta_2 = \cdots = \delta_a = 0 \\ H_1: \delta_i \neq 0 \ 至少有一个 \ i \end{array} \tag{2-4}'$$

检验这种假设的适当程序就是方差分析。具体步骤如下。

（1）总离差平方和的分解　记在水平 A_i 下的样本均值为

$$\bar{x}_i = \frac{1}{n_i}\sum_{j=1}^{n_i} x_{ij} \tag{2-5}$$

样本数据的总平均值为

$$\bar{x} = \frac{1}{n}\sum_{i=1}^{a}\sum_{j=1}^{n_i} x_{ij} \tag{2-6}$$

总离差平方和为

$$S_T = \sum_{i=1}^{a}\sum_{j=1}^{n_i} (x_{ij} - \bar{x})^2 \tag{2-7}$$

将 S_T 改写并分解得

$$S_T = \sum_{i=1}^{a} \sum_{j=1}^{n_i} [(\bar{x}_i - \bar{x}) + (x_{ij} - \bar{x}_i)]^2$$

$$= \sum_{i=1}^{a} \sum_{j=1}^{n_i} (\bar{x}_i - \bar{x})^2 + \sum_{i=1}^{a} \sum_{j=1}^{n_i} (x_{ij} - \bar{x}_i)^2 + 2\sum_{i=1}^{a} \sum_{j=1}^{n_i} (\bar{x}_i - \bar{x})(x_{ij} - \bar{x}_i)$$

上面展开式中的第三项为 0，因为

$$2\sum_{i=1}^{a} \sum_{j=1}^{n_i} (\bar{x}_i - \bar{x})(x_{ij} - \bar{x}_i) = 2\sum_{i=1}^{a} (\bar{x}_i - \bar{x}) \sum_{j=1}^{n_i} (x_{ij} - \bar{x}_i) = 2\sum_{i=1}^{a} (\bar{x}_i - \bar{x})(\sum_{j=1}^{n_i} x_{ij} - n_i \bar{x}_i) = 0$$

若记

$$S_A = \sum_{i=1}^{a} \sum_{j=1}^{n_i} (\bar{x}_i - \bar{x})^2 \tag{2-8}$$

$$S_E = \sum_{i=1}^{a} \sum_{j=1}^{n_i} (\bar{x}_{ij} - \bar{x}_i)^2 \tag{2-9}$$

则有

$$S_T = S_A + S_E \tag{2-10}$$

S_T 又称总变差，表示全部试验数据与总平均值之间的差异。S_A 称为因素 A 效应的平方和（又称组间差），表示在 A_i 水平下的样本均值与总平均值之间的差异。S_E 称为误差平方和（又称组内差），表示在 A_i 水平下的样本均值与样本值之间的差异，它是由随机误差引起的。式(2-10) 表示 S_T 等于 S_A 与 S_E 之和，这就完成了总离差平方和的分解。

（2）统计分析　由式(2-1) 知

$$x_{ij} \approx N(\mu, \sigma^2) \tag{2-11}$$

将 S_T 改写为下面的形式

$$S_T = \sum_{i=1}^{a} \sum_{j=1}^{n_i} (\bar{x}_{ij} - \bar{x})^2 = (n-1)S^2 \tag{2-12}$$

这里 S^2 是样本方差，即

$$S^2 = \frac{1}{n-1} \sum_{i=1}^{a} \sum_{j=1}^{n_i} (\bar{x}_{ij} - \bar{x})^2$$

考虑到

$$\frac{S_T}{\sigma^2} = \frac{(n-1)S^2}{n-1} \approx \chi^2(n-1) \tag{2-13}$$

从这里知道 S_T 的自由度为 $(n-1)$。

将 S_E 改写为下面的形式

$$S_E = \sum_{i=1}^{a} \sum_{j=1}^{n_i} (x_{ij} - \bar{x}_i)^2 = \sum_{i=1}^{a} (n_i - 1)S_i^2 \tag{2-14}$$

这里的 S_i^2 是在 A_i 水平下的样本方差，即

$$S_i^2 = \frac{1}{n_i - 1} \sum_{j=1}^{n_i} (x_{ij} - \bar{x}_i)^2$$

因为

$$\frac{(n_i - 1)S_i^2}{\sigma^2} \approx \chi^2(n_i - 1) \tag{2-15}$$

再由 χ^2 分布的可加性知

$$\frac{S_E}{\sigma^2} = \sum_{i=1}^{a} \frac{(n_i - 1)S_i^2}{\sigma^2} \approx \chi^2\left[\sum_{i=1}^{a}(n_i - 1)\right] \tag{2-16}$$

即

$$\frac{S_E}{\sigma^2} \approx \chi^2(n-a) \tag{2-17}$$

由此可知，S_E 的自由度为 $(n-a)$，并且有

$$E\left(\frac{S_E}{\sigma^2}\right) \approx (n-a) \tag{2-18}$$

即有

或者

$$E(S_E) = (n-a)\sigma^2 \tag{2-19}$$

$$E\left(\frac{S_E}{n-a}\right) = \sigma^2 \tag{2-20}$$

由式(2-8) 知

$$S_A = \sum_{i=1}^{a}\sum_{j=1}^{n_i}(\bar{x}_i - \bar{x})^2 = \sum_{i=1}^{a}n_i(\bar{x}_i - \bar{x})^2$$

展开后可化成

$$S_A = \sum_{i=1}^{a}n_i\bar{x}_i^2 - n\bar{x}^2 \tag{2-21}$$

由式(2-2)、式(2-6)、式(2-11) 和 x_{ij} 之间的独立性可知

$$\bar{x}_i \approx N\left(\mu, \frac{\sigma^2}{n_i}\right) \tag{2-22}$$

$$\bar{x} \approx N\left(\mu, \frac{\sigma^2}{n}\right) \tag{2-23}$$

所以

$$E(\bar{x}_i) = \mu_i, \ V(\bar{x}_i) = \frac{\sigma^2}{n_i}, \ E(\bar{x}) = \mu, \ V(\bar{x}) = \frac{\sigma^2}{n}$$

再由

$$E(\bar{x}_i^2) = V(\bar{x}_i) + E^2(\bar{x}_i)$$
$$E(\bar{x}^2) = V(\bar{x}) + E^2(\bar{x})$$

可得

$$E(S_A) = E\left[\sum_{i=1}^{a}n_i\bar{x}_i^2 - n\bar{x}^2\right] = \sum_{i=1}^{a}n_i E(\bar{x}_i^2) - nE(\bar{x}^2) = \sum_{i=1}^{a}n_i\left[\frac{\sigma^2}{n_i} + \mu_i^2\right] - n\left[\frac{\sigma^2}{n} + \mu^2\right]$$

$$= a\sigma^2 + \sum_{i=1}^{a}n_i(\mu + \delta_i^2) - \sigma^2 - n\mu^2 = (a-1)\sigma^2 + \sum_{i=1}^{a}n_i\mu^2 + 2\mu\sum_{i=1}^{a}n_i\delta_i + \sum_{i=1}^{a}n_i\delta_i^2 - n\mu^2$$

由于 $\sum_{i=1}^{a}n_i = n$，$\sum_{i=1}^{a}n_i\delta^2 = 0$，所以得出

$$E(S_A) = (a-1)\sigma^2 + \sum_{i=1}^{a}n_i\delta_i^2 \tag{2-24}$$

在 H_0：$\delta_i^2 = 0$ 成立的条件下：

$$E(S_A) = (a-1)\sigma^2 \tag{2-25}$$

$$E\left(\frac{S_A}{a-1}\right) = \sigma^2 \tag{2-26}$$

因为 S_A 与 S_E 相互独立（证明略），再由式(2-10)、式(2-13)、式(2-17) 和 χ^2 分布的加

法性质可以得出

$$\frac{S_A}{\sigma^2} \approx \chi^2(a-1) \tag{2-27}$$

并得出 S_A 的自由度为 $(a-1)$。

记

$$MS_A = \frac{S_A}{a-1} \tag{2-28}$$

$$MS_E = \frac{S_E}{n-a} \tag{2-29}$$

并分别称为 S_A、S_E 的均方。由式(2-20)可知，MS_E 是 σ^2 的无偏估计。当 H_0 成立时，由式(2-26)可知，MS_A 也是 σ^2 的无偏估计。

在 H_0 成立的条件下，取统计量

$$F = \frac{\dfrac{S_A}{\sigma^2} \bigg/ a-1}{\dfrac{S_E}{\sigma^2} \bigg/ n-a} \approx F(a-1, n-a)$$

即

$$F = \frac{MS_A}{MS_E} \approx F(a-1, n-a) \tag{2-30}$$

对于给出的 a，查出 $F_a(a-1, n-a)$ 的值，由样本值计算出 S_A、S_E，从而算出 F 值。由式(2-24)可以看出，若 H_0 不成立，即 $\delta_i \neq 0$（至少一个 i），S_A 偏大，导致 F 偏大。因此，判断如下：若 $F > F_a(a-1, n-a)$，则拒绝 H_0；若 $F < F_a(a-1, n-a)$，则接受 H_0。

为了便于计算，通常采用下面的计算公式

记

$$x_i = \sum_{j=1}^{n_i} x_{ij} \quad i=1,2,\cdots a, \quad x = \sum_{i=1}^{a} \sum_{j=1}^{n_i} x_{ij}$$

则有

$$\left.\begin{array}{l} S_T = \displaystyle\sum_{i=1}^{a} \sum_{j=1}^{n_i} x_{ij}^2 - \frac{x^2}{n} \\[3mm] S_A = \displaystyle\sum_{i=1}^{a} \frac{x_i^2}{n_i} - \frac{x^2}{n} \\[3mm] S_E = S_T - S_A \end{array}\right\} \tag{2-31}$$

将上面的分析过程和结果列成一个简洁的表格（表2-2），能给解决问题带来方便，这个表称为方差分析表。

表 2-2　单因素方差分析表

方差来源	平方和	自由度	均方	F 比
因素 A	S_A	$a-1$	$MS_A = \dfrac{S_A}{a-1}$	$F = \dfrac{MS_A}{MS_E}$
误差 E	S_E	$n-a$	$MS_E = \dfrac{S_E}{n-a}$	
总和 T	S_T	$n-1$		

下面用一个例子具体说明单因素方差分析问题。

【例 2-1】　某研究所研制的一种矿物材料，共设计了 4 种结构，考察材料的抗压强度，每种结构测试 8 次，实验数据见表 2-3。问实验结果是否表明不同结构的材料的抗压强度有显著差异？

表 2-3　材料的抗压强度　　　　　　　　　　　　　　　　　　　　　单位：MPa

序号	A	B	C	D
1	结构 1	结构 2	结构 3	结构 4
2	855	865	836	863
3	836	876	854	857
4	821	835	869	842
5	827	867	827	836
6	815	864	826	851
7	836	852	867	829
8	847	863	836	876
9	839	874	874	826

　　解：这个问题的实验因素是抗压强度，属于单因素实验设计。共有 4 个结构，即 4 个水平，对应 4 种处理，在方差分析中称为单因素 4 水平实验。实验因素抗压强度可以记为 A，其 4 个水平可以记为 A_1、A_2、A_3、A_4。本例是平衡实验，每个水平下都是做了 8 次实验。单因素方差分析也可以是不平衡实验，其数据的分析方法与平衡实验的分析方法完全相同。

　　用 Excel 的单因素方差分析命令计算，得表 2-4 的输出结果。表 2-4 分为两部分，第一部分是数据的简单汇总，计算出每个水平下数据的平均值和方差。其中，结构 2 的平均抗压强度最大为 862.0 MPa，结构 1 的平均抗压强度为 834.5MPa。第二部分是方差分析，这种方差分析在本书后面的很多地方都会用到，下面具体介绍表中的内容。

表 2-4　单因素方差分析

序号	A	B	C	D	E	F	G
1	方差分析：单因素方差分析						
2							
3	SUMMARY						
4	组	计数	求和	平均	方差		
5	结构 1	8	6676	834.5	172.49		
6	结构 2	8	6896	862	173.57		
7	结构 3	8	6789	848.63	389.13		
8	结构 4	8	6780	847.5	303.14		
9							
10							
11	方差分析						
12	差异源	SS	df	MS	F	P 值	F 临界值
13	组间	3030.3	3	1010.1	3.8883	0.01928	2.9467
14	组内	7273.9	28	259.78			
15							
16	总计	10304	31				

　　（1）差异源　表中第 2 列是差异源，其中组间表示处理之间，反映因素各水平之间的差异。组分反映处理内的差异，就是随机误差。

　　（2）离差平方和　第 3 列的 SS 是离差平方和（sum of squares），组间离差平方和记作 SSA（sum of squares for factor A），也就是因素 A 的离差平方和，计算公式为

$$SSA = \sum_{i=1}^{a}\sum_{j=1}^{n_i}(\bar{y}_i - \bar{y})^2 = \sum_{i=1}^{a}n_i(\bar{y}_i - \bar{y})^2$$

　　式中，a 是因素 A 的水平数，即处理数，本例中 $a=4$；n_i 是每个处理下实验数据的个

数，本例中每个处理下都做了 8 次实验，故 $n_i = 8$。

组内离差平方和记作 SSE（sum of squares for error），也就是误差平方和，计算公式为

$$SSE = \sum_{i=1}^{a} \sum_{j=1}^{n_i} (y_{ij} - \bar{y}_i)^2$$

总离差平方和记作 SST（sum of squares for total），计算公式为

$$SST = \sum_{i=1}^{a} \sum_{j=1}^{n_i} (y_{ij} - \bar{y})^2$$

三者之间满足平方和分解式：

$$SST = SSA + SSE$$

本例的数据为 $10304 = 7274 + 3030$。

（3）自由度　第 4 列 df（degrees of freedom）是自由度，在方差分析中，组间的自由度也就是因素的自由度，是因素水平数减 1，本例因素水平数是 4，所以因素的自由度是 3。总自由度是数据个数减 1，本例是 $32 - 1 = 31$。组内的自由度也就是误差的自由度，等于总自由度减因素自由度，本例是 $31 - 3 = 28$。

（4）均方　第 5 列 MS（mean squares）是均方，也就是方差，等于离差平方和除以自由度：

$$MSA = SSA/(a-1)$$
$$MSE = SSE/(n-a)$$

（5）F 统计量　第 6 列 F 是 F 统计量值，等于因素的均方除以误差的均方，即

$$F = MSA/MSE$$

可以用 F 与第 8 列的临界值（$F_{临}$）比较判定各处理间（即因素各水平间）的差异是否显著。当 $F \geq F_{临}$ 时，认为差异显著。本例中，$F(3.888) > F_{临}(2.947)$，所以认为各处理间（即因素各水平间）的差异显著。和 t 检验一样，实际上也可以用 P 值判断显著性。

（6）P 值　第 7 列的 P 值表示一个因素各水平有显著差异时犯错误的概率，P 值越小就表示该因素各水平间的差异越显著。本例中 $P = 0.01928$，在显著水平 $\alpha = 0.05$ 时认为因素各水平间有显著差异，与用临界值判断的结论是一致的。

2.2　单因素优化实验方法

单因素优化实验方法就是用尽可能少的试验次数尽快地找到某一因素的最优值。单因素优化实验方法包括均分法、对分法、黄金分割法等多种方法，统称为优选法。这些方法都是在生产过程中产生和发展起来的。从 20 世纪 60 年代起，我国著名数学家华罗庚教授在全国大力推广优选法，取得了巨大成效。在应用时，只要因素抓得准，单因素实验也能解决许多问题。

单因素优选法研究，在实验中只考虑一个对目标影响最大的因素，其他因素尽量保持不变。单因素优选法一般步骤如下。首先应估计包含最优点的实验范围，如果用 a 表示下限，b 表示上限，实验范围为 $[a,b]$。若 x 表示实验点，则写成 $a \leq x \leq b$。如果不考虑端点就记为 (a,b) 或 $a < x < b$。在实际问题中，a、b 都是具体数字；然后将实验结果和因素取值的关系写成数学表达式，不能写出表达式时，就要确定评定结果好坏的方法。

实验结果和因素取值的关系（或规律）写成数学表达式，就得到目标函数。常用 x 表示因素的取值，$f(x)$ 表示目标函数。根据具体问题的要求，在因素的最优点上，目标函数取得最大值、最小值或满足某种规定的要求。

写出目标函数，甚至实验结果不能定量表示的情形（例如，比较两种颜料配方的颜色，两种酒的色、味，两种布的手感等），就要确定评定结果好坏的办法。为了方便起见，仅就目标

函数为 $f(x)$ 的形式进行讨论。

单因素优选问题在实验研究、开发设计中经常碰到。例如，在现有设备和原材料条件下，如何安排生产工艺，使产量最高、质量最好；在保证产品质量的前提下使产量高而成本低。为了实现以上目标就要做实验，优化实验设计就是关于如何科学安排实验并分析实验结果的方法。

单因素优选法是指在安排实验时，影响实验指标的因素只有一个。实验的任务是在一个可能包含最优点的实验范围 $[a, b]$ 内寻求这个因素最优的取值，以得到优化的实验目标值。在多数情况下，影响实验指标的因素不止一个，称为多因素实验设计。有时虽然影响实验指标的因素有多个，但是只考虑一个影响程度最大的因素，其余因素都固定在理论或经验上的最优水平保持不变，这种情况也属于单因素实验设计问题。

单因素优化实验设计有多种方法。对一个实验应该使用哪一种方法与实验的目标、实验指标的函数形状、实验的成本费用有关。在单因素实验中，实验指标函数 $f(x)$ 是一元函数，它的几种常见形式如图 2-1 所示。这几种函数形式也不是截然分开的，在一定条件下可以相互转换。例如，图 2-1(d) 的多峰函数，如果把实验范围缩小一些就成为单峰函数。另外，有些方法并不要求实验指标是定量的连续函数。有时不直接使用实验指标，而是构造一个与实验指标有关的目标函数，以满足实验方法所需要的目标函数形式。

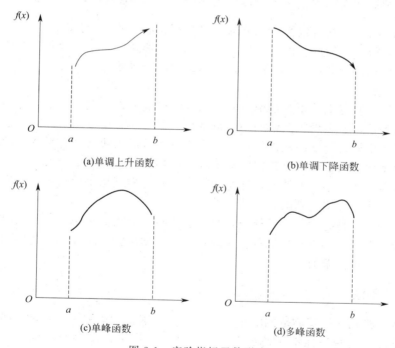

(a)单调上升函数   (b)单调下降函数

(c)单峰函数   (d)多峰函数

图 2-1　实验指标函数形式

2.2.1　均分法

均分法是在实验范围 $[a, b]$ 内，根据精度要求和实际状况，均匀地安排实验点，在每一个实验点上进行实验并相互比较，以求得最优点的方法。在对目标函数没有先验认识的场合下，均分法可以作为了解目标函数的前期工作，同时可以确定有效的实验范围 $[a, b]$。

方法要点：若实验范围 $L = b - a$，实验点间隔为 N，则实验点个数 n 为

$$n = \frac{L}{N} + 1 = \frac{b-a}{N} + 1 \tag{2-32}$$

这种方法的特点是对所实验的范围进行"普查"，常常应用于对目标函数的性质没有掌握或很少掌握的情况，即假设目标函数是任意的情况，其实验精度取决于实验点数目的多少。

均分法的优点是只要把实验放在等分点上，实验点安排简单，n 次实验可同时做，节约时间；也可一个接一个做，灵活性强。缺点是实验次数较多，代价较大，不经济。

2.2.2　对分法

对分法也称为等分法、平分法，是一种广泛应用的方法，也是单因素实验中一种最简单最方便的方法。每次实验点都取在实验范围的中点，即中点取点法。如果在实验范围内目标函数单调，要找出满足一定条件的最优点，则可以选用此法。

中点公式为

$$中点 = \frac{a+b}{2} \tag{2-33}$$

根据实验结果，如下次实验在高处（取值大些），就把此实验点（中点）以下的一半划去；如下次实验在低处（取值小些），就把此实验点（中点）以上的一半范围划去。重复上面的实验，直到找到一个满意的实验点。每做一个实验就可去掉实验范围的一半，通过 n 次实验就可以把目标范围锁定在长度为 $\frac{b-a}{2^n}$ 的范围内。例如，7 次实验就可以把目标范围锁定在实验范围的 1% 之内，10 次实验就可以把目标范围锁定在实验范围的 1‰ 之内。对分法取点方便，实验次数大大减少，故效果较好。由此可见，对分法是一种高效的单因素实验设计方法，只是需要目标函数具有单调性的条件。该方法不是整体设计，需要在每一次实验后再确定下一次实验位置，属于序贯实验。

只要适当选取实验范围，很多情况下实验指标和影响因素的关系都是单调的。例如，钢的硬度和含碳量的关系，含碳量越高钢的硬度也越高，但是含碳量过高时会降低钢材的其他质量指标，所以规定一个钢材硬度的最低值，这时用等分法可以很快找到合乎要求的碳含量值。

对分法适用于预先已了解所考察因素对指标的影响规律，能从一个实验的结果直接分析出该因素的值是取大了或取小了的情况，即每做一次实验，根据结果就可确定下次实验方向的情况，这无疑使对分法的应用受到限制。

对分法的实验目的是寻找一个目标点，每次实验结果分为 3 种情况：①恰是目标点；②断定目标点在实验点左侧；③断定目标点在实验点右侧。实验指标不需要是连续的定量指标，可以把目标函数看作是单调函数。

2.2.3　黄金分割法

对分法一次实验就能把实验范围缩小一半，但它要求目标函数是单调的，每次实验要能决定下次实验的方向，这些条件不易满足。最常遇到的情形是，仅知道在实验范围内有一个最优点，再大些或再小些实验效果都差，而且距离越远越差，这种情况的目标函数称单峰函数（图 2-2）。前面讲的单调函数可以看成是单峰函数的特例。对一般的单峰函数，平分法不适用，可以采用黄金分割法。对分法中实验点的选择总是位于实验区间的中点。而在黄金分割法中，黄金分割在实验点的选择上起着关键作用。

从数学的角度来讲，黄金分割法是把任意一条长为 l 的直线段分割成两部分，其中一部分的长为 $0.618l$。因此，黄金分割法又叫 0.618 法。从 20 世纪 60 年代起，由我国数学家华罗庚教授在全国大力推广的优选法就是此方法。它适用于在实验范围内目标值为单峰的情况，应用范围广阔。

黄金分割法的思想是每次在实验范围内选取两个对称点做实验，这两个对称点的位置直接决定实验的效率。理论证明，这两个点分别位于实验范围 $[a,b]$ 的 0.382 和 0.618 的位置是最优的选取方法。

这种方法是在实验范围 $[a,b]$ 内的 0.618 和 0.382 点处的位置安排实验得到结果 $f(x_1)$，$f(x_2)$。其中，$x_1=(b-a)\times0.618+a$，$x_2=(b-a)\times0.382+a$。首先安排两个实验点，再根据两点实验结果，留下好点，去掉不好点所在的一段范围，再在余下的范围内仍按此法寻找好点，去掉不好的点，如此继续做下去，直到找到最优点为止。

0.618 法要求实验结果目标函数 $f(x)$ 是单峰函数（图 2-2），即在实验范围内只有一个最优点 d，其效果 $f(d)$ 最好，比 d 大或小的点都差，且距最优点 d 越远的实验效果越差。这个要求在大多数实际问题中都能满足。

设 x_1 和 x_2 是因素范围 $[a,b]$ 内的任意两个实验点，d 点为问题的最优点，并把两个实验点中效果较好的点称为好点，把效果较差的点称为差点。最优点与好点必在差点同侧，因而把因素范围被差点所分成的两部分中好点所在的那部分称为存优范围。通俗地说，0.618 法就是一种来回调试法，这是在日常生活和工作中经常采用的方法。

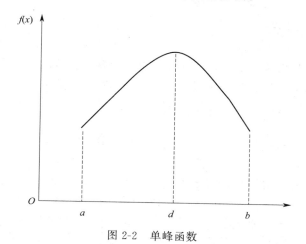

图 2-2 单峰函数

用 0.618 法做实验时，第一步需要做两个实验，以后每步只需要再做一个实验。如果在某一步实验中，两个实验点 x_1 和 x_2 处的实验指标值 $f(x_1)$ 和 $f(x_2)$ 相等，这时可以只保留 x_1 和 x_2 之间的部分作为新的实验范围。

0.618 法是一种简易高效的方法。每步实验划去实验范围的 0.382，保留 0.618。对上述两个实验点 x_1 和 x_2 处的实验指标值 $f(x_1)$ 和 $f(x_2)$ 相等的情况，则划去实验范围的 0.618 倍，保留 0.382 倍。经过 n 步实验后保留的实验范围至多是最初的 0.618 倍。例如，当 $n=10$ 时，不足最初实验范围的 1%；但是其使用效率受到测量系统精度的影响，如果测量系统的精度较低，以上过程重复进行几次以后就无法再继续进行下去了。

从以上分析可以看到，黄金分割法在我国有着深厚的群众基础，具有实验次数少、精度高、简单、直观、有效，节省人力、物力、财力等优点。因此，黄金分割法在工业、农业、电子、化工和科学研究等领域得到了广泛应用。

第 3 章
矿物加工的正交试验设计

3.1 正交表的概念

正交试验法是利用数理统计学与正交性原理进行合理安排实验的一种科学方法。本章主要介绍正交试验设计的基本思想、对多因素实验问题如何用正交表安排实验、如何用方差分析法对实验数据进行比较分析，以及有交互作用的正交试验的表头设计和结果分析，并通过实例说明引入正交试验法的必要性和重要性。

通过全面实验，虽然可以找出最佳的实验条件和优化方案，但因其试验次数繁多而需付出相当大的代价，有时甚至无法完成。如为了考察反应温度、反应时间和酸浓度 3 个因素对硅灰石中钙离子浸出率的影响，对每一因素选 3 个水平进行试验。按全面实验要求，需进行 7 种组合。当因素数更多时，全面实验次数将随着因素个数的增加而急速地增加。如影响因素有 7 个，每个因素仅取 2 种水平，就需做 128 种组合的试验，且尚未考虑每一水平组合的重复数。限于客观条件，事实上只能做少数试验，因此必须考虑怎样才能减少试验次数，如何安排多因素实验方案以及怎样对实验结果进行分析。正交试验法是解决上述问题的有效工具，是一种高效、快速、经济地研究多因素多水平的实验设计方法。该方法是利用规格化的正交表恰当地设计出实验方案和有效地分析实验结果，提出最优配方和工艺条件，进而给出可能更优的实验方案。如对于三因素三水平的问题，若按正交试验法安排只需做 9 次实验，即可获得与全面实验相同的效果；而且，通过实验结果进行分析还能进一步探寻出可能更优的工艺条件或最优配方等。显然，与全面实验相比，正交试验法大大减少了试验的工作量。20 世纪 60 年代，日本统计学家田口玄一将实验设计中应用最广的正交设计表格化，为正交试验设计的广泛使用做出了杰出的贡献。

3.1.1 问题的提出——多因素的实验问题

在生产和科研实践中，为了改革旧工艺或试制新产品，经常要做许多多因素实验，如何安排多因素实验，是一个很值得研究的问题。实验安排得好，既可减少实验次数、缩短时间和避免盲目性，又能得到好的结果。实验安排得不好，实验次数增多，结果还不一定满意。正交试验法是研究与处理多因素实验的一种科学方法。它是在实际经验与理论认识的基础上，利用一种排列整齐的规格化表——"正交表"来安排试验。由于正交表具有均衡分散、整齐可比的特点，能在考察的范围内，选出代表性强的少数实验条件做到均衡抽样。由于是均衡抽样，能够通过少数的实验次数，找到最好的生产和科研条件，即最优的方案。

取三因素三水平之间的条件实验，通常有两种方法。

（1）全面实验法　用如图 3-1 所示立方体 27 个节点表示该 27 次试验，这种实验法叫全面实验法。图 3-1 中 27 个交叉点为全面实验时实验的分布位置。即 $A_1B_1C_1$、$A_2B_1C_1$、$A_3B_1C_1$、$A_1B_1C_2$、$A_2B_1C_2$、$A_3B_1C_2$、$A_1B_1C_3$、$A_2B_1C_3$、$A_3B_1C_3$、$A_1B_2C_1$、$A_2B_2C_1$、$A_3B_2C_1$、$A_1B_2C_2$、$A_2B_2C_2$、$A_3B_2C_2$、$A_1B_2C_3$、$A_2B_2C_3$、$A_3B_2C_3$、$A_1B_3C_1$、$A_2B_3C_1$、$A_3B_3C_1$、$A_1B_3C_2$、$A_2B_3C_2$、$A_3B_3C_2$、$A_1B_3C_3$、$A_2B_3C_3$、$A_3B_3C_3$，合计 $3^3 = 27$ 次试验。

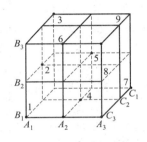

图 3-1　3 种实验安排方法

全面实验法对各因素与实验指标之间的关系剖析得比较清楚，但实验次数太多，费时、费事。例如，我们还需要对实验的重现性、误差大小做出估计，则每一个实验至少要重复一次，即应做 54 次试验。特别是当因素多，每个因素的水平数目也多时，实验量就大得惊人。如选 6 个因素，每个因素取 5 个水平时，则全面实验的数目是 $5^6 = 15625$ 次，这里还未包括为了给出误差估计所需重复的实验次数，显然这实际上是不可能实现的。如果应用正交试验法，只做 25 次试验就可以；而且从某种意义上讲，这 25 次试验就代表了 15625 次试验。

（2）简单比较法　即变化一个因素而固定其他因素，这种方法一般也很有效果，但缺点很多，首先这种方法的选点代表性很差，如按该法进行实验，实验点可能完全分布在一个角上，而在一个很大的范围内没有选点。因此，这种方法不全面，所选的工艺条件不一定是组合中最好的；而且当各因素之间存在交互作用时，采用不同的因素轮换方式，最后的结论是不同的。

简单比较法的最大优点就是试验次数少。例如，对六因素五水平试验，在不重复时，只做 $5 + (6-1) \times (5-1) = 25$ 次试验就可以了。

考虑兼顾这两种方法的优点，全面实验点在实验范围内分布得很均匀，能反映全面实验的情况。但我们又希望实验点尽量少些，为此还要具体考虑一些问题。

如上例中，对应于 A 有 A_1、A_2、A_3 3 个平面，对应于 B、C 也各有 3 个平面，共 9 个平面，则这 9 个平面上的实验点都应当一样多，即对每个因素的每个水平都要等同看待。具体来说，每个平面上都有三行、三列，要求在每行、每列上的点一样多，这样做出如图 3-1 所示的设计，实验点用"·"表示。可以看到，在 9 个平面中每个平面上都恰好有 3 个点，而每个平面的每行、每列都有一个点，而且只有一个点，总共九个点。这样的实验方案，实验点分布很均匀，试验次数也不多。

当因素数和水平数都不太多时，尚可通过作图的办法来选择分布很均匀的实验点，但是因素数和水平数多了，作图的方法就行不通了。

实验工作者在长期的工作中总结出一套办法，创造出所谓的正交表。按照正交表来安排实验，既能使实验点分布得很均匀，又能减少试验次数，而且计算分析简单，能够清晰地阐明实验条件与实验指标之间的关系。该方法对于全体因素来说是一种部分实验（即做了全面实验中的一部分），但对其中任何两个因素却是具有等量重复的全面实验。

这种用正交表来安排实验及分析实验结果的方法叫做正交试验法。它是利用数理统计学和正交性原理，从大量实验点中选取适量的具有代表性的实验点，应用正交表合理安排实验的科学方法。经验表明，实验中的最好点，虽然不一定是全面实验中的最好点，但也往往是相当好的点。特别是如果其中只有一两个因素起主要作用，而实验之前又不确切知道是哪一两个因素起主要作用，用正交试验法能保证主要因素的各种可能搭配都不会漏掉。实验点在优选区的均衡分布，在数学上叫正交，这就是正交试验法中"正交"两字的由来。

3.1.2　正交表的形式

正交试验设计是利用规格化的正交表恰当地设计出实验方案和有效地分析实验结果，提出最优配方和工艺条件，并进而设计出可能更优秀的实验方案的一种科学方法。

（1）完全对　设有两组元素：a_1，a_2，$\cdots$，a_m；b_1，b_2，$\cdots$，b_r。我们把其全部搭配的 mr 个"元素对"：(a_1,b_1)，(a_1,b_2)，$\cdots$，(a_1,b_r)；(a_2,b_1)，(a_2,b_2)，$\cdots$，(a_2,b_r)，$\cdots$，(a_m,b_1)，(a_m,b_2)，$\cdots$，(a_m,b_r) 称为元素 a_1，a_2，$\cdots$，a_m 与 b_1，b_2，$\cdots$，b_r 所构成的为完全对。以后常用到的"完全对"是由数字构成的。

（2）完全有序对　若一个矩阵的任意两列中，同行元素所构成的元素对是一个完全对，而且每对出现的次数相同时，就称这个矩阵是完全有序对，或称该矩阵搭配均衡；否则称为搭配不均衡。例如，矩阵 A 和 B：

$$A=\begin{bmatrix} 1 & 1 & 1 \\ 1 & 1 & 1 \\ 1 & 2 & 2 \\ 1 & 2 & 2 \\ 2 & 1 & 1 \\ 2 & 1 & 2 \\ 2 & 2 & 1 \\ 2 & 2 & 1 \end{bmatrix} \qquad B=\begin{bmatrix} 1 & 1 & 1 \\ 1 & 1 & 2 \\ 1 & 2 & 1 \\ 1 & 2 & 2 \\ 2 & 1 & 2 \\ 2 & 1 & 2 \\ 2 & 2 & 2 \\ 2 & 2 & 2 \end{bmatrix}$$

其中，矩阵 A 是一个"完全有序对"矩阵，或称是均衡搭配的；而矩阵 B 是搭配不均衡的，因第 1 列和第 3 列缺少 $(2,1)$，所以不是"完全对"，且第 2 列和第 3 列的搭配也不均衡。

3.2　正交表的构造

正交表的构造是一个组合数学问题，不同类型正交表的构造方法差异很大。这里首先介绍 $L_{m^N}(m^k)$ 型正交表的构造方法。其中，水平数 m 限定为素数或素数的方幂；N 称为基本列数，可以是任意的正整数。给定 m、N 这两个基本参数后，实验次数即为 $n=m^N$ 次，并且上述参数之间有如下关系：

$$k=\frac{m^N-1}{m-1}$$

根据正交表的定义，首先，表的各列地位是平等的，因此各列位置可以置换；其次，用正交表安排实验时，实验的次序可以是任意的，也就是说表的各行位置可以置换；再者，因素水平的次序也可以任定，即同一列中水平记号可以置换。正交表的列间置换、行间置换和同一列中水平记号的置换，称为正交表的 3 种初等变换。经过初等变换所能得到的一切表称为等价的（或同构的）。

3.2.1　$L_{m^N}(m^k)$ 型正交表的构造

这里我们用 m 个元素 0，1，2，$\cdots$，$m-1$ 表示水平记号，后文所说的水平记号的加法与乘法均是按有限域的加法与乘法规则进行。

这个表有 m^N 个实验，即每一列有 m^N 个水平记号。我们用分割法来构造基本列，即将 m^N 个实验分成 m 等份，每份有 m^{N-1} 个实验。按 m^{N-1} 个 0 水平、m^{N-1} 个 1 水平、m^{N-1} 个 2 水平、$\cdots\cdots$、m^{N-1} 个 $(m-1)$ 水平的顺序排成一列，叫做标准 m 分列；再将标准 m 分列的每一等份分成 m 等份（即将 m^N 个实验分成 m^2 等份），每等份有 m^{N-2} 个实验，按 m^{N-2} 个 0 水平、m^{N-2} 个 1 水平、m^{N-2} 个 2 水平、$\cdots\cdots$、m^{N-2} 个 $(m-1)$ 水平的顺序一组组往下排（此时共有 m 组），又得到一列，称为标准 m^2 分列。按这种方法继续下去，可得标准 m^3 分列、标准 m^4 分列、……、标准 m^N 分列。这 N 个列就称为基本列，是构造正交表的基础。基本列的列名分别用字母 a、b、c…表示。

例如，$L_4(2^3)$、$L_9(3^4)$ 的基本列分别为

$$L_4(2^3) \text{ 的基本列}$$

0	0
0	1
1	0
1	1
标准 2 分列	标准 4 分列

$$L_9(3^4) \text{ 的基本列}$$

0	0
0	1
0	2
1	0
1	1
1	2
2	0
2	1
2	2
标准 3 分列	标准 9 分列

在标准 m^i 分列中，如果每一组不一定按 m^{N-i} 个 0 水平、m^{N-i} 个 1 水平、m^{N-i} 个 2 水平、……、m^{N-i} 个 $(m-1)$ 水平的顺序排，而是按相连的 m^{N-i} 个 0 水平、m^{N-i} 个 1 水平，m^{N-i} 个 2 水平、……、m^{N-i} 个 $(m-1)$ 水平的任何一种顺序排，这样得到的列称为 m^i 分列。也就是说，如果将一个列从上到下等分为 m^{i-1} 个组，在每一组中任何一个水平记号都以 m^{N-i} 个相连的形式出现一次，这样的列就是 m^i 分列。标准 m^i 分列是 m^i 分列的特殊情况。

在构造正交表时，还要用到交互列的概念。所谓交互列，就是由前一列的各水平记号乘以 i（$i=1,2,\cdots,m-1$），再与后一列相应行的水平记号相加所得到的列，其列名用前一列名的 i 次方乘以后一列名表示。例如，a、b 是 m 水平的列，则其交互列有 $m-1$ 个，列名分别为 ab、a^2b、a^3b、…、$a^{m-1}b$。

不难验证，正交表各列间有如下关系：①当 $i<k$ 时，m^i 分列与 m^k 分列的交互列仍是 m^k 分列；②当 $i\neq k$ 时，m^i 分列与 m^k 分列是正交的；③当 $i\neq k$ 时，m^i 分列、m^k 分列及其交互列中，任意两列都是正交的；④当 $i\leqslant j<k$ 时，m^i 分列与 m^j 分列是正交的，则 m^i 分列、m^j 分列、m^k 分列及它们的交互列中，任意两列都是正交的。

现在来看 $L_{m^N}m^k$ 正交表的构造。我们将标准 m 分列放在表的第 1 列，列名记为 a，把标准 m^2 分列放在第 2 列，列名记为 b，其后放该两列的 $m-1$ 个交互，由①知，这些交互列都是 m^2 分列，共得 m 个 m^2 分列；然后放标准 m^3 分列，其后放该列与前面各列的交互列，共得 m^2 个 m^3 分列；如此继续下去，直到标准 m^N 分列，其后放这一列与前面各列的交互列，又得 m^{N-1} 个 m^N 分列。于是共得 $k=1+m+m^2+\cdots+m^{N-1}=\dfrac{m^N-1}{m-1}$。由②知 m 分列、m^2 分列、…、m^N 分列彼此是正交的，又由④知，m^i 分列中任意两列都是正交的，所以这 k 列中任意两列都是正交的。可以证明，任意两列的交互列都在这 A 列之中，或者与它无本质区别（即可以经过初等变换化为这 k 列中的某列）。

【例 3-1】 构造 $L_4(2^3)$ 正交表。

此时 $m=2$，$N=2$，有两个基本列，构造出表 3-1。

表 3-1 $L_4(2^3)$ 正交表的构造

试验号 \ 列号	1	2	3
1	0	0	0+0=1
2	0	1	0+1=1
3	1	0	1+0=1
4	1	1	1+1=0
列名	a	b	ab

不难验证任意两列的交互列是余下的列，如果我们规定列名的运算是一种指数运算，指数的加法与乘法按有限域的加法与乘法规则进行，这样我们就可以很容易地求出任意两列的交互列，所得的结果与直接验证完全一样。例如，第 2 列与第 3 列的交互列 $b\times ab=ab^{1+1}=ab^0=a$ 即为第 1 列。再如，第 1 列与第 3 列的交互列 $a\times ab=a^{1+1}\times b=a^0b=b$，即为第 2 列。

【例 3-2】 构造 $L_9(3^4)$ 正交表，此时 $m=3$，$N=2$，有两个基本列，构造出表 3-2。

表 3-2 $L_9(3^4)$ 正交表的构造

试验号 \ 列号	1	2	3	4
1	0	0	0+0=0	0×2+0=0
2	0	1	0+1=1	0×2+1=1
3	0	2	0+2=2	0×2+2=2
4	1	0	1+0=1	1×2+0=2
5	1	1	1+1=2	1×2+1=0
6	1	2	1+2=0	1×2+2=1
7	2	0	2+0=2	2×2+0=1
8	2	1	2+1=0	2×2+1=2
9	2	2	2+2=1	2×2+2=0
列名	a	b	ab	a^2b

直接验证可知，任意两列的交互列为其余两列。很自然地会问，第 2 列和第 3 列的交互列，是否会得到另一个新列 ab^2，不难验证，这样得出的列虽与 a^2b 列不同，但通过初等变换（水平号间的置换）可以变换为 a^2b 列，即 a^2b 列与 ab^2 列等价，记为 $a^2b=ab^2$。

3.2.2   混合型正交表的构造

混合型正交表可以由一般水平数相等的正交表通过"并列法"改造而成。举例如下：混合型正交表 $L_8(4\times 2^4)$ 的构造法。

构造步骤如下：

① 先列出正交表 $L_8(2^7)$（表 3-3）。

表 3-3 $L_8(2^7)$ 正交表

行号 \ 列号	1	2	3	4	5	6	7
1	1	1	1	1	1	1	1
2	1	1	1	2	2	2	2
3	1	2	2	1	1	2	2
4	1	2	2	2	2	1	1
5	2	1	2	1	2	1	2
6	2	1	2	2	1	2	1
7	2	2	1	1	2	2	1
8	2	2	1	2	1	1	2

②取出表 3-3 中的第 1、2 列，这两列中的数对共有 4 种：(1,1)、(1,2)、(2,1)、(2,2)。把这 4 种数对依次与单数字 1、2、3、4 对应，也就是把 (1,1) 变成 1，(1,2) 变成 2，(2,1) 变成 3，(2,2) 变成 4，这样就把第 1、2 列合并成一个 4 水平列。在 $L_8(2^7)$ 表中，去掉第 1、2 列换成这个 4 水平列，作为新表的第 1 列。

③将表 3-3 中第 1、2 列的交互作用列第 3 列去掉。

④将表 3-3 中其余的第 4、5、6、7 列依次改为新表的第 2、3、4、5 列。

这样就得一个混合型正交表 $L_8(4\times2^4)$。此表共 5 列，第 1 列是 4 水平列，其余 4 列仍是 2 水平列，见表 3-4。

表 3-4　$L_8(4\times2^4)$ 正交表

列号 行号	1	2	3	4	5
1	1	1	1	1	1
2	1	2	2	2	2
3	2	1	1	2	2
4	2	2	2	1	1
5	3	1	2	1	2
6	3	2	1	2	1
7	4	1	2	2	1
8	4	2	1	1	2

3.3　正交试验的基本步骤

对于多因素实验，正交试验设计是最简单、最常用的一种设计方法，正交试验设计包括实验方案设计和结果分析两部分，如图 3-2 所示。

(1) 明确实验目的，确定评价指标　任何一个实验都是为了解决某一个问题，或是为了得到某些结论而进行的。任何一个正交试验都应该有一个明确的目的，这是正交试验设计的基础。实验指标是表示实验结果特性的值，如产品的产量、产品的纯度等，可以用它来衡量或考核实验效果。

(2) 挑选因素，确定水平　影响实验指标的因素很多，但由于实验条件所限，不可能全面考察，所以应对实际问题进行具体分析，并根据实验目的，选出主要因素，略去次要因素，以减少要考察的因素数。如果对问题了解不够，则可以适当多取一些因素。凡是对实验结果可能有较大影响的因素一个也不要漏掉。一般来说，正交表是安排多因素实验的得力工具，不怕因素多，有时增加一两个因素，并不增加试验次数。故一般倾向于多考察些因素，除事先能肯定作用很小的因素和交互作用不安排外，凡是可能起作用或情况不明或意见有分歧的因素都值得考察。另外，必要时将区组因素加以考虑，可以提高实验的精度。

确定因素的水平数时，一般尽可能使因素的水平数相等，以方便实验数据处理。

对质量因素，应选入的水平通常是早就定下来的，如要比较的品种有 3 种，该因素（即品种）的水平数只能取 3。对数量因素，选取水平数的灵活性就大了，如温度、反应时间等，通常取 2 或 3 水平，只是在有特殊要求的场合，才考虑取 4 以上的水平。数量因素的水平幅度取得过窄，结果可能得不到任何有用的信息；过宽，结果会出现危险或实验无法进行下去。最好结合专业知识或通过预实验，对数量因素的水平变动范围有一个初步了解。只要认为在技术上是可行的，一开始就应尽可能取得宽一些，随着实验反复进行和技术情报的积累，再把水平的幅度逐渐缩小。

(3) 选正交表，进行表头设计　正交表的选择是正交试验设计的首要问题。确定了实验因素及其水平后，根据因素、水平以及是否需要考察交互作用来选择合适的正交表。正交表选得太小，实验因素可能安排不下；正交表选得过大，试验次数增多，不经济。正交表的选择原则是在能够安排实验因素和交互作用的前提下，尽可能选用较小的正交表，以减少试验次数。为了估计实验误差，所选正交表安排完实验因素及要考察的交互作用后，最好留有空列，否则必须进行重复实验以考察实验误差。

另外，也可由试验次数应满足的条件来选择正交表，即自由度选表原则：

$$f'_T \leqslant f_T = n - 1 \tag{3-1}$$

式中，f'_T 为所考察因素及交互作用的自由度；f_T 为所选正交表的总自由度；n 为所选正交表的行数（试验次数），即正交表总自由度等于正交表的行数减 1。

因此，要考察的实验因素和交互作用的自由度总和小于等于所选取的正交表的总自由度。当需要估计实验误差，进行方差分析时，则各因素及交互作用的自由度之和要小于所选正交表的总自由度。若进行直观分析，则各因素及交互作用的自由度之和可以等于所选正交表的总自由度。另外，若各因素及交互作用的自由度之和等于所选正交表总自由度，也可采用有重复正交试验来估计实验误差。

对于正交表来说，确定所考察因素及交互作用的自由度有两条原则。

① 正交表每列的自由度：$f_{列}$ = 此列水平数 - 1（因素 A 的自由度：f_A = 因素 A 的水平数 - 1）。由于一个因素在正交表中占一列，即因素和列是等同的，从而每个因素的自由度等于该列的自由度。

② 因素 A、B 间交互作用的自由度：$f_{A \times B} = f_A \times f_B$。

因而可以确定，两个 2 水平因素的交互作用列只有一列。这是由于 2 水平正交表的每列的自由度为 $2 - 1 = 1$，而两列的交互作用的自由度等于两列自由度的乘积，即 $1 \times 1 = 1$，交互作用列也是 2 水平的，故交互作用列只有一个。对于两个 3 水平的因素，每个因素的自由度为 2，交互作用的自由度就是 $2 \times 2 = 4$，交互作用列也是 3 水平的，所以交互作用列就占两列。同理，两个 n 水平的因素，由于每个因素的自由度为 $n - 1$，两个因素的交互作用的自由度就是 $(n-1)(n-1)$，交互作用列也是 n 水平的，故交互作用列就要占 $(n-1)$ 列。

由式(3-1)可知，当需要进行方差分析时，所选正交表的行数（试验次数）n 必须满足：

$$n > f'_T + 1 = \sum f_{因素} + \sum f_{交互作用} + 1$$

这样正交表至少有一空白列，用于估计实验误差。

若进行直观分析，不需要估计实验误差时，所选正交表的行数（试验次数）n 必须满足：

$$n > f'_T + 1 = \sum f_{因素} + \sum f_{交互作用} + 1$$

如 4 因素 3 水平，不考虑交互作用的正交试验至少应安排的试验次数为

$$n > f'_T + 1 = \sum f_{因素} + \sum f_{交互作用} + 1 = (3-1) \times 4 + 0 + 1 = 9$$

在满足上述条件的前提下，选择较小的表。例如，对于 4 因素 3 水平的实验，满足要求的表有 $L_9(3^4)$、$L_{27}(3^{13})$ 等，一般可以选择 $L_9(3^4)$，但是如果要求精度高，并且实验条件允许，可以选择较大的表。

选择好正交表后，将要考察的各因素及交互作用安排到正交表的适当的列上称为表头设计。所谓表头设计就是指将实验因素和交互作用合理地安排到所选正交表的各列中。若在实验中，不考虑实验因素间的交互作用，各因素可以任意安排；若要考察因素间的交互作用，各因素应按相对应的正交表的交互作用列表来进行安排，以防设计混杂。

(4) 明确实验方案，进行实验，得到结果　实验方案设计完成后，就可以按照实验方案实施实验。在实验实施过程中，必须严格按照各号实验的处理组合进行，不得随意改动。实验因素必须严格控制，实验条件应尽量保持一致。另外需要说明的是，实验方案中的试验号并不是实际进行实验的顺序，一般最好同时进行。如果条件只允许一个组合来进行实验，为了排除外

界干扰，应使试验号随机化，即采用抽签或查随机数字表的方法来确定实验顺序。不论用什么顺序进行实验，一般都应进行重复实验，以减少随机误差对实验结果的影响。

完成了表头设计之后，只要把正交表中各列上的数字 1、2、3 分别看成是该列所填因素在各个试验中的水平数，这样正交表的每一行就对应着一个试验方案，即各因素的水平组合。

在进行试验时，应注意以下几点：

① 分区组。对于一批试验，如果要使用几台不同的机器，或要使用几种原料来进行，为了防止机器或原料的不同而带来误差，从而干扰试验的分析，可在实验开始之前，用正交表中末排因素和交互作用的一个空白列来安排机器或原料，可以提高试验的精度。与此类似，若试验指标的检验需要几个人（或几台机器）来做，为了消除不同人（或机器）检验的水平不同给试验分析带来干扰，也可采用在正交表中用一空白列来安排的办法。这种作法叫做分区组法。

② 因素水平表排列顺序的随机化。如果每个因素的水平序号从小到大排列时，因素水平的数值总是按由小到大或由大到小的顺序排列，那么按正交表做试验时，所有的 1 水平要碰在一起，而这种极端的情况有时是不希望出现的，有时也没有实际意义。因此，在排列因素水平表时，最好不要简单地按因素数值由小到大或由大到小的顺序排列。从理论上讲，最好能使用一种称为随机化的方法。所谓随机化就是采用抽签或查随机数值表的办法，来决定排列的先后顺序。如本例中因素的水平序号从小到大排列时，因素水平的数值并不是按由小到大或由大到小的顺序排列。

③ 必须严格按照规定的方案完成每一号试验，因为每一号试验都从不同角度提供有用信息，即使其中有某号试验事先根据专业知识可以肯定其试验结果不理想，但仍然需要认真完成该号试验。

④ 试验的进行没有必要完全按照正交表上试验号码的顺序，可按抽签方法随机决定试验进行的顺序。事实上，试验顺序可能对试验结果有影响（例如，试验中由于先后操作熟练的程度不同带来的误差干扰，以及外界条件所引起的系统误差），把试验顺序打"乱"，有利于消除这一影响。

⑤ 在确定每一个试验的试验条件时，只需考虑所确定的几个因素和分区组该如何取值，而不要（其实也无法）考虑交互作用列和误差列怎么办的问题。交互作用列和误差列的取值问题由试验本身的客观规律来确定，它们对指标影响的大小在方差分析时给出。

⑥ 做试验时，试验条件的控制力求做到十分严格，尤其是在水平的数值差别不大时。

最后试验结果以试验指标形式给出。

(5) 对试验结果进行统计分析　试验完成后，即可对正交试验结果进行分析。目前，分析方法有直观分析法、方差分析法、贡献率分析法等多种方法，常用的是直观分析法和方差分析法。通过结果分析，可以解决以下问题：

① 分清各因素及其交互作用对试验指标影响的主次顺序，分清哪个是主要因素，哪个是次要因素。

② 可以判断因素及其交互作用对试验指标影响的显著程度。

③ 可以得到试验因素的优水平和试验范围内的优组合，即试验因素取什么水平时，试验指标最好。

④ 可以分析因素与试验指标之间的关系，即当因素变化时，试验指标是如何变化的。找出指标随因素变化的规律和趋势，为进一步试验指明方向。

⑤ 可以了解各因素之间的交互作用情况。

⑥ 估计试验误差的大小。

（6）进行验证试验，作进一步分析　最佳方案是通过统计分析得出的，还需要进行试验验证，以保证优方案与实际一致，否则还需要进行新的正交试验。

图 3-2 所示为正交试验设计基本步骤。

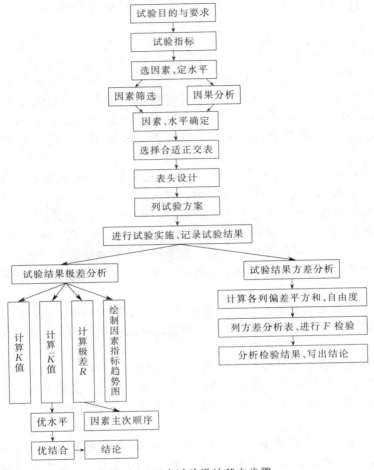

图 3-2　正交试验设计基本步骤

3.4　正交试验设计结果的分析方法

对正交试验结果的分析，通常采用两种方法：一种是直观分析法；另一种是方差分析法（又称统计分析法）。直观分析法具有简单易懂、实用性强、应用广泛等特点。而方差分析法的分析精度高，弥补了直观分析法的不足。

3.4.1　直观分析法

3.4.1.1　单指标正交试验设计及其结果的直观分析

（1）选正交表　本例是一个 3 水平的试验，因此要选用 $L_n(3^m)$ 型正交表，由于有 3 个因素，且不考虑因素间的交互作用，所以要选一张 $m \geqslant 3$ 的表，而 $L_n(3^m)$ 是满足条件 $m \geqslant 3$ 的最小的该类型正交表，故选用正交表 $L_n(3^m)$ 来安排试验。

（2）表头设计　由于不考虑因素间的交互作用，因而 3 个因素可放在任意 3 列上，本例没有依次放入，而是分别放在 1、3、4 三列上，表头设计见表 3-5。

表 3-5　表头设计

因素	A	空白列	B	C
列号	1	2	3	4

不放置因素或交互作用的列称为空白列（简称空列）。空白列在正交设计的方差分析中也称为误差列，一般最好留至少一个空白列。

（3）明确试验方案　根据表头设计，将因素放入正交表 $L_9(3^4)$ 相应列，水平对号入座，列出试验方案见表 3-6。

表 3-6　试验方案

试验号	A 温度/℃	空白列	B 酯化时间/h	C 催化剂种类	试验方案	乳化能力
	1	2	3	4		
1	1(130)	1	1(3)	1(甲)	$A_1B_1C_1$	
2	1	2	2(2)	2(乙)	$A_1B_2C_2$	1
3	1	3	3(4)	3(丙)	$A_1B_3C_3$	2
4	2(120)	1	2	3	$A_1B_3C_3$	3
5	2	2	3	1	$A_2B_2C_3$	4
6	2	3	1	2	$A_2B_3C_1$	5
7	3(110)	1	3	2	$A_2B_1C_2$	6
8	3	2	1	3	$A_3B_3C_2$	7
9	3	3	2	1	$A_3B_1C_3$	8
					$A_3B_2C_1$	9

（4）按规定的方案做试验，得出试验结果　按正交表的各试验号中规定的水平组合进行试验，本例总共要做 9 个试验。试验结果（指标）填写在表的最后一列中，见表 3-7。

表 3-7　试验方案及结果分析

试验号	A 温度/℃	空白列	B 酯化时间/h	C 催化剂种类	乳化能力
	1	2	3	4	
1	1(130)	1	1(3)	1(甲)	0.56
2	1	2	2(2)	2(乙)	0.74
3	1	3	3(4)	3(丙)	0.57
4	2(120)	1	2	3	0.87
5	2	2	3	1	0.85
6	2	3	1	2	0.82
7	3(110)	1	3	2	0.67
8	3	2	1	3	0.64
9	3	3	2	1	0.66
K_1	1.87	2.10	2.02	2.07	
K_2	2.54	2.23	2.27	2.07	
K_3	1.97	2.05	2.09	2.23	
k_1	0.623	0.700	0.673	2.08	
k_2	0.847	0.743	0.757	0.690	
k_3	0.657	0.683	0.697	0.743	
极差 R	0.67	0.18	0.25	0.693	
因素主→次				0.16	
优方案			A　B　C		
			$A_2B_2C_2$		

（5）计算极差，确定因素的主次顺序　首先解释表 3-7 中引入的 3 个符号。

K_i 表示任一列上水平号为 i（本例中 $i=1$、2 或 3）时所对应的试验结果之和。

k_i 表示任一列上因素取水平 i 时所得试验结果的算术平均值。$k_i=K_i/s$，其中 s 为任一列上各水平出现的次数。

R 称为极差，在任何一列上 $R=\max\{K_1、K_2、K_3\}-\min\{K_1、K_2、K_3\}$，或 $R=\max\{k_1、$

$k_2 \text{、} k_3\} - \min\{k_1 \text{、} k_2 \text{、} k_3\}$。

（6）优方案的确定　优方案是指在所做的试验范围内，各因素较优的水平组合。各优水平的确定与试验指标有关，若指标越大越好，则应选取使指标大的水平，即各列 K_i（或 k_i）中最大的那个值所对应的水平；反之，若指标越小越好，则应选取使指标小的那个水平。

在本例中，试验指标是乳化能力，指标越大越好，所以应挑选每个因素的 K_1、K_2、K_3（或 k_1、k_2、k_3）中最大的值对应的那个水平，由于 A 因素列：$K_2 > K_3 > K_1$；B 因素列：$K_2 > K_3 > K_1$；C 因素列：$K_2 > K_3 > K_1$，所以优方案为 $A_2B_2C_2$，即反应温度为 120℃，酯化时间为 2h，乙种催化剂。

本例中，通过简单的"看一看"，可得出第 4 号试验方案是 9 次试验中最好的。而通过简单的"算一算"，即直观分析（或极差分析），得到的优方案是 $A_2B_2C_2$，该方案并不包含在正交表中已做过的 9 个试验方案中，这正体现了正交试验设计的优越性（预见性）。

（7）进行验证试验，作进一步的分析　上述优方案是通过直观分析得到的，但它实际上是不是真正的优方案还需要作进一步的验证。首先，将优方案 $A_2B_2C_2$ 与正交表中最好的第 4 号试验 $A_2B_2C_3$ 作对比，若方案 $A_2B_2C_2$ 比第 4 号试验的试验结果更好，通常就可以认为 $A_2B_2C_3$ 是真正的优方案，否则第 4 号试验 $A_2B_2C_3$ 就是所需的优方案。若出现后一种情况，一般来说原因可能有 3 个方面：①可能是试验误差过大造成；②可能是另有影响因素没有考虑进去或是没有考虑交互作用；③可能是因素的水平选择不当。遇到这种情况应分析原因，再做试验，直到得出计算分析最优条件，才能说明考察指标最优。

3.4.1.2　多指标正交试验设计及其结果的直观分析

（1）综合平衡法　综合平衡法是先对每个指标分别进行单指标的直观分析，得到每个指标的影响因素主次顺序和最佳水平组合，然后根据理论知识和实际经验，对各指标的分析结果进行综合比较和分析，得出最优方案。下面通过一个例子来说明这种方法。

【例 3-3】　柱塞组合件收口强度稳定性试验。

油泵的柱塞组合件是经过机械加工、组合收口、去应力、加工 ϕD 等工序制成的。要求的质量指标是拉脱力 $F \geqslant 1000N$，轴向游隙 $\delta \leqslant 0.02mm$，转角 $\alpha \geqslant 20°$。试验前产品拉脱力波动大，且因拉脱力与转角两指标往往矛盾。试验的目的就是改进工艺条件，提高产品质量。

① 明确试验目的，确定考察指标。

试验目的：改进工艺条件，提高产品质量。

考察指标有 3 个：拉脱力 $F \geqslant 1000N$；轴向游隙 $\delta \leqslant 0.02mm$；转角 $\alpha \geqslant 20°$。

② 挑因素，选水平，制定因素水平表。

据研究，柱塞头的外径 ϕD、高度 L、倒角 $k\beta$、收口压力 p 这 4 个因素对指标可能有影响，所以应考察这 4 个因素。每个因素比较 3 种不同的条件（即取 3 个水平），据此列出因素水平表（表 3-8）。

表 3-8　因素水平表

因素 水平	A 外径 $\phi D - 0.05$/mm	B 高度 $L - 0.05$/mm	C 倒角 $k\beta$	D 收口压力 p/MPa
1	15.1	11.6	$1.0 \times 50°$	1.5
2	15.3	11.8	$1.5 \times 50°$	1.7
3	14.8	11.7	$1.0 \times 50°$	2.0

③ 选正交表。

本例为 4 因素 3 水平试验，可选用正交表 $L_9(3^4)$。

④ 表头设计（表 3-9）。

⑤ 确定试验方案，做试验，填数据，即因素顺序入列，水平对号入座，列出试验条件。

本例将水平表中的因素和水平填到选用的 $L_9(3^4)$ 正交表上。试验方案见表 3-9。

⑥ 按规定的方案做试验，得出试验结果。

表 3-9　试验方案及结果分析

试验号 \ 列号	A 外径 ϕD (1)	B 高度 L (2)	C 倒角 $k\beta$ (3)	D 收口压力 p (4)	拉脱力 F/N	轴向游隙 δ/mm	转角 α/(°)
1	1(15.1)	1(11.6)	1(1.0×50°)	1(1.5)	−30	20	25.5
2	1	2(11.8)	2(1.5×50°)	2(1.7)	36	48	−10
3	1	3(11.7)	3(1.0×50°)	3(2.0)	6	27	17.5
4	2(15.3)	1	2	3	−15.5	6	21.5
5	2	2	3	1	51	128	−10.0
6	2	3	1	2	−1	25	26.5
7	3(14.8)	1	3	2	−68	28	18.5
8	3	2	1	3	91	52	0.5
9	3	3	2	1	19	56	−4.5

拉脱力 F'/N		A	B	C	D
	K_1	12	−113.5	60	40
	K_2	34.5	178	39.5	−33
	K_3	42	24	−11	81.5
	k_1	4	−37.8	20	40
	k_2	11.5	59.3	13.17	−33
	k_3	14	8	−3.66	81.5
	极差 R	10	97.1	23.66	38.16
	因素：主→次		$B\ \ D\ \ C\ \ A$		
	优方案		$B_2 D_3 C_1 A_3$（拉脱力越大越好）		

轴向游隙 δ'/mm		A	B	C	D
	K_1	95	54	97	204
	K_2	159	228	110	101
	K_3	136	108	183	85
	k_1	31.66	18	32.3	68
	k_2	53	76	36.6	33.6
	k_3	45.3	36	61	28.3
	极差 R	21.34	58	28.7	39.7
	因素主→次		$B\ \ D\ \ C\ \ A$		
	优方案		$B_1 D_3 C_1 A_1$（轴向游隙越小越好）		

转角 α'/(°)		A	B	C	D
	K_1	42	65.5	52.5	11
	K_2	38	−10.5	16	44
	K_3	14.5	39.5	26	39.5
	k_1	14	21.83	17.5	3.6
	k_2	12.6	−3.5	5.3	14.6
	k_3	4.82	13.16	8.7	13.10
	极差 R	9.18	25.33	12.2	11
	因素主→次		$B\ \ D\ \ C\ \ A$		
	优方案		$B_1 C_1 D_2 A_1$（拉脱力越大越好）		

每个试验条件做 7 次，每次试验都分别对 3 个指标进行测定并取其平均值。数值填入表 3-9 中。

⑦ 计算极差，确定因素的主次顺序。

本例因素的主次顺序（主到次）为

拉脱力 F：　　　　$B\quad D\quad C\quad A$

轴向游隙 δ：　　　$B\quad D\quad C\quad A$

转角 α：　　　　$B\quad C\quad D\quad A$

对于转角 α 来说，C 和 D 两因素的极差 R 相差不大，所以综合考虑，4 个因素对 3 个指标的主次顺序为：$B \rightarrow D \rightarrow C \rightarrow A$。

⑧ 最优方案的确定。

a. 初选最优生产条件。

按极差与指标趋势图确定各因素的最优水平组合：

$$对拉脱力 F 来说：B_2 D_3 C_1 A_3$$

$$对轴向游隙 \delta 来说：B_1 D_3 C_1 A_1$$

$$对转角 \alpha 来说：B_1 C_1 D_2 A_1$$

b. 综合平衡选取最优生产条件。

因素 B：对 3 个指标来说，B 均是主要因素，一般情况下应按多数倾向选取 B_1，但因拉脱力 F 是主要指标，故选取 B_2。

因素 D：对指标轴向游隙 δ 来说，D 是较主要因素，且以 D_3 为优；对指标转角 α 是较次要因素，且 D_3 与 D_2 差不多，故选取 D_3。

因素 C：对 3 个指标来说，最优水平皆为 C_1，故选取 C_1。

因素 A：对 3 个指标来说，皆为次要因素，按多数倾向选取 A_1。

通过综合分析平衡后，柱塞组合件最优生产条件为 $B_2 D_3 C_1 A_1$。

⑨ 验证试验。

对选取的最优生产条件 $B_2 D_3 C_1 A_1$ 进行试验，可以达到试验指标的要求。

可见，综合平衡法要对每一个指标都单独进行分析，所以计算分析的工作大，但是同时也可以从试验结果中获得较多的信息。多指标的综合平衡有时是比较困难的，仅仅依据数学的分析往往得不到正确的结果，所以还要结合专业知识和经验，得到符合实际的优方案。

（2）综合评分法　综合评分法是根据各个指标的重要程度，对得出的试验结果进行分析，给每个试验评出一个分数，作为这个试验的总指标；然后根据这个总指标（分数），利用单指标试验结果的直观分析法作进一步的分析，确定较好的试验方案。该方法即将多指标转化为单指标，从而得到多指标试验的结论。

显然，这个方法的关键是如何评分。综合评分法主要有排队综合评分法、加权综合评分法等。

① 排队综合评分法。所谓排队评分，就是当几个指标在整个效果中同等重要，因而应当同等看待时，则可根据试验结果的全面情况，综合几个指标，按照效果的好坏，从优到劣排队，然后按规则进行评分（如 100 分制、10 分制、5 分制等）。

【例 3-4】 提高型砂质量试验。

型砂质量的好坏直接影响铸件质量的提高，为了提高型砂的透气性、湿强度和保证型砂含水量，欲通过正交试验，探求保证和提高型砂质量的规律。

试验目的：寻找型砂配比，提高型砂质量。

考察指标：透气性［要求为 $30 \sim 100 cm^4/(g \cdot min)$］；湿强度（要求为不小于 $1 kg/cm^2$）；含水量（要求为 5% 左右）。

选取的因素水平见表 3-10。

表 3-10　因素水平表

水平＼因素	A 红煤粉/kg	B 红砂/kg	C 黄砂/kg
1	8	20	60
2	7	40	40
3	10	60	20

本例为 3 因素 3 水平，选取 $L_9(3^4)$ 正交表做试验，单项指标的试验结果填入表 3-11 中。

表 3-11　试验方案及结果分析

实验号	A 红煤粉 1	B 红砂 2	C 黄砂 3	透气性 $/[cm^4/(g \cdot min)]$	湿强度 $/(kg/cm^2)$	含水量 /%	综合评分 /分
1	1(8)	1(20)	1(60)	88	0.84	7.2	50
2	1	2(40)	2(40)	99	1.16	5.3	100
3	1	3(60)	3(20)	80	1.12	5.3	90
4	2(7)	1	3	77	0.99	4.4	70
5	2	2	1	61	1.16	5.3	70
6	2	3	2	75	1.11	5.3	80
7	3(10)	1	2	65	1.01	6.0	85
8	3	2	3	70	0.88	6.0	60
9	3	3	1	67	1.09	5.6	55
K_1	240	180	200				
K_2	235	235	245				
K_3	185	245	215				
k_1	80	60	66.7				
k_2	78.3	78.3	81.7				
k_3	61.7	81.6	71.7				
极差 R	18.3	21.6					
因素主→次	$B \rightarrow A \rightarrow C$						
优方案	$B_2A_2C_2$						

现综合 3 项指标，按照效果好坏排出顺序，采用百分制评分法对 9 个试验结果评定如下：第一名是 2 号试验，评为 100 分；第二名是 3 号试验，评为 90 分；第三名是 6 号试验，评为 85 分；第四名是 5 号试验，评为 80 分；第 4、9 号试验效果差不多，并列为第五名，评为 70 分；第七名是第 7 号试验，评为 60 分；第八名是第 8 号试验，评为 55 分；第九名是 1 号试验，评为 50 分。于是得到表 3-11 中右边"综合评分"一栏的分数。

从表 3-11 可得出下列结论：

a. 3 个因素的主次顺序是（主→次）：$B \rightarrow A \rightarrow C$。

b. 从直接分析来看，9 个试验中，第 2 号试验得分最高，水平组合为 $B_2A_1C_2$。

c. 极差分析好的结果是 $B_3A_1C_2$，这个条件在 9 次试验中未做过，应安排此条件的补充试验。根据试验结果，若 $B_3A_1C_2$ 比 $B_2A_1C_2$ 好，则选用 $B_3A_1C_2$；若 $B_3A_1C_2$ 不如 $B_2A_1C_2$ 好，则说明这个试验的现象比较复杂，这时生产上可先采用 $B_2A_1C_2$，同时另安排试验，寻找更好的条件。

排队综合评分法是应用比较广的一种方法，它不仅用于多指标试验，也可用于某些定性的单指标试验，如机器产品的外观、颜色，轻工产品的色、香、味等特性，只能通过手摸、眼看、鼻嗅、耳听和口尝来评定等，这些定性指标的定量化，往往也可利用该方法处理。

② 加权综合评分法。加权综合评分值 Y_i 的计算公式：

$$Y_i = b_{i1}Y_{i1} + b_{i2}Y_{i2} + \cdots + b_{ij}Y_{ij}$$

式中，b_{ij} 为加权因子系数，表示各项指标在综合加权评分中应占的权重；Y_{ij} 为考察指标；i 为第 i 号试验；j 为第 j 个考察指标。

如果考察指标的要求趋势相同，则符号取正号；趋势不同，则取负号。例如，3 个指标都是越小越好，另有第 4 个指标越大越好，若前三者取正号，则第四项应取负号，即 $-b_{i4}Y_{i4}$。这种方法的关键在于确定 b_{ij}。为尽量做到合理，应根据专业知识和生产经验，综合分析各指标间重要程度而定。

综合评分法是将多指标的问题，通过适当的评分方法，转换成单指标的问题，使结果的分析计算变得简单方便。但是，结果分析的可靠性主要取决于评分的合理性，如果评分标准、评分方法不合适，指标的权数不恰当，所得到的结论就不能反映全面情况。所以，如何确定合理的评分标准和各指标的权数，是综合评分的关键。这个问题的解决有赖于专业知识、经验和实际要求，单纯从数学上是无法解决的。在实际应用中，如果遇到多指标的问题，究竟是采用综合平衡法，还是综合评分法，要视具体情况而定，有时可以将两者结合起来，以便比较和参考。

3.4.1.3　有交互作用的正交试验设计及其结果的直观分析

在前面讨论的正交试验设计及结果分析，仅考虑了每个因素的单独作用，但是在许多实验中不仅要考虑各个因素对实验指标起作用，而且因素之间还会联合搭配起来对指标产生作用，即需要考虑交互作用。

正交试验设计及其结果的直观分析中，在计算分析实验数据、选择最优化组合方案时的一般步骤可归纳如下。

① 直接分析：由实验数据直接找出最优方案。
② 计算分析：计算每列各水平下的 K_i、k_i 及 R（$i=1,2,\cdots,m$）。
③ 画出因素与指标关系的趋势图。
④ 按极差大小排出各因素主次顺序。
⑤ 初选最优水平组合方案，由趋势图确定最优方案，并予以展望更好的条件。
⑥ 终选优水平组合方案。
⑦ 验证实验（第二批实验）。

3.4.2　方差分析法

前面介绍了正交试验设计结果的直观分析法。直观分析法具有简单直观、计算量小等优点；但不能估计误差的大小，不能精确地估计各因素的实验结果影响的重要程度，特别是对于水平数不小于 3 且要考虑交互作用的实验。如果对实验结果进行方差分析，就能弥补直观分析法的这些不足。

3.4.2.1　正交试验设计方差分析的基本步骤

在正交表上进行方差分析的基本步骤如下。

（1）偏差平方和的计算与分解　在因素实验的方差分析中，关键是偏差平方和的分解问题。现以在 $L_4(2^3)$ 正交表上安排实验来说明（表3-12）。

表 3-12　$L_4(2^3)$ 正交表

列号 实验号	1	2	3	实验结果
1	1	1	1	x_1
2	1	2	2	x_2
3	2	1	2	x_3
4	2	2	1	x_4
K_1	x_1+x_2	x_1+x_3	x_1+x_4	$T=x_1+x_1x_2+x_2$
K_2	x_3+x_4	x_2+x_4	x_2+x_3	
k_1	$\dfrac{x_1+x_2}{2}$	$\dfrac{x_1+x_3}{2}$	$\dfrac{x_1+x_4}{2}$	$\bar{x}=\dfrac{1}{4}(x_1+x_2+x_3+x_4)$
k_2	$\dfrac{x_3+x_4}{2}$	$\dfrac{x_2+x_4}{2}$	$\dfrac{x_2+x_3}{2}$	

总偏差平方和 S_T 为

$$S_T=\sum_{i=1}^{n}(x_i-\bar{x})^2=\sum_{i=1}^{4}(x_i-\bar{x})^2=\sum_{i=1}^{4}\left[x_i-\frac{1}{4}(x_1+x_2+x_3+x_4)\right]^2$$

$$=\frac{1}{16}\sum_{i=1}^{4}(4x_i-x_1-x_2-x_3-x_4)^2$$

化简得

$$S_T=\frac{3}{4}(x_1^2+x_2^2+x_3^2+x_4^2)-\frac{1}{2}(x_1x_2+x_1x_3+x_1x_4+x_2x_3+x_2x_4+x_3x_4)$$

第 1 列各水平的偏差平方和为

$$S_1=r\sum_{p=1}^{m}(k_{p1}-\bar{x})^2=2\sum_{p=1}^{2}(k_{p1}-\bar{x})^2=2(k_{11}-\bar{x})^2+2(k_{21}-\bar{x})^2$$

$$=2\left[\left(\frac{x_1+x_2}{2}-\bar{x}\right)^2+\left(\frac{x_3+x_4}{2}-\bar{x}\right)^2\right]$$

$$=\frac{1}{8}\left[(2x_1+2x_2-x_1-x_2-x_3-x_4)^2+(2x_3+2x_4-x_1-x_2-x_3-x_4)^2\right]$$

$$=\frac{1}{4}(x_1+x_2-x_3-x_4)^2$$

$$=\frac{1}{4}(x_1^2+x_2^2+x_3^2+x_4^2)-\frac{1}{2}(x_1x_3+x_1x_4+x_2x_3+x_2x_4-x_1x_2-x_3x_4)$$

式中，k_{p1} 为第 1 列 p 水平的实验结果均值；x 为水平重复数；m 为水平数。

同理，得第 2、3 列各水平的偏差平方和分别为

$$S_2=2(k_{12}-\bar{x})^2+2(k_{22}-\bar{x})^2=2\left[\left(\frac{x_1+x_3}{2}-\bar{x}\right)^2+\left(\frac{x_2+x_4}{2}-\bar{x}\right)^2\right]$$

$$=\frac{1}{4}(x_1^2+x_2^2+x_3^2+x_4^2)-\frac{1}{2}(x_1x_2+x_1x_4+x_2x_3+x_3x_4-x_1x_3-x_2x_4)$$

$$S_3=\frac{1}{4}(x_1^2+x_2^2+x_3^2+x_4^2)-\frac{1}{2}(x_2x_3+x_1x_4+x_2x_3+x_1x_2-x_2x_3-x_1x_4)$$

$$S_T=S_1+S_2+S_3=\frac{3}{4}(x_1^2+x_2^2+x_3^2+x_4^2)-\frac{1}{2}(x_1x_2+x_1x_3+x_1x_4+x_2x_3+x_2x_4+x_3x_4)$$

上式是 $L_4(2^3)$ 正交表总偏差平方和分解公式，即 $L_4(2^3)$ 的总偏差平方和等于各列偏差平方和之和。

若在 $L_4(2^3)$ 正交表的第 1 列和第 2 列分别安排 2 水平的 A、B 两因素，在不考虑 A、B 两因素间的交互作用的情况下，则第 3 列是误差列。若误差的偏差平方和为 S_e，则

同样可以证明：
$$S_T=S_A+S_B+S_e \tag{3-2}$$

式(3-2) 也是偏差平方和的分解公式，它表明总偏差平方和等于各列因素的偏差平方和与误差平方和之和。一般地，若用正交表安排 N 个因素的实验（包括存在交互作用因素），则有

$$S_T=S_A+S_B+S_{A\times B}+\cdots+S_N+S_e$$

现用正交表 $L_n(m^k)$ 来安排实验，则总的试验次数为 n，每个因素的水平数为 m。

正交表的列数为 k，设实验结果为 x_1，x_2，$\cdots$，x_n，则总偏差平方和为

$$S_T=\sum_{i=1}^{n}(x_i-\bar{x})^2=\sum_{i=1}^{n}x_i^2-\frac{1}{n}\left(\sum_{i=1}^{n}x_i\right)^2=Q_T-\frac{1}{n}T^2 \tag{3-3}$$

$$Q_T=\sum_{i=1}^{n}x_i^2$$

$$T = \sum_{i=1}^{n} x_i$$

式中，Q 为各数据平方之和；T 为所有数据之和。

对因素的偏差平方和（如因素 A）：设因素 A 安排在正交表的第 3 列，可看作单因素实验，用 k_{pj} 表示因素 A 的第 p（$p = 1, 2, \cdots, m$）个水平的 r 个实验结果的平均值，则有

$$S_A = r \sum_{p=1}^{m} (k_{pj} - \bar{x})^2 = \frac{1}{r} \sum_{p=1}^{m} K_{pj}^2 - \frac{1}{n} T^2 = Q_A - \frac{1}{n} T^2 \qquad (3-4)$$

此外，$j = 3$。或者

$$S_e = S_T - \text{各个因素（含交互作用）的偏差平方和之和}$$

（2）计算平均偏差平方和与自由度　如前所述，将各偏差平方和分别除以各自相应的自由度，即得到各因素的平均偏差平方和及误差的平均偏差平方和。例如：$V_A = \dfrac{S_A}{f_A}$，$V_B = \dfrac{S_B}{f_B}$，$V_e = \dfrac{S_e}{f_e}$

对于 $S_T = S_A + S_B + S_e$ 可有 $f_T = f_A + f_B + f_e$

上式称自由度分解公式，即总的自由度等于各列偏差平方和的自由度之和。其中，

$$f_T = \text{总的试验次数} - 1 = n - 1$$
$$f_A = \text{因素 } A \text{ 的水平数} - 1 = m - 1$$
$$f_B = \text{因素 } B \text{ 的水平数} - 1 = m - 1$$
$$f_e = f_T - (f_A + f_B)$$

若 A、B 两因素存在交互作用，则 $S_{A \times B}$ 的自由度 $f_{A \times B}$ 等于两因素自由度之积，即

$$f_{A \times B} = f_A \times f_B \qquad (3-5)$$

此时：$f_e = f_T - (f_A + f_B + f_{A \times B})$

一般地，对于水平数相同（饱和）的正交表 $L_n(m^k)$ 满足下式：

$$n - 1 = k(m - 1) \qquad (3-6)$$

对于混合型正交表 $L_n(m_1^{k_1} \times m_2^{k_2})$，其饱和条件为

$$n - 1 = k_1(m_1 - 1) + k_2(m_2 - 1) \qquad (3-7)$$

上述两个式子表明，总偏差平方和的自由度等于各列偏差平方和的自由度之和。

（3）F 值计算及检验　在进行 F 检验时，显著性水平 a 是指对作出判断大概有 $1-a$ 的把握。不同的显著性水平，表示在相应的 F 表作出判断时，有不同程度的把握。

例如，对因素 A 来说，当 $F_A > F_a(f_1, f_2)$ 时，若 $a = 0.1$，就有 $(1-a) \times 100\%$ 即 90% 的把握说因素 A 的水平改变对实验结果有显著影响，同时，也表示犯错误的可能性为 10%。判断标准与前述相同。

在正交表上进行方差分析可以用一定格式的表格计算分析。对饱和的 $L_n(m^k)$ 正交表可按表 3-13 的格式和公式计算；对于混合型 $L_n(m_1^{k_1} \times m_2^{k_2})$ 正交表也适用，但要换上相应的 m、k。

表 3-13 $L_n(m^k)$ 正交表

实验号	A	B	...	...	...	实验结果 x_1	x_i^2
	1	2	...	...	k		
1	1	...	...	...	...	x_1	x_1^2
2	1	...	...	...	...	x_2	x_2^2
⋮	⋮					⋮	⋮
n	m	...	...	...	...	x_n	x_n^2

实验号	A	B	...	...	...	实验结果 x_1	x_i^2
	1	2	...	...	k		
K_1	K_{11}	K_{12}	...	...	K_{1k}	$T=\sum\limits_{i=1}^{n}x_i$	$Q=\sum\limits_{i=1}^{n}x_i^2$
K_2	K_{21}	K_{22}	...	...	K_{2k}		
$\vdots$	$\vdots$	$\vdots$			$\vdots$		
K_{m_1}	K_{m_1}	K_{m_2}	...	...	K_{m_k}	$S_T=Q_T-\dfrac{1}{n}T^2$	
K_1^2	K_{11}^2	K_{12}^2	...	...	K_{1k}^2		
K_2^2	K_{21}^2	K_{22}^2	...	...	K_{2k}^2		
$\vdots$	$\vdots$	$\vdots$			$\vdots$		
$K_{m_1}^2$	$K_{m_1}^2$	$K_{m_2}^2$	...	...	K_{mk}^2		
S_j	S_1	S_2	...	...	S_j		

用 K_{pj} 表示第 j 列数字 p 对应的指标之和（$p=1,2,\cdots,m$；$j=1,2,\cdots,k$）；用 S_j 表示第 j 列偏差的平方和，其计算式为

$$S_j=\frac{1}{r}\sum_{p=1}^{m}K_{pj}^2-\frac{1}{n}T^2=\frac{1}{r}(K_{1j}^2+K_{2j}^2+\cdots+K_{mj}^2)-\frac{1}{n}T^2 \tag{3-8}$$

式中，r 为水平重复数，$r=n/m$；n 为实验总次数；m 为水平数。

当 $m=2$（即 2 水平）时，$S_j=\dfrac{1}{r}(K_{1j}^2+K_{2j}^2)-\dfrac{1}{n}T^2=\dfrac{1}{n}(K_{1j}-K_{2j})^2$

当 $m=3$（即 3 水平）时，$S_j=\dfrac{1}{r}(K_{1j}^2+K_{2j}^2+K_{3j}^2)-\dfrac{1}{n}T^2=\dfrac{1}{n}\big[(K_{1j}-K_{2j})^2+(K_{1j}-K_{3j})^2+(K_{2j}-K_{3j})^2\big]$

当 $m=4$（即 4 水平）时，$S_j=\dfrac{1}{r}(K_{1j}^2+K_{2j}^2+K_{3j}^2+K_{4j}^2)-\dfrac{1}{n}T^2=\dfrac{1}{n}\big[(K_{1j}-K_{2j})^2+(K_{1j}-K_{3j})^2+(K_{1j}-K_{4j})^2+(K_{2j}-K_{3j})^2+(K_{2j}-K_{4j})^2+(K_{3j}-K_{4j})^2\big]$

经上述计算后，列出方差分析表进行显著性检验，见表 3-14。

表 3-14　方差分析表

方差来源	偏差平方和 S	自由度 f	平均偏差平方和 V	F 值	显著性
A	$S_A=S_1$	$f_A=m-1$	$V_A=S_A/f_A$	$F_A=V_A/V_e$	
B	$S_B=S_2$	$f_B=m-1$	$V_B=S_B/f_B$	$F_B=V_B/V_e$	
$A\times B$	$S_{A\times B}=S_3$	$f_{A\times B}=f_A\times f_B$	$V_{A\times B}=S_{A\times B}/f_{A\times B}$	$F_{A\times B}=V_{A\times B}/V_e$	
$\vdots$	$\vdots$	$\vdots$	$\vdots$		
误差 e	S_e	f_e	$V_e=S_e/f_e$		
总和 T	S_T	$f_T=n-1$			

由 F 分布表查得临界值 F_a，并与表中计算的 F 值（F_A，F_B，$F_{A\times B}$）比较，进行显著性检验。

表 3-14 中，S_A、S_B 分别为 A、B 两因素所占列的偏差平方和。

$S_{A\times B}$ 为交互作用所占列的 S 之和。若 $m=2$，交互作用只占一列，如在 $L_8(2^7)$ 表中，若 A、B 分别占第 1、2 列，则 $S_{A\times B}=S_3$；若 $m=3$，交互作用占两列，如在 $L_9(3^4)$ 表中，若 A、B 分别占第 1、2 列，则 $S_{A\times B}=S_3+S_4$。

S_e 为误差所占列的 S 之和，即为除因素（含交互作用）所占列之外的所有空列的 S 之和。

每列的自由度为 $m-1$，各个 S 的自由度等于其所占列的自由度之和。

3.4.2.2　相同水平正交试验设计的方差分析

（1）不考虑交互作用的二水平正交试验设计的方差分析

【例 3-5】 某部件上的 O 形密封圈的密封部分漏油，查明其原因是橡胶的压缩永久变形所

致。为此，希望知道影响因素的显著性，并选取最佳的条件。选择因素水平表见表 3-15。试验指标为塑性变形与压溃量之比 x，该值越小越好。

表 3-15　因素水平表

因素 水平	A 制造厂	B 橡胶硬度	C 直径/mm	D 压缩率/%	E 油温/℃	F 油的种类
1	N 厂	Hs70	3.5	15	80	I
2	S 厂	Hs90	5.7	25	100	II

分析步骤如下：

① 取正交表，进行表头设计及确定试验方案。

各因素的自由度计算：

$$f_A = f_B = f_C = f_D = f_E = f_F = m - 1 = 2 - 1 = 1$$
$$f_{T'} = f_A + f_B + f_C + f_D + f_E + f_F = 6$$

要求试验次数 $n > 1 + f_{T'} = 7$，因此选取 $L_8(2^7)$ 正交表来安排试验。表头设计见表 3-16。试验方案及试验数据见表 3-17。

表 3-16　表头设计

因素	C	B	A	D	E	e	F
列号	1	2	3	4	5	6	7

② 求总和 T 及各水平数据之和（K_{1j}、K_{2j}）填入表中。

③ 计算总偏差平方和 S_T 和各列偏差平方和 S_j 及各列自由度。

总偏差平方和：$S_T = \sum\limits_{i=1}^{n}(x_i - \bar{x})^2 = \sum\limits_{i=1}^{n} x_i^2 - \dfrac{1}{n}T^2 = \sum\limits_{i=1}^{8} x_i^2 - \dfrac{1}{n}T^2 = 3471.06$

亦可由 $S_T = \sum\limits_{j=1}^{k} S_j$ 求得。

各列偏差平方和：由 $S_j = \dfrac{1}{r}(K_{1j}^2 + K_{2j}^2) - \dfrac{1}{n}T^2 = \dfrac{1}{n}(K_{1j} - K_{2j})^2$ 求得

自由度：$f_A = f_B = f_C = f_D = f_E = f_F = m - 1 = 2 - 1 = 1$　$f_e = f_6 = 2 - 1 = 1$　$f_T = n - 1 = 8 - 1 = 7$

将各列的 S_j 填入表 3-17 中。

表 3-17　实验方案及实验数据

试验号	C 1	B 2	A 3	D 4	E 5	e 6	F 7	实验结果 测量值/%
1	1(φ3.5mm)	1(Hs70)	1(N 厂)	1(15%)	1(80℃)	1	1(I)	40.2
2	1	1	1	2(25%)	2(100℃)	2	2(II)	82.5
3	1	2(Hs70)	2(S 厂)	1	1	2	2	53.2
4	1	2	2	2	2	1	1	90.0
5	2(φ5.7mm)	1	2	1	2	1	2	71.1
6	2	1	2	2	1	2	1	31.8
7	2	2	1	1	2	2	1	77.2
8	2	2	1	2	1	1	2	39.6
K_{1j}	265.9	225.6	239.5	241.7	164.8	240.9	239.2	
K_{2j}	219.7	260.0	246.1	243.9	320.8	244.7	246.4	$T = 485.6$
极差	46.2	34.4	6.6	2.2	156.0	3.8	7.2	
S_j	266.81	147.92	5.45	0.61	3042.0	1.81	6.48	

④ 计算平均偏差平方和。

由于各因素的自由度均为 1,所以它们的平均偏差平方和应该等于它们各自的偏差平方和,即:$V_C = S_C = 266.81 \cdots V_F = S_F = 6.48$

误差的平均偏差平方和为

$$V_e = \frac{S_e}{f_e} = \frac{1.81}{1} = 1.81$$

计算至此,发现因素 D 的均方比误差均方小,因而将它归入误差,这样误差的偏差平方和、自由度和均方都会随之发生变化。

新误差偏差平方和:$S'_e = S_D + S_e = 0.61 + 1.81 = 2.42$

新误差自由度:$f'_e = f_D + f_e = 1 + 1 = 2$

⑤ 计算 F 值。

$$F_A = \frac{V_A}{V'_e} = \frac{5.45}{1.21} = 4.50$$

$$F_B = \frac{V_B}{V'_e} = \frac{147.92}{1.21} = 122.25$$

$$F_C = \frac{V_C}{V'_e} = \frac{266.81}{1.21} = 220.50$$

$$F_E = \frac{V_E}{V'_e} = \frac{3042.0}{1.21} = 2514.05$$

$$F_F = \frac{V_F}{V'_e} = \frac{6.48}{1.21} = 5.36$$

由于因素 D 已经并入误差,所以不需要计算它对应的 F 值。

⑥ 列方差分析表,进行因素显著性检验,见表 3-18。

表 3-18 方差分析表

方差来源	偏差平方和 S	自由度 f	平均偏差平方和 V	F 值	临界值	显著性
C	266.81	1	266.81	220.50		* *
B	147.92	1	147.92	122.25		* *
A	5.44	1	5.45	4.50	$F_{0.10}(1,2) = 8.53$	—
D	0.61	1	0.61		$F_{0.05}(1,2) = 18.51$	—
E	3042.0	1	3042.0	2514.05	$F_{0.01}(1,2) = 98.503$	* *
F	6.48	1	6.48	5.36		
误差 e	1.80	1	1.81			
$e'(D,e)$[①]	2.42	2	1.21			
总和 T	3471.06	7				

① $e'(D,e)$ 表示因素 D 的均方与误差 e 的和值。

查 F 分布表:

$$F_{0.10}(1,2) = 8.53, \quad F_{0.05}(1,2) = 18.51, \quad F_{0.01}(1,2) = 98.503$$

由于 $F_{0.01}(1,2) = 98.503 < F_C = 220.50$,$F_{0.01}(1,2) = 98.503 < F_B = 122.25$,$F_{0.01}(1,2) = 98.503 < F_E = 2514.05$。所以,因素 C、B、E 水平的改变对实验指标有高度显著影响,因素 F、A、D 对实验指标无显著性影响。

⑦ 最优方案的确定。

由平均偏差平方和可知,各因素的主次顺序为(由主到次):

$$E \rightarrow C \rightarrow B \rightarrow F \rightarrow A \rightarrow D$$

因素的主次顺序由极差 R 值的大小可以得出同样结论。

由于指标值越小越好，由 K_{pj} 值可知，好的条件为 $E_1C_2B_1F_1A_1D_1$，由于因素 F、A、D 对指标无显著影响，所以最优条件可取油温 E_1（80℃），直径 C_2（5.7mm），硬度 B_1（Hs70），其余因素视具体情况而定。

（2）考虑交互作用的二水平正交试验设计的方差分析

因素间交互作用在多因素试验中是经常碰到的，因此，在正交试验设计的方差分析中也要考虑因素间的交互作用。

3.4.2.3 不同水平正交试验设计的方差分析

前面我们介绍了对不同水平利用混合正交表和拟水平法进行正交试验设计及其结果的直观分析，在此介绍这两种方法实验结果的方差分析。

（1）混合水平正交表法正交试验设计的方差分析

【例3-6】 某农科站进行品种试验，考察 4 个因素，因素及水平见表 3-19。

表 3-19　因素及水平表

水平 ＼ 因素	A 品种	B 氮肥量/kg	C 氮磷钾肥用量比例	D 规格
1	甲	2.5	3：3：1	6×6
2	乙	3.0	2：1：2	7×7
3	丙			
4	丁			

试验指标为产量，其值越大越好。试用混合水平正交表安排试验并进行方差分析，找出最好的试验方案。

解：① 选取正交表，进行表头设计及确定试验方案。

这是一个 4 因素，其中因素 A 为 4 水平，其余 3 因素为 2 水平的正交试验设计。

由于 $f'_T = f_A + f_B + f_C + f_D = (4-1) + (2-1)\times 3 = 6$，且试验次数 n 应大于 $1 + f'_T$，故选用 $L_8(4^1 \times 2^4)$ 混合水平正交表较为合理。表头设计及实验结果见表 3-20。

表 3-20　正交试验安排及实验结果表

实验号	A	B	C	D	实验指标/kg	实验指标 −200
	1	2	3	4		
1	1	1	1	1	195	−5
2	1	2	2	2	205	5
3	2	1	2	2	220	20
4	2	2	1	1	225	25
5	3	1	1	1	210	10
6	3	2	2	2	215	15
7	4	1	2	2	185	−15
8	4	2	1	1	190	−10
K_{1j}	0	10	20	20		
K_{2j}	45	35	25	25		
K_{3j}	25					
K_{4j}	−25					
k_{1j}	0	2.5	5.0	5.0	$T=45$	
k_{2j}	22.5	8.8	6.3	6.3		
k_{3j}	12.5					
k_{4j}	−12.5					
极差 R	35.0	6.3	1.3	1.3		
S_j	1384.38	78.13	3.13	3.13		

② 求总和 T 及各水平数据之和（K_{1j}、K_{2j}、K_{3j}、K_{4j}）填入表中。

③ 计算各列偏差平方和 S_j 和各列自由度。

计算总偏差平方和：$S_T = \sum_{i=1}^{n}(x_i - \bar{x})^2 = \sum_{i=1}^{n}x_i^2 - \frac{1}{n}T^2 = \sum_{i=1}^{8}x_i^2 - \frac{1}{8}T^2 = 1471.88$

计算因素的偏差平方和：

$$S_A = S_1 = \frac{1}{2}\sum_{p=1}^{4}K_{p1}^2 - \frac{1}{n}T^2 = \frac{1}{2}\left[0^2 + 45^2 + 25^2 + (-25)^2\right] - \frac{1}{8}\times 45^2 = 1384.38$$

$$S_B = S_2 = \frac{1}{4}\sum_{p=1}^{2}K_{p2}^2 - \frac{1}{n}T^2 = 78.13$$

$$S_C = S_3 = \frac{1}{4}\sum_{p=1}^{2}K_{p3}^2 - \frac{1}{n}T^2 = 3.13$$

$$S_D = S_4 = \frac{1}{4}\sum_{p=1}^{2}K_{p4}^2 - \frac{1}{n}T^2 = 3.13$$

$$S_5 = \frac{1}{4}\sum_{p=1}^{2}K_{p5}^2 - \frac{1}{n}T^2 = 3.13$$

计算试验误差的平方和：$S_e = S_5 = 3.13$

总自由度：$f_T =$ 总的试验次数 $-1 = 8 - 1 = 7$

因素自由度：$f_A = 4 - 1 = 3$，$f_D = f_B = f_C = $ 水平数 $-1 = 2 - 1 = 1$

误差自由度：$f_e = f_5 = 2 - 1 = 1$

④ 计算平均偏差平方和：

$$V_A = \frac{S_A}{f_A} = \frac{1384.38}{3} = 461.46$$

$$V_B = \frac{S_B}{f_B} = 78.13$$

$$V_C = \frac{S_C}{f_C} = 3.13$$

$$V_D = \frac{S_D}{f_D} = 3.13$$

$$V_e = \frac{S_e}{f_e} = 3.13$$

计算至此，发现因素 V_C、V_D 和 V_e 相等，这说明了因素 C、D 对实验结果的影响较小，为次要因素，所以可以将它们都归入误差，这样误差的偏差平方和、自由度和均方都会随之发生变化。

新误差偏差平方和：$S_e' = S_e + S_C + S_D = 3.13 + 3.13 + 3.13 = 9.39$

新误差自由度：$f_e' = f_e + f_C + f_D = 1 + 1 + 1 = 3$

新误差平均偏差平方和：$V_e' = \frac{S_e'}{f_e'} = \frac{9.39}{3} = 3.13$

⑤ 计算 F 值：$F_A = \frac{V_A}{V_e'} = \frac{461.46}{3.13} = 153.82$

$$F_B = \frac{V_B}{V_e'} = \frac{78.13}{3.13} = 26.04$$

由于因素 C、D 已经并入误差，所以不需要计算它们对应的 F 值。

⑥ 列方差分析表，进行因素显著性检验，见表 3-21。

查 F 分布表：$F_{0.10}(3,3) = 5.39$，$F_{0.05}(3,3) = 9.28$，$F_{0.01}(3,3) = 29.46$

$\quad\quad F_{0.10}(1,3) = 5.54$，$F_{0.05}(1,3) = 10.13$，$F_{0.01}(1,3) = 34.12$

由于 $F_{0.01}(3,3) = 29.46 < F_A = 153.82$，所以因素 A 水平的改变对试验指标有高度显著

影响。由于 $F_{0.05}(1,3)=10.13<F_B=26.04<F_{0.01}(1,3)=34.12$，所以因素 B 水平的改变对试验指标有显著影响。因素 C、D 对试验指标无显著性影响。

表 3-21　方差分析表

方差来源	偏差平方和 S	自由度 f	平均偏差平方和 V	F 值	临界值	显著性
A	1384.38	3	461.46	153.82	$F_{0.10}(3,3)=5.39$	＊＊
B	78.13	1	78.13	26.04	$F_{0.05}(3,3)=9.28$	＊
C	3.13	1	3.13		$F_{0.01}(3,3)=29.46$	—
D	3.13	1	3.13		$F_{0.10}(1,3)=5.54$	—
误差 e	3.13	1	3.13		$F_{0.05}(1,3)=10.13$	
$e'(C、D、E)$	9.39	3	3.13		$F_{0.01}(1,3)=34.12$	
总和 T	1471.88	7				

⑦ 确定最优条件。

由表 3-21 中平均偏差平方和值的大小可知，各因素的主次顺序为（主→次）：

$$A→B→C→D$$

根据试验指标的特点及表 3-21 中实验结果比较可知，其最优方案为 A_2B_2CD。因素 C、D 对试验指标无显著影响，不进行优选，视具体情况而定。

（2）混合水平的拟水平正交试验设计的方差分析

【例 3-7】　设某试验需考察 A、B、C、D 四个因素，其中 C 是 2 水平的，其余因素都是 3 水平的，具体数值见表 3-22。试验指标越大越好，试安排试验并对实验结果进行方差分析，找出最好的试验方案。

表 3-22　因素及水平表

试验号 ＼ 因素	A	B	C	D
1	350	5	60	65
2	250	15	80	75
3	300	10	80（虚拟）	85

解：这是一个 4 因素，其中 C 因素为 2 水平，其余因素为 3 水平的正交试验设计。计算因素的总自由度为 $f'_T=f_A+f_B+f_C+f_D=(2-1)+(3-1)×3=7$，显然选用 $L_9(3^4)$ 较为合理，但其完全是 3 水平的，无法进行这个试验的设计，又没有合适的混合水平的正交表，为此采用拟水平法。

具体方法如下：

① 从 C 因素的两个水平中根据实际经验选取一个好的水平让它重复一次作为第 3 水平，这个重复的水平称为虚拟水平，此例选 C_2 即 80。表头设计及实验结果见表 3-23。

表 3-23　实验方案及实验结果分析

试验号	A 1	B 2	C 3	D 4	试验结果 x_i
1	1	1	1	1	45
2	1	2	2	2	36
3	1	3	3	3	12
4	2	1	1	2	15
5	2	2	2	3	40
6	2	3	3	1	15
7	3	1	3	2	10
8	3	2	1	3	5
9	3	3	2	1	47

试验号	A	B	C	D	试验结果 x_i
	1	2	3	4	
K_1	93	70	65	132	
K_2	70	81	160	61	
K_3	62	74		32	
k_1	31.0	23.3		44.0	
k_2	23.3	27.0	21.7	20.3	$T=225$
k_3	20.7	24.7	26.7	10.7	
极差	10.3	3.7	5.0	33.3	
S_j	172.67	20.67	50	1764.67	

② 计算偏差平方和。

总偏差平方和：$S_T = \sum_{i=1}^{n}(x_i - \bar{x})^2 = \sum_{i=1}^{n} x_i^2 - \frac{1}{n}T^2 = \sum_{i=1}^{n} x_i^2 - \frac{1}{9}T^2 = 2224$

因素的偏差平方和：$S_j = \frac{1}{r}\sum_{p=1}^{m} K_{pj}^2 - \frac{1}{n}T^2$

$S_A = S_1 = \frac{1}{3}\sum_{p=1}^{3} K_{p1}^2 - \frac{1}{9}T^2 = \frac{1}{3}(93^2 + 70^2 + 62^2) - \frac{1}{9}\times 225^2 = 172.67$

$S_B = S_2 = \frac{1}{3}\sum_{p=1}^{3} K_{p2}^2 - \frac{1}{9}T^2 = 20.67$

$S_C = S_3 = \frac{1}{3}K_1^2 + \frac{1}{6}K_2^2 - \frac{1}{9}T^2 = \frac{1}{3}\times 65^2 + \frac{1}{6}\times 160^2 - \frac{1}{9}\times 225^2 = 50$

$S_D = S_4 = \frac{1}{3}\sum_{p=1}^{3} K_{p4}^2 - \frac{1}{9}T^2 = 1764.67$

误差的偏差平方和：$S_e = S_T - S_A - S_B - S_C - S_D = 216$

注意，对于拟水平法，即使没有空白列，但误差的偏差平方和与自由度都不为零。

③ 计算自由度。

总自由度：$f_T =$ 总的试验次数 $-1 = 9 - 1 = 8$

因素自由度：$f_C = 2 - 1 = 1$ $f_A = f_B = f_D =$ 水平数 $-1 = 3 - 1 = 2$

误差自由度：$f_e = f_T - f_A - f_B - f_C - f_D = 8 - 1 - 2 - 2 - 2 = 8 - 7 = 1$

④ 计算平均偏差平方和：

$$V_A = \frac{S_A}{f_A} = \frac{172.67}{2} = 86.33$$

$$V_B = \frac{S_B}{f_B} = 10.33$$

$$V_C = \frac{S_C}{f_C} = 50$$

$$V_D = \frac{S_D}{f_D} = 882.33$$

$$V_e = \frac{S_e}{f_e} = 216$$

由于 $V_A < V_e$，$V_B < V_e$，$V_C < V_e$，这说明因素 A、B、C 对实验结果的影响较小，为次要因素，所以可以将它们都归入误差，这样误差的偏差平方和、自由度和均方都会随之发生变化。

新误差自由度：$f'_e = f_e + f_A + f_B + f_C = 1 + 2 + 2 + 1 = 6$

新误差平均偏差平方和：$V'_e = \dfrac{S'_e}{f'_e} = \dfrac{459.34}{6} = 76.56$

⑤ 计算 F 值。

$$F_D = \frac{V_D}{V'_e} = \frac{882.33}{76.56} = 11.52$$

由于因素 A、B、C 已经并入误差，所以不需要计算它们对应的 F 值。

⑥ 列方差分析表，进行因素显著性检验，见表 3-24。

表 3-24　方差分析表

方差来源	偏差平方和 S	自由度 f	平均偏差平方和 V	F 值	临界值	显著性
A	172.67	2	86.33			—
B	20.67	2	10.33		$F_{0.10}(2,6) = 3.46$	—
C	50.00	1	50.00		$F_{0.05}(2,6) = 5.14$	—
D	1764.67	2	882.33	11.52	$F_{0.01}(2,6) = 10.92$	＊＊
误差 e	216	1	216			
$e'(C、D、E)$	459.34	6	76.56			
总和 T	1471.88	8				

查 F 分布表：$F_{0.10}(2,6) = 3.46$，$F_{0.05}(2,6) = 5.14$，$F_{0.01}(2,6) = 10.92$

因为 $F_{0.01}(2,6) = 10.92 < F_D = 11.52$，所以因素 D 水平的改变对试验指标有高度显著的影响。因素 A、B、C 对试验指标无显著性影响。

⑦ 确定最优条件。

由表 3-24 中平均偏差平方和的大小可知，各因素的主次顺序为（主→次）：

$$A \rightarrow B \rightarrow C \rightarrow D$$

根据试验指标的特点及试验结果比较可知，其最优方案为 D_1ACB。因素 A、B、C 对试验指标无显著影响，不进行优选，视具体情况而定。

第 4 章
矿物岩相分析技术

4.1 晶体学基础

4.1.1 几何结晶学

　　自然界的固体物质大部分是晶体，研究非金属矿的特性将涉及晶体的固有性质和结晶学的一些基本规律。本节先阐明什么是晶体，然后根据晶体内部构造不同于其他物质的特点，进一步导出晶体构造的共同规律及由晶体构造所决定的一切晶体所共有的基本性质。

　　晶体是其内部质点（原子、离子或分子）在三维空间成周期性重复排列的固体。这种质点在三维空间周期性的重复排列也称为格子构造，所以也可以说，晶体是具有格子构造的固体。

　　在晶体的这一定义中，格子构造是一个重要的基本概念。至于说晶体是一类固体，这主要是相对液体和气体而言的。日常生活见到的食盐、冰糖，建筑用的岩石、砂子、水泥以及金属器材等都是晶体。实际上不论是何种物质，只要是晶体，它们都有着共同的规律和基本特性，并据此可以与气体、液体以及非晶态固体（非晶质体）相区别。

4.1.1.1　晶体的结构形态

　　图 4-1 所示为 α-石英晶体的外表形态，可以看出其具有规则的凸几何多面体外形。而在其内部 1 个 Si^{4+} 周围规则排列 4 个 O^{2-}，且这种排列具有严格的周期性，如图 4-2 所示。图 4-2 中线条框出的菱形区域就是一个最小的重复单位。如果 α-石英柱体的宽度为 1cm，那么在其内部某一个方向上，这种周期就有 2×10^7 个之多。从这个角度，把这种大范围的周期性的规则排列称为长程有序。

　　再来考察 SiO_2 玻璃的内部结构，如图 4-3 所示。玻璃虽然也是固体，但不是晶体。在其内部 Si^{4+} 和 O^{2-} 的排列并不像 α-石英那样是长程有序的。尽管 1 个 Si^{4+} 周围也排列 4 个 O^{2-}，但这只是局部范围的，只是在原子近邻具有周期性，这类现象称为短程有序。

　　至于液体和气体，前者只具有短程有序；而后者既无长程有序，也无短程有序。除此之外，玻璃、液体和气体也没有一定的外表形态，这一点也与晶体有本质的差别。

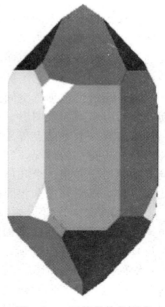

图 4-1　α-石英晶体的形态

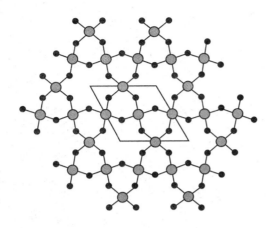

图 4-2　α-石英的内部结构
（大球代表 Si^{4+}，小球代表 O^{2-}）

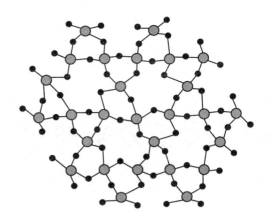

图 4-3　SiO_2 玻璃的内部结构
（大球代表 Si^{4+}，小球代表 O^{2-}）

非晶质体与晶体在性质上是截然不同的两类物体，指的是其内部质点在三维空间排列不具有周期性的固体。这里只是狭义地引入这个概念，即非晶质体是一类固体，而不包括其他的液体、气体等物质态。由于非晶质体不具有空间格子构造。所以，其基本性质也与晶体有显著的差别。上述晶体的一些基本性质都是非晶质体所没有的，如非晶质体不具有规则的几何外形、没有对称性、没有异向性、对 X 射线不能产生衍射等。上面提到的玻璃便是一个典型的非晶质体的例子。然而，非晶质体和晶体在一定条件下可以相互转化。由于非晶质体是一种没有达到内能最小的不稳定物体。因此，它必然要向取得最小内能的结晶状态转化，最终成为稳定的晶体。

非晶质体到晶体这种转变大多是自发进行的。例如，火山作用可形成非晶岩石火山玻璃，在自然条件下可以转变为晶质态，这种作用也称为晶化作用或脱玻璃化作用。与这一作用相反，一些含放射性元素的晶体由于受放射性元素发生蜕变时释放出来的能量的影响，使原晶体的格子构造遭到破坏变为非晶质体，这种作用称为变生非晶质化或玻璃化作用。

晶体内部最基本的特征是具有格子构造，即晶体内部的质点（原子、离子或分子）在三维空间呈周期性排列。为了便于研究，这种质点排列的周期性，可以抽象成只有数学意义的周期性的图形，称为点阵，也叫空间点阵。空间点阵中的每一个点称为阵点或结点，阵点的环境和性质是完全相同的，它不同于质点，质点仅代表结构中具体的原子、离子或分子。

为了更清楚地理解空间点阵的概念，下面用简单的图形，先从图形的一维和二维周期性谈起，然后引申到三维图形。

质点在一个方向上等距离排列称为行列。图 4-4 所示为 NaCl 结构中沿 y 轴方向上质点 Na^+ 和 Cl^- 排列的情况，即一个行列。可以看出，Na^+ 和 Cl^- 是相间等距离排列的。如果把 Na^+ 抽象出来并用一个几何点代替，那么就得到如图 4-4 所示图形。可以理解，把 Cl^- 抽象为几何点也可以得到完全相同的图形。

同样的道理，可以定义面网即质点的面状分布，并引出平面点阵（平面上阵点周期分布的无限点集）的概念。图 4-5 所示为 NaCl 结构中平行于 xoy 平面的面网平面图，表示了 Na^+ 和 Cl^- 分布的情况。类似一维图形的处理方式，如果将 Na^+ 或者 Cl^- 连接起来，则得到如图 4-5 所示图形。可以发

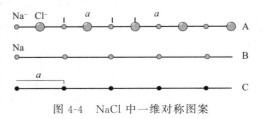

图 4-4　NaCl 中一维对称图案

现，连接 Na^+ 或者 Cl^- 可以获得相同的图形，用几何点代替 Na^+ 或者 Cl^- 则两者均为如图 4-6 所示的图形，即平面点阵。

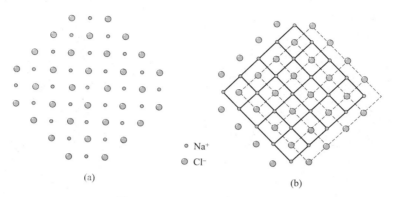

(a)　　　　　　　　　　(b)

图 4-5　NaCl 中二维对称图案

将二维平面点阵推广到三维空间就很容易得到所谓的空间点阵，空间点阵就是三维空间周期性分布的无限点集。

图 4-7 所示为 NaCl 三维晶体结构，利用上述处理方法，也可抽象出其对应的空间点阵来，图 4-8 所示为一般形式的空间点阵图形。

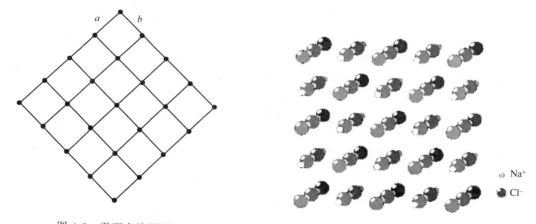

图 4-6　平面点阵图形

图 4-7　NaCl 中三维对称图案

晶胞是晶体组成的基本单元。晶胞有两个要素：一是晶胞的大小、形式；二是晶胞的内容。晶胞的大小、形式由 a、b、c 三个晶轴及它们间的夹角 α、β、γ 所确定。晶胞的内容由组成晶胞的原子或分子及它们在晶胞中的位置所决定。图 4-9 所示为 CsCl 的晶体结构。Cl 与 Cs 也以 1∶1 的比例存在。若取一点阵点，我们可将点阵点取 Cl^- 的位置。根据 Cl^- 的排列，我们可取出一个 $a=b=c$、$\alpha=\beta=\gamma=90°$ 的立方晶胞，其中 8 个 Cl 原子位于晶胞顶点，但每个顶点实际为 8 个晶胞共有，所以晶胞中含 1(8×1/8＝1) 个 Cl 原子。Cs 原子位于晶胞中心，晶胞中只有 1 个点阵点，故为素晶胞。

图 4-10 所示为金刚石的晶胞。金刚石也是一个 $a=b=c$、$\alpha=\beta=\gamma=90°$ 的立方晶胞，晶胞除顶点有 1(8×1/8＝1) 个 C 原子外，每个面心位置各有 1 个 C 原子，由于面心位置 C 原子为 2 个晶胞共有，故有 3(6×1/2＝3) 个 C 原子，晶胞内部还有 4 个 C 原子，所以金刚石晶胞共有 8(1＋3＋4＝8) 个 C 原子。对于晶胞的棱心位置的原子，则为 4 个晶胞共有，计数为 1/4 个。

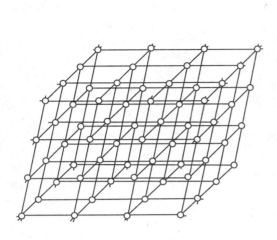

图 4-8　空间点阵

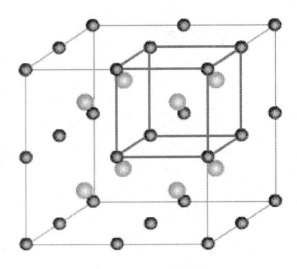

图 4-9　CsCl 的晶体结构

4.1.1.2　晶体的结构特征

　　晶体结构最基本的特征是周期性。晶体是由原子或分子在空间按一定规律周期重复排列构成的固态物质，具有三维空间周期性。由于这样的内部结构，晶体具有以下性质：

　　① 均匀性。一块晶体内部各部分的宏观性质相同，如有相同的密度、相同的化学组成。晶体的均匀性来源于晶体由无数个极小的晶体单位（晶胞）组成，每个单位里有相同的原子、分子按相同的结构排列而成。气体、液体和非晶态的玻璃体也有均匀性，但那些体系中原子无规律地杂乱排列，体系中原子的无序分布导致宏观上统计结果的均匀性。

　　② 各向异性。晶体在不同的方向上具有不同的物理性质，如不同的方向具有不同的电导率、

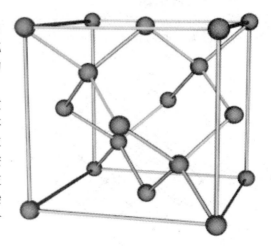

图 4-10　金刚石的晶体结构

不同的折光率和不同的机械强度等。晶体的这种特征，是由晶体内部原子的周期性排列所决定的。在周期性排列的微观结构单元之中，不同方向的原子或分子的排列情况是不同的，这种差异通过成千上万次叠加，在宏观上体现出各向异性。而玻璃体等非晶态物质微观结构的差异，由于无序分布而平均化了，所以非晶态物质是各向同性的。例如，玻璃的折光率是各向等同的，我们隔着玻璃观察物体就不会产生视差变形。

　　③ 各种晶体生长中会自发形成确定的多面体外形。晶体在生长过程中自发形成晶面，晶面相交成为晶棱，晶棱聚成顶点，使晶体具有某种多面体外形的特点。熔融的玻璃体冷却时，随着温度降低，黏度变大，流动性变小，逐渐固化成表面光滑的无定形物，工匠因此可将玻璃体制成各种形状的物品。它与晶体有棱、有角、有晶面的情况完全不同。

　　④ 晶体有确定的熔点而非晶态没有。晶体加热至熔点开始熔化，熔化过程中温度保持不变，熔化成液态后温度才继续上升。而非晶态玻璃体熔化时，随着温度升高，黏度逐渐变小，成流动性较大的液体。

　　⑤ 具有对称性。晶体的外观与内部微观结构都具有特定的对称性。

4.1.1.3　晶体的形成方式

矿物晶体和其他物体一样，都有发生、成长和变化的历史，研究晶体发生和成长的规律是了解矿物个体发育必不可少的内容；同时，也是理解晶体宏观性质的基础。

晶体形成是物质相变的一种结果。其形成方式主要有以下 3 种。

（1）由气相转变为晶体　一种气体处于它的过饱和蒸气压或过冷却温度条件下，直接由气相转变为晶体。如冬季玻璃窗上的冰花就是由空气中的水蒸气直接结晶的结果；又如火山口附近分布的自然硫、卤砂（NH_4Cl）和氯化铁（$FeCl_3$）的晶体，它们都是在火山喷发过程中，由火山喷出的气体受冷却或气体间相互反应而形成的等。

（2）由液相转变为晶体　这种相变可有自熔体直接结晶的，也有自溶液直接结晶的两种情况。前者系在过冷却条件下转变成晶体，如岩浆和工业上各式铸锭、钢锭的结晶等；后者为溶液中的溶质结晶，即溶液处于过饱和状态时的结晶，如各种热液矿床中的矿物结晶和内陆湖泊以及潟湖中的石膏、岩盐等盐类矿物的形成等。

（3）由固相转变为晶体　这种相变亦可有两种方式：①在同一温度和压力条件下，某物质的非晶质体与它的结晶相相比较，前者因具有较大的自由能，所以它可以自发地向自由能较小的后者转变，如火山玻璃脱玻璃化后形成的细小长石和石英等；②由一种结晶相转变为另一种结晶相，这种相变即通常所谓的同质多相转变，如酸性和中酸性火山岩中的 β 石英转变为 α 石英的相转变。

据上所述，作为产生晶体的先决条件是液（熔）体或气体首先必须达到过饱和或过冷却状态，这样，才可使原来在液（熔）体或气体中作无序运动的质点按空间格子规律，自发地集结成体积须达到一定大小的，但实际上仍然是极其微小的微晶粒即晶核。

4.1.1.4　晶体生长理论

（1）科塞尔-斯特兰斯基理论　这一理论的简要实质可用如图 4-11 所示的情况来说明。设图 4-11 是一个具有简单立方晶格的晶核，当晶体围绕该晶核生长时，介质中质点黏附到晶核表面上的去处，在最简单的情况下，可以有三种不同的位置，即三面凹角（A）、二面凹角（B）和一般位置（C）。由图 4-11 可以看出：A、B、C 三处的一个质点分别受格子上的三个、两个和一个最邻近质点的吸引，即该质点在不同位置上所受引力的大小是互不相同的。因此，介质中的质点去占领上述位置

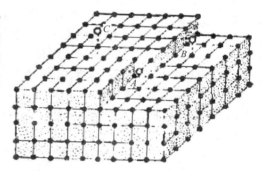

图 4-11　晶体生长示意图

（A、B、C）时，必须要释放出与该处引力相适应的能量，才能取得在该处定居下来的稳定能。显然，质点取得稳定能最大的地方是三面凹角（A）的位置，故质点优先进入这个位置；但质点进入这一位置后，三面凹角并不因此而消失，只不过是向前移动了一个位置。如此逐步前移，一直到沿 A 前进的整个质点列都被占据后，三面凹角才开始消失。如果晶体继续生长，此时质点将进入一个二面凹角的位置（B）。质点一旦进入此位置后，便立即导致三面凹角的再次出现。这样，必然重复上一生长程序，一直到该质点列又全部被占据后，三面凹角再次消失。如此，一个质点列一个质点列地反复成长不已，直到下一层的质点面网被新构成的质点面网完全覆盖为止。此时，如在其上再上长一个质点面网，则质点将只能进入一个任意的一般位置（C）。当质点一旦在这个位置上定居下来，立即就形成一个二面凹角，接着便是三面凹角，于是新的一层质点面网便又在前一个质点面网的基础上开始发育起来。由此，不难看出：晶体的生长是质点面网一层接一层地不断向外平行移动的结果。

近几十年来的研究表明，上述理论与从气相或过饱和度很低的溶液中人工晶体生长实验的

事实相矛盾。实验证明，在低过饱和条件下，晶体的生长主要是通过晶核的螺旋位错，而不是只靠二维扩散的方式来进行的。

（2）位错理论 在晶体生长的位错理论模式中，所指的位错是螺旋位错。螺旋位错的形成如图 4-12 所示，图中 $ABCD$ 的右方比左方相对错动了一个行列间距，AD 为位错线或称轴线。由于晶核中螺旋位错的出现，从而在晶核表面呈现出一个永不消失的阶梯，在邻近位错线处永远存在三面凹角。晶体生长时，质点首先将在位错线附近的三面凹角处填补（图 4-13），从而使新的质点面网一层接续一层地作螺旋式生长。金刚砂（SiC）晶体在电子显微镜下实际观察到的晶面生长螺纹，就是这一理论的无可辩驳的证据。

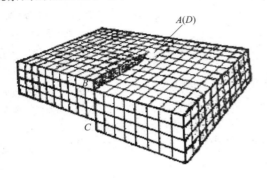

图 4-12 螺旋位错的形成

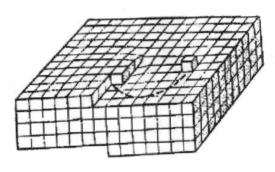

图 4-13 晶体借螺旋位错生长过程

（3）布拉维法则 布拉维从空间格子的特征出发得出：晶体的最终形态是由那些密度最大的面网所决定的。换言之，实际晶体常常被密度最大的一些面网所包围，此即为布拉维法则。这一法则的实质可由图 4-14 来说明。设图 4-14 表示一个正在生长中的某晶体的任意切面，与此切面垂直的三个面网和该切面相交的迹线为 AB、CD 和 BC，其相应的面网密度是：$D_{AB}>D_{CD}>D_{BC}$；相应的面网间距是：$d_{AB}>d_{CD}>d_{BC}$。按引力与距离的平方成反比关系，由图 4-14 可以看出：1 处所受的引力最大，2 处次之，3 处最小。因此，当面网 AB、CD 和 BC 各自在它们的法线方向上再生长一层新面网时，质点将优先进入 1 的位置，其次是 2，最后才是 3，即 BC 面网易于生长，CD 次之，AB 则落在最后。这个结论就意味着：面网密度小的晶面生长速度快（即单位时间内晶面沿其法线方向向外推移的距离大），面网密度大的晶面生长速度慢。如果将图 4-14 中各晶面生长的全过程按它们各自的生长速度作图，即构成如图 4-15 所示图形。

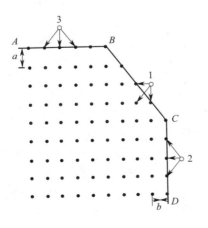

图 4-14 布拉维法则图解一

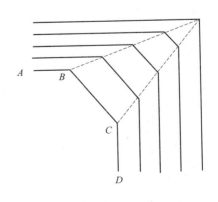

图 4-15 布拉维法则图解二

从图 4-15 中可以看出：面网密度小的 BC 晶面，随着生长的继续，它的面积越来越小，最后被面网密度大、生长速度快的相邻晶面 AB 和 CD 所遮没，即面网密度小的晶面在生长过程中被淘汰，而面网密度大的晶面却保留了下来。这样，便导致晶体的最终形态将为那些面网密度大的晶面所构成。

运用这一法则来解释同一物质的各个晶体，为什么大晶体上的晶面种类少而且简单，小晶体上的晶面种类多而且复杂，是非常令人信服的。但也必须指出：这一法则不能解释为什么在不同的环境下，晶体结构相同的同一种物质的晶体常出现不同结晶形态的实际情况。纵然如此，布拉维法则就总的定性趋向而论，仍然是十分有意义的。

（4）居里-吴尔夫原理　　居里从晶体表面能的角度出发，认为晶体的表面能（即晶体表面上未被饱和的能量）与晶体的最终形态有着十分密切的关系。他分析了高斯（K. F. Gauss）对毛细管现象研究所得的原理后，认为毛细管现象做功的实质有两个方面：一是体积上的变化；二是表面的变化。在结晶作用中，晶体不像液体那样，可以发生体积变化，唯一可变化的只能是它的表面。据此，居里认为在平衡条件下，液相与固相之间发生变化时，为使整个体系的能量状态保持最小，在体积不发生变化的情况下，晶体只能由一种形态逐渐调整为另一种形态，最终的形态必具有最小的表面能。这就是著名的居里原理。其后，吴尔夫在研究不同晶面的生长速度时，推引出各晶面的垂直生长速度与各晶面的表面张力之间的关系，发展了居里原理，从而构成了对晶体生长时应有形态的居里-吴尔夫原理。

由于居里-吴尔夫原理把晶体的形态与其生长时所处的环境联系了起来，所以用它很容易说明同一物质的晶体在不同的介质里生长时，为什么会出现不同结晶形态的问题。因为介质的性质改变了，晶体上各个晶面的比表面能相应地也一定有所变化，故而必然地要导致晶体在形态上出现差异。

晶体在某一特定的介质中生长时，分布在晶核表面的具有最小表面能（与介质的热力学条件相适应的）的某一类质点面网，由于它们的生长速度相同，因而由它们构成的结晶多面体必然是一个十分规则的几何多面体。可是，在自然界，使同一类的质点面网各个都能保持相同生长速度的条件是不多的。这是因为在天然介质中由于杂质和伴随晶体生长而出现的涡流等的存在，常常造成同一类的质点面网，在生长速度方面出现差异，结果本应是理想的几何多面体这时却成了一个偏离理想形态的所谓歪晶。歪晶在自然界是大量存在的。同一种物质的各个歪晶与其相应的规则晶体之间，纵然在轮廓上是互不相同的，但相互对应的晶面之间的面角是恒等的。

所谓面角是指晶面法线之间的夹角，其数值等于相应晶面间的实际夹角之补角。在晶体测量和矿物学中，凡涉及晶面间的角度时，所列数值均系面角。这是因为面角是晶面实际夹角的补角，在绘制晶体投影图（晶体的极射赤平投影图等）时，利用面角作图比用晶面夹角在手续上要简便得多，故习惯上都采用面角。所谓面角恒等是指成分和结构均相同的所有晶体，不论它们的形状和大小如何，一个晶体上的晶面夹角与另一些晶体上相对应的晶面夹角恒等。夹角恒等，当然面角也恒等。

面角恒等定律于 1669 年首先为丹麦学者斯丹诺（N. Steno）所发现。这一定律的发现，对当时结晶学的发展起了很大的作用。例如。晶体对称概念的形成以及由此而导致的晶体结构的几何理论等，就是由这一定律直接或间接启迪的结果。

4.1.1.5　晶体的对称性

晶体的对称性是晶体的基本性质之一。晶体的对称性是由晶体的格子构造所决定的。晶体结构的对称性必然会在晶体的外部现象如晶体的几何多面体形态、晶体的各项物理性质以及化学性质上反映出来。因此，研究晶体的对称性对于认识晶体的各项性质有着很重要的实际意义。

　　自然界和日常生活中，对称现象是广泛存在的，如蝴蝶、花朵、许多建筑物以及各种工艺品等，它们所具有的形态和图形，大都是对称的。一切晶体都是对称的，但与生物或其他物体相比，晶体的对称有着自己的特殊规律性。因为一般生物或其他物体的对称只表现在外形上，而且它们的对称可以是无限制的。然而晶体的对称不仅表现在它的外部形态上，并且还表现在物理、化学性质上。这在生物或其他物体的对称上是不能具有的，因为晶体的外形和物理、化学性质上的对称是由其内部结构的对称性所决定的。所以，只有晶体内部结构所允许的那些对称才能在晶体上表现出来，故而晶体的对称是有限的。正因为晶体的对称具有上述的一些特性，所以人们就利用它的对称特征来对晶体进行分类，并对晶体的形态和各项性质进行研究。

　　要使对称图形中相等部分作有规律的重复（重合），必须凭借一定的几何要素（点、线、面）进行一定的操作（如反伸、旋转和反映等）才能实现。在晶体的对称研究中，为使晶体上的相等部分（晶面、晶棱和隅角）作有规律重复所进行的操作，称为对称操作。在操作中所凭借的几何要素称为对称要素。

　　研究晶体外形对称时，可能运用的对称操作及与之相应的对称要素有以下几种。

　　(1) 对称面 (P)　对称面为一假想平面，与之相应的对称操作为对此平面的反映。这就是说，由这个平面将物体（或图形）平分后的两个相等部分彼此互成物体与镜像的关系（图4-16）。检验这种关系的最简单办法是看两相等部分上对应点的连线是否与对称面垂直等距。如果垂直等距，就是镜像反映关系。试看图4-16，尽管 AD 将 $ABDE$ 平分成两个相同的三角形，但彼此不互成物体与镜像的关系，所以 AD 不是对称面。只有当图形成 $AEDB$ 时，AD 才是对称面。

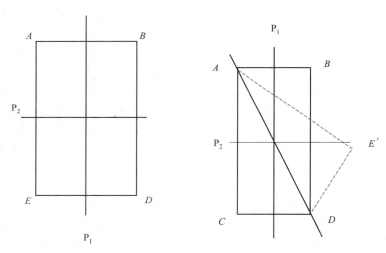

图 4-16　对称面示意图

　　晶体上如有对称面存在时，它们必通过晶体的几何中心。

　　(2) 对称中心 (C)　对称中心是一个假想的点，与之相应的对称操作为对此一点的反伸（图4-17）。当晶体具有对称中心时，通过晶体中心点的任一直线，在其距中心点等距离的两端必定出现晶体上两个相等部分（面、棱、角）。晶体具有对称中心的标志，对称中心是晶体上所有的晶面都两两平行，等大同形，方向相反。在晶体外形的对称中心只能有一个或没有。对称中心通常用符号 C 表示。

　　(3) 对称轴 (L^n)　对称轴为一假想的通过晶体几何中心的直线，与之相应的对称操作为绕此直线的旋转。当晶体围绕该直线每旋转一定角度后，晶体上的相等部分便出现一次重复，即整个晶体复原一次。在旋转过程中，相等部分出现重复时所必需的最小旋转角称为基转角。基转角以 α 表示。在晶体旋转一周的过程中，相等部分出现重复的次数，称为轴次。

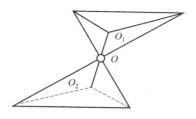
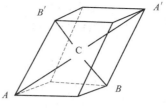

图 4-17　对称中心示意图

对称轴通常用符号 L^n 表示，轴次通常用符号 n（$n=1$、2、3、4 和 6）表示。

如图 4-18 所示，图中垂直于立方体各面中心的一条直线即为一对称轴，其基转角为 $90°$，故它的轴次 $n=4$，并称该直线为四次对称轴，一般记为 L^4。

晶体由于受空间格子规律的限制，因而在晶体外形上可能出现的对称轴的轴次（n）不是任意的，即只能是 1、2、3、4 和 6，与此相应的对称轴也只能是 L^1、L^2、L^3、L^4 和 L^6。这一规律称为晶体的对称定律（证明从略）。

在上列 5 种对称轴中，一次对称轴（L^1）在所有晶体中都存在，并且有无数多个，一般都无实际意义，通常均不予考虑。轴次高于 2 的对称轴，即 L^3、L^4 和 L^6 称为高次对称轴。在一个晶体中，除 L^1 和对称轴外，可以没有其他的对称轴，也可以有一种或几种对称轴。

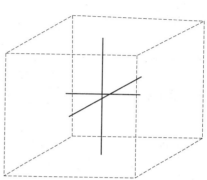

图 4-18　立方体的四次对称轴

对称轴在晶体上出露的位置只能是两个相对晶面中心的连线、两个相对晶棱中点的连线、相对的两个隅角的连线以及一个隅角和与之相对的一个晶面中心的连线（图 4-19）。

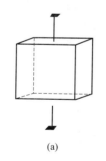
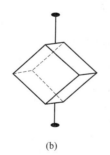
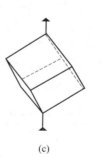

(a)　　　　　　(b)　　　　　　(c)　　　　　　(d)

图 4-19　对称轴在晶体上出露的位置

（4）旋转反伸轴（L^{in}）　当晶体围绕该直线旋转一定角度后（注意，此时晶体上各相等部分尚未重合）再对该直线上一点反伸，才使晶体上各相等部分重合。如图 4-20 所示，欲使正四面体 $ABDE$ 反伸，可想象将 ABD 面绕轴旋转 $90°$，则 ABD 面移到 $A_1B_1D_1$ 的位置，$A_1B_1D_1$ 面再通过对称中心的反伸，$A_1B_1D_1$（实际是 ABD）晶面才与（未转动的）DEB 晶面重合，即 A_1 与 D 重合，B_1 与 E 重合，D_1 与 B 重合。

旋转反伸轴通常使用的符号为 L^{in}，其中 i 表示反伸，n 代表轴次。与对称轴的情况一样，旋转反伸轴也只有 L^{i1}、L^{i2}、L^{i3}、L^{i4} 和 L^{i6} 五种。对于 L^{i1} 来说，因为是绕轴旋转 $360°$（等于晶体未转动）后，再凭借轴上一点的反伸而使晶体上的相等部分相互重合，实际上与单独的反伸动作相当，所以 L^{i1} 与对称中心的作用是等效的，即 $L^{i1}=C$。

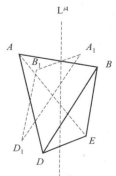

图 4-20　四次旋转反伸轴（L^{i4}）

由相互间的等效关系，还可得出：

$L^{i2}=P\perp$（代表与 L^{i2} 垂直的对称面）

$L^{i3}=L^3+C$

$L^{i6}=L^{i3}+P\perp$

在实际应用时，只考虑 L^{i4} 和 L^{i6}。因为 L^{i4} 是一个完全独立的不能用其他对称操作来代替的对称要素，L^{i6} 虽与 $L^{i3}+P\perp$ 的组合等效，但在晶体对称分类中具有特殊的意义，因为 L^{i6} 属六方晶系，所以不能用三方晶系的 $L^{i3}+P\perp$ 组合来代替它。

由于晶体外形上出现的对称要素是有限的，总共只有 9 种，而且它们的组合又必须服从对称组合定理，因此，晶体界可能有的对称型在数目上也是有限的。经过数学推导证明，对称型只有 32 种。

综上所述，在晶体外形上可能存在而且具有独立意义的对称要素只有 9 种，现归纳于表 4-1 中。

表 4-1　晶体的宏观对称要素

对称要素	对称轴					对称中心	对称面	反伸轴		
	一次	二次	三次	四次	五次			三次	四次	六次
辅助几何要素	直线					点	平面	直线和直线上的定点		
对称变换	围绕直线的旋转					对于点的倒反	对于平面的反映	围绕直线的旋转及对于定点的倒反		
基转角	360°	180°	120°	90°	60°			120°	90°	60°
习惯符号	L^1	L^2	L^3	L^4	L^6	C	P	L^{i3}	L^{i4}	L^{i6}
国际符号	1	2	3	4	6	$\bar{1}$	m	$\bar{3}$	$\bar{4}$	$\bar{6}$
等效对称要素						L^{i1}	L^{i2}	L^3+C		L^3+P

由于晶体的对称是由晶体的格子构造规律所决定的。尽管不同种类的晶体，它们在形态和各种物理、化学性质上千差万别，但晶体内部结构相似的都可以具有相同的对称特点。

因此，人们可以利用晶体的对称特点对其进行分类。首先，将属于同一个对称型的所有晶体归为一类，称为晶类。与对称型相对应，晶类的数目也是 32 个（各晶类的名称从略，表 4-2）。在 32 个晶类中，按它们所属的对称型的特点划分为 7 个晶系。然后，再按高次对称轴的有无和高次对称轴的数目将 7 个晶系并为 3 个晶族。

表 4-2　32 种对称型及晶体的对称分类（* 为矿物中常见的对称型）

32 种对称型		对称特点	晶系名称	晶族名称
种类	国际符号			
1. L^1	1	无 L^2，无 P	三斜晶系	低级晶族（无高次轴）
2. C*	$\bar{1}$			
3. L^2	2	L^2 或 P 不多于 1 个	单斜晶系	
4. P	m			
5. L^2PC*	2/m			
6. $3L^2$	222	L^2 和 P 的系数之和大于或等于 3	正交晶系	
7. L^22P	mm			
8. $3L^23PC$	mmm			
9. L^4	4	有 1 个 L^4 或 1 个 L^{i4}	四方晶系	中级晶族（高次轴只有 1 个）
10. L^44L^2	422			
11. L^4PC*	4/m			
12. L^44P	4mm			
13. L^44L^25PC*	4/mmm			
14. L^{i4}	$\bar{4}$			
15. $L^{i4}2L^22P$	$\bar{4}2m$			

续表

| 32 种对称型 | | 对称特点 | 晶系名称 | 晶族名称 |
种类	国际符号			
16. L^3	3	有 1 个 L^3	三方晶系	中级晶族（高次轴只有 1 个）
17. $L^3 3L^2*$	32			
18. $L^3 3P$	3m			
19. $L^3 C*$	$\bar{3}$			
20. $L^3 3L^2 3PC*$	$\bar{3}m$			
21. L^{i6}	$\bar{6}_m$	有 1 个 L^6 或 L^{i6}	六方晶系	
22. $L^{i6} 3L^2 3P$	$\bar{6}m2$			
23. L^6	6			
24. $L^6 6L^2$	622			
25. $L^6 6P$	6mm			
26. $L^6 PC*$	6/m			
27. $L^6 6L^3 7PC*$	6/mmm			
28. $3L^2 4L^3$	23	均有 $4L^3$	等轴晶系	高级晶族（高次轴有多个）
29. $3L^2 4L^3 3PC*$	m$\bar{3}$			
30. $3L^{i4} 4L^3 6P*$	$\bar{4}3m$			
31. $3L^4 4L^3 6L^2$	432			
32. $3L^4 4L^3 6L^2 9PC*$	m3m			

4.1.2　晶体的光学特性

4.1.2.1　光率体的概念

光率体是表示光波在晶体中传播时，折射率随光波振动方向变化的一种光学立体几何图形，也可以说是光波振动方向与相应折射率之间关系的一种光性指示体（图 4-21）。光率体是从晶体的光学现象抽象得出的立体概念，它能够反映晶体最本质的光学性质。

光率体的作法如下：设想自晶体中心起，沿光波振动方向按比例截取相应的折射率值，以线段的方向表示光的振动方向，以线段的长短表示折射率值的大小，然后将各线段的端点连接起来，便构成光率体。

各种晶体及非晶质物体的光学性质不同，构成的光率体形状也不相同。

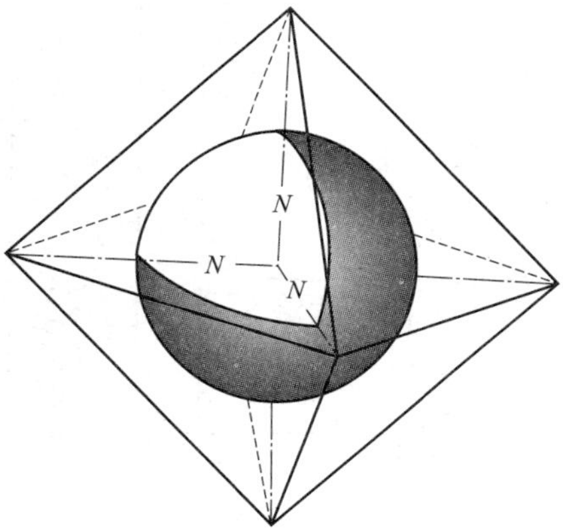

图 4-21　均质体的光率体

4.1.2.2　均质体的光率体

均质体是指光波射入后，各方向上的传播速度相同，即折射率相等、不产生双折射现象、不改变光的性质的物体。均质体包括等轴晶系的晶体及非晶质体物质。

均质体光率体的作法很简单：按比例以线段长短表示各方向光波折射率值的大小，并把各线段的端点连接起来，就构成了圆球形的光率体，即均质体的光率体（图 4-21）。这种光率体任何方向的切面都是一个圆切面，其半径代表折射率值。

4.1.2.3　非均质体的光率体

非均质体指光波入射后，除特殊方向外都要发生双折射，分解形成振动方向不同、传播速度不等、折射率值不等的两束偏光的晶体。非均质体包括中级晶族和低级晶族各晶系晶体。在此主要介绍中级晶族矿物晶体（一轴晶）光率体。

（1）一轴晶光率体的构成及特征　　一轴晶是指中级晶族（包括三方晶系、四方晶系和六方晶系）的晶体。它们的水平结晶轴轴单位相等。它们在水平方向上的光学性质相同，光沿 Z 轴（即光轴方向）射入不发生双折射，而沿其他任何方向射入均要发生双折射。这类晶体有最大和最小两个主折射率值，分别用 N_o 和 N_e 表示。光波平行 Z 轴振动时，相应折射率值为 N_e；光波垂直 Z 轴振动时，相应折射率值为 N_o；光波振动方向与 Z 轴斜交时，相应折射率值在 N_e 与 N_o 之间，用 N_e' 表示。显然，一轴晶光率体是一个以 Z 轴为旋转轴的旋转椭球体，并有正负光性之分。下面以石英、方解石为例分别加以说明。

① 石英。当光波平行 Z 轴方向入射时［图 4-22(a)］，不发生双折射，其折射率值为 N_o，经测得 $N_o=1.544$，以此值为半径构成一个垂直 Z 轴的圆切面。当光波垂直石英晶体 Z 轴入射时［图 4-22(b)］，发生双折射，形成两种偏光：其一为常光，振动方向垂直 Z 轴，折射率值为 1.544，即 $N_o=1.544$；其二为非常光，振动方向平行 Z 轴，折射率值为 1.553，即 $N_e=1.553$。在 Z 轴方向上从中心向上、下按比例截取线段长代表 N_e 值，垂直 Z 轴方向上截取线段长代表 N_o 值，并以此两线段为长、短半径，构成包含 Z 轴且垂直入射光波的椭圆切面［图 4-22(b)］。将这两切面联系起来并以 Z 轴为旋转轴，旋转后得一长形旋转椭球体［图 4-22(c)］，此即石英的光率体，其旋转轴为光轴（OA）。

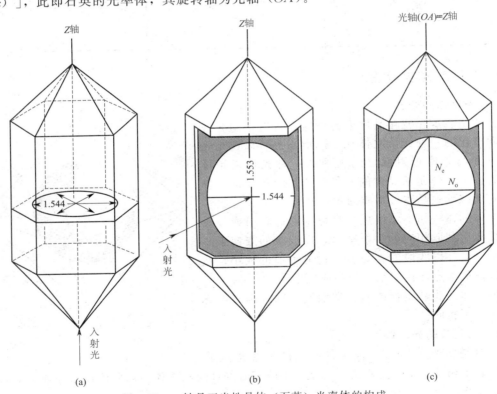

图 4-22　一轴晶正光性晶体（石英）光率体的构成

石英光率体的特征，一是其旋转轴（光轴）为长轴；二是光波平行光轴振动时的折射率大于垂直光轴振动时的折射率，即 $N_e>N_o$；三是光率体的形态为长形旋转椭球体。凡具有这些特点的光率体统称为一轴晶正光性光率体，相应的矿物称为一轴晶正光性矿物。

② 方解石。当光波平行 Z 轴方向入射时［图 4-23(a)］，不发生双折射，其折射率值为1.658，即 $N_o=1.658$。以此值为半径构成一个垂直 Z 轴的圆切面。当光波垂直方解石晶体的 Z 轴入射时［图 4-23(b)］，发生双折射，分解形成两种偏光：其一为常光，$N_o=1.658$，振动方向垂直 Z 轴；其二为非常光，$N_e=1.486$，振动方向平行 Z 轴。按石英光率体的制作

方法，可得一扁形旋转椭球体 [图 4-23(c)]，此即方解石的光率体。

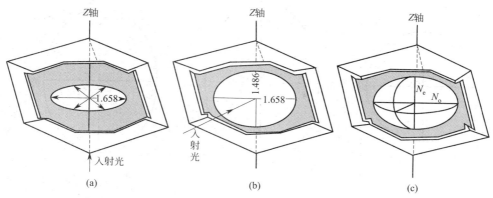

图 4-23　一轴晶负光性晶体（方解石）光率体构成

　　方解石光率体的特点，一是其旋转轴（光轴）为短轴；二是光波平行光轴振动时的折射率值小于垂直光轴振动时的折射率值，即 $N_e < N_o$；三是光率体的形态为扁形旋转椭球体。凡具这些特点的光率体称为一轴晶负光性光率体，相应的矿物称为一轴晶负光性矿物。

　　由上可知，一轴晶光率体是旋转椭球体，无论是正光性还是负光性，其旋转轴（直立轴）都是 N_e 轴（光轴），水平轴为 N_o 轴（图 4-24）。N_e 与 N_o 代表一轴晶矿物折射率的最大与最小值，称为主折射率。N_e 与 N_o 的相对大小决定一轴晶矿物的光性符号。当 $N_e > N_o$ 时，为正光性；$N_e < N_o$ 时，为负光性。N_e 与 N_o 的差值为一轴晶矿物的最大双折率，即 $\Delta N = |N_e - N_o|$。

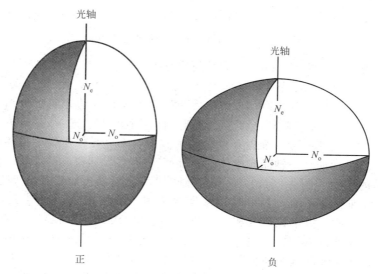

图 4-24　一轴晶光率体

　　（2）一轴晶光率体的主要切面　在偏光显微镜下鉴定透明矿物时，所遇到的都是矿物晶体不同方向的切面（即不同方向的光率体切面），一轴晶光率体的主要切面有垂直光轴的切面、平行光轴的切面、斜交光轴的切面 3 种。

　　① 垂直光轴的切面 [图 4-25(a)] 为圆切面，其半径等于 N_o。光波垂直这种切面入射（即沿光轴入射）时，不发生双折射，基本不改变入射光波的振动特点和振动方向，相应的折射率等于 N_o，双折射率等于零。通过一轴晶光率体中心只有一个这样的圆切面。

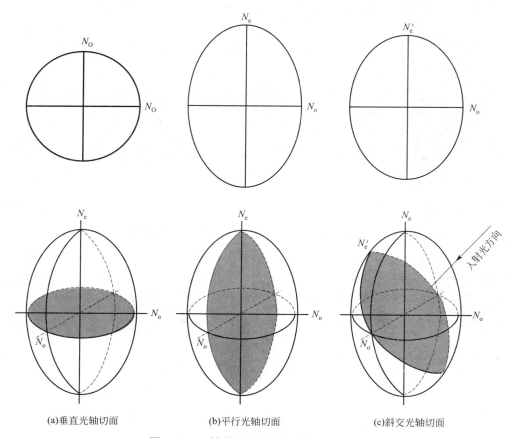

(a)垂直光轴切面　　　　(b)平行光轴切面　　　　(c)斜交光轴切面

图 4-25　一轴晶正光性光率体的主要切面

② 平行光轴的切面 [图 4-25(b)] 为椭圆切面，其长、短半径为 N_o 与 N_e（正光性：长半径为 N_e，短半径为 N_o；负光性：长半径为 N_o，短半径为 N_e）。光波垂直这种切面入射（即垂直光轴入射）时，发生双折射，分解形成两种偏光，其振动方向必分别平行椭圆切面的长、短半径；其相应的折射率必定分别等于椭圆切面两半径 N_e 与 N_o。双折射率必等于椭圆切面两半径 N_e 与 N_o 之差，是一轴晶矿物的最大双折射率（光性矿物中描述的双折射率都是最大双折射率）。这种切面是一轴晶光率体的主轴面。

③ 斜交光轴的切面 [图 4-25(c)] 仍为椭圆切面，其长、短半径为 N_e' 与 N_o。光波垂直这种切面入射（即斜交光轴入射）时，发生双折射，分解形成两种偏光，其振动方向必定分别平行椭圆切面长、短半径，其相应的折射率必定等于椭圆切面两半径 N_e' 与 N_o。双折射率等于椭圆两半径 N_e' 与 N_o 之差，其大小递变于零与最大双折射率之间。在一轴晶光率体中，所有斜交光轴的椭圆切面长、短半径中，始终有一个是 N_o。如为正光性，短半径为 N_o；如为负光性，长半径为 N_o。应用光率体可以确定光波在晶体中的传播方向（波法线方向）、振动方向及相应折射率之间的关系。光波沿光轴方向射入晶体，垂直入射光波的光率体切面为圆切面，不发生双折射，基本不改变入射光波的振动特点及振动方向，其双折射率等于零。光波沿其他任何方向射入晶体，垂直入射光波的光率体切面均为椭圆切面，其长、短半径方向分别代表入射光波发生双折射分解形成两种偏光的振动方向，半径的长短分别代表两种偏光的折射率值，长、短半径之差代表其双折射率值。在一轴晶矿物中，垂直光轴切面的双折射率为零，平行光轴切面的双折射率最大，其他方向切面的双折射率递变于零与最大值之间。

4.2　偏光显微镜分析

光学显微分析是利用可见光观察物体的表面形貌和内部结构，鉴定晶体的光学性质。透明晶体的观察可利用透射显微镜，如偏光显微镜。而对于不透明物体来说就只能使用反光显微镜，即金相显微镜。利用偏光显微镜和反光显微镜进行晶体光学鉴定，是研究材料的重要方法之一。

4.2.1　偏振光

根据光波振动特点的不同，可将光分为自然光和偏振光两种类型，如图 4-26 所示。

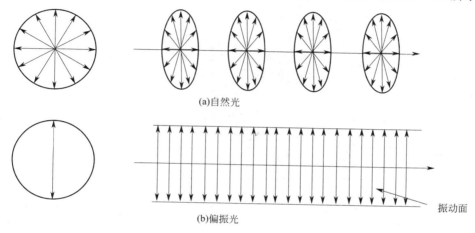

(a)自然光

(b)偏振光

振动面

图 4-26　自然光和偏振光

自然光是一切从普通光源发出的光波，如太阳光、电灯光等都是自然光。自然光是光波在垂直传输方向的平面内作任意方内的振动，其各个方向上的振幅是相等的，因此，各振幅的端点可以连成一个圆。

自然光经过反射、折射、双折射和选择性吸收等作用后，可以转变为只在一个固定方向上振动的光波，这种光波称为偏振光或偏光。它的特点是光波只在垂直方向的平面内作固定方向的振动，其振动方向与传播方向所构成的平面称为振动面。

4.2.2　偏光显微镜

偏光显微镜是目前研究材料晶相显微结构最有效的工具之一。随着科学技术的发展，偏光显微镜技术在不断地改进中，镜下的鉴定工作逐步由定性分析发展到定量鉴定，为显微镜在各个科学领域中的应用开辟了广阔的前景。

偏光显微镜的类型较多，但它们的构造基本相似。XPT-7 型偏光显微镜的构成如图 4-27 所示。

4.2.3　单偏光镜下晶体的光学性质

利用单偏光镜鉴定晶体光学性质时，仅使用偏光显微镜中的下偏光镜观察、测定晶体光学性质，而不使用锥光镜、上偏光镜和勃氏镜等光学部件。单偏光下观察的内容有晶体形态、晶体颗粒大小、百分含量、解理、突起，糙面、贝克线以及颜色和多色性等。

4.2.3.1　晶体形态

每一种晶体往往具有一定的结晶习性，构成一定的形态。晶体的形状、大小、完整程度常

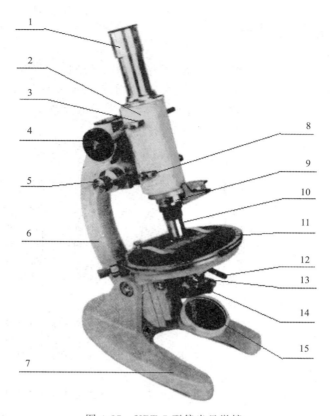

图 4-27　XPT-7 型偏光显微镜

1—目镜；2—镜筒；3—勃氏镜；4—粗动手轮；5—微调手轮；6—镜臂；7—镜座；

8—上偏光镜；9—试板孔；10—物镜；11—载物台；12—聚光镜；13—锁光圈；14—下偏光镜；15—反光镜

与形成条件、析晶顺序等有密切关系。所以研究晶体的形态，不仅可以帮助我们鉴定晶体，还可以用来推测其形成条件。需要注意的是，在偏光显微镜中见到的晶体形态并不是整个立体形态，仅仅是晶体的某一切片。切片方向不同，晶体的形态也完全不同。

在单偏光中还可见晶体的自形程度，即晶体边棱的规则程度。根据其不同的形貌特征可将晶体划分下列几个类型。

自形晶：光片中晶形完整，一般呈规则的多边形（图 4-28 中 1），边棱全为直线。析晶早、结晶能力强、物理化学环境适宜于晶体生长时，便形成自形晶。

半自形晶：光片中晶形较完整，但比自形晶差（图 4-28 中 2），部分晶棱为直线，部分为不规则的曲线。半自形晶往往是析晶较晚的晶体。

它形晶：光片中晶形呈不规则的粒状，晶棱均为它形的曲线（图 4-28 中 3）。它形晶是析晶最晚或温度下降较快时析出的晶体。

由于析晶时受物质成分的黏度和杂质等因素的影响，还会形成一些奇形的晶体。这些晶体在光片中呈雪花状、树枝状、鳞片状和放射状等形态的骸晶。这在玻璃结石中较为常见。

此外，在镜下常能见到一个大晶体包裹着一些小晶体或其他物质，称之为包裹体。包裹体可以是气体、液体、其他晶体或同种晶体。从包裹体的成分和形态可以分析出晶体生长时的物理化学环境，成为物相分析的一个重要依据。

4.2.3.2　晶体的解理及解理角

晶体沿着一定方向裂开成光滑平面的性质称为解理。裂开的面称为解理面。解理面一般平行于晶面。许多晶体都具有解理，但解理的方向、组数（沿几个方向有解理）及完善程度不一样，所以解理是鉴定晶体的一个重要依据。解理具有方向性，它与晶面或晶轴有一定关系。

晶体的解理在光片中是一些平行或交叉的细缝（解理面与切面的交线）称为解理缝。根据解理发育的完善程度，可以划分为极完全解理（图 4-29 中 1）、完全解理（图 4-29 中 2）和不完全解理（图 4-29 中 3）3 类。有些晶体具有两组以上解理，可以通过测定解理角来鉴定晶体。

图 4-28 晶体的自形程度
1—自形晶；2—半自形晶；3—它形晶

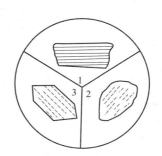

图 4-29 晶体的解理
1—极完全解理；2—完全解理；3—不完全解理

4.2.3.3 颜色和多色性

光片中晶体的颜色是晶体对白光中七色光波选择吸收的结果。如果晶体对白光中七色光波同等程度地吸收，透过晶体后仍为白光，只是强度有所减弱，此时晶体不具颜色，为无色晶体。如果晶体对白光中的各色光吸收程度不同，则透出晶体的各种色光强度比例将发生改变，晶体呈现特定的颜色。光片中晶体颜色的深浅称为颜色的浓度。颜色浓度除与该晶体的吸收能力有关外，还与光片的厚度有关，光片越厚，吸收越多，则颜色越深。

均质体晶体是光学各向同性体，其光学性质各方向一致，故对不同振动方向的光波选择吸收也相同，所以均质体晶体的颜色和浓度不因光波的振动方向而发生变化。但部分非均质体晶体的颜色和浓度是随方向而改变的。在单偏光镜下旋转物台时，非均质体晶体的颜色和颜色深浅要发生变化。这种由于光波和晶体中的振动方向不同，使晶体颜色发生改变的现象称为多色性；颜色深浅发生改变的现象称为吸收性。一轴晶允许有两个主要的颜色，分别与 N_e、N_o 相当。二轴晶允许有 3 个主要的颜色，分别与光率体三主轴 N_g、N_m、N_p 相当。晶体的多色性或吸收性可用多色性公式或吸收性公式来表示，如普通角闪石的多色性公式为 N_g＝深绿色，N_m＝绿色，N_p＝浅黄绿色。

4.2.3.4 贝克线

在光片中相邻两物质间，会因折射率不同而发生由折射、反射所引起的一些光学现象。

在两个折射率不同的物质接触处，可以看到比较黑暗的边缘，称为晶体的轮廓。在轮廓附近可以看到一条比较明亮的细线，当升降镜筒时，亮线发生移动，这条较亮的细线称为贝克线。贝克线产生的原因主要是由于相邻两物质的折射率不等，光通过接触界面时，发生折射、反射所引起的。按两物质接触关系有下列几种情况。

相邻两晶体倾斜接触，折射率大的晶体盖在折射率小的晶体之上，平行光线射到接触面上，光由疏介质进入密介质，光靠近法线方向折射，光线均向折射率高的一边折射，致使晶体的一边光线增多而亮度增强，另一边光线减弱。所以，在两物质交界处出现较亮的贝克线和较暗的轮廓。

相邻两晶体倾斜接触，折射率小的晶体盖在折射率大的晶体之上，若接触面较缓（图 4-30），平行光线射到接触面上，光由密介质进入疏介质，光远离法线方向折射，光线均向折射率高的一边折射。

不管两介质如何接触，贝克线移动的规律总是：提升镜筒，贝克线向折射率大的介质移动。根据贝克线移动规律，可以比较相邻两晶体折射率的相对大小。在观察贝克线时，适当缩小光圈，降低视域的亮度，使贝克线能清楚地看到。

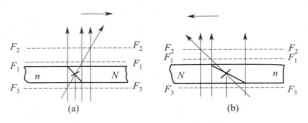

图 4-30   贝克线的成因及移动规律（$N>n$）

4.2.3.5 糙面

在单偏光镜下观察晶体表面时，可发现某些晶体表面较为光滑，某些晶体表面显得粗糙呈麻点状，好像粗糙皮革一样，这种现象称为糙面。

糙面产生的原因是晶体光片表面具有一些显微状的凹凸不平，覆盖在晶体之上的树胶，其折射率又与晶体折射率不同，光线通过二者的接触面时，发生折射，甚至全反射作用，致使光片中晶体表面的光线集散不一，而显得明暗程度不相同，给人以粗糙的感觉。

4.2.3.6 突起

在晶体形貌观察时还会感觉到不同晶体表面好像高低不平，某些晶体显得高一些，某些晶体显得低平一些，这种现象称为突起。突起仅仅是人们视力的一种感觉，因为在同一光片中，各个晶体表面实际上是在同一水平面上，这种视觉上的突起主要是由于晶体折射率与周围树胶折射率不同而引起的。晶体折射率与树胶折射率相差越大，则晶体的突起越高。

在晶体光片制备时使用的树胶折射率等于 1.54，对折射率大于树胶的晶体属正突起，折射率小于树胶的晶体属负突起。在晶体光学鉴定时可利用贝克线区分晶体的正负突起。根据光片中突起的高低、轮廓、糙面的明显程度，一般把警惕的突起划分为六个等级，见表 4-3。

表 4-3   突起等级及特征

突起等级	折射率	糙面及轮廓特征	实例
负突起	<1.48	糙面及轮廓显著，提升镜筒，贝克线移向树胶	萤石
负低突起	1.48~1.54	表面光滑，轮廓不明显，提升镜筒，贝克线移向树胶	正长石
正低突起	1.54~1.60	表面光滑，轮廓不清楚，提升镜筒，贝克线移向晶体	石英
正中突起	1.60~1.66	表面略显粗糙，轮廓清楚，贝克线移向晶体	硅灰石
正高突起	1.66~1.78	表面显著，轮廓明显而较宽，贝克线移向晶体	透辉石
正极高突起	>1.78	表面显著，轮廓很宽，贝克线移向晶体	斜锆石

非均质体晶体的折射率随光波在晶体中的振动方向不同而有差异。双折射率很大的晶体，在单偏光镜下，旋转物台，突起高低发生明显的变化，这种现象称为闪突起。例如，方解石晶体有明显的闪突起，可以作为鉴定晶体的一个重要特征。

4.3 反光显微镜下研究晶体的方法

反光显微镜是利用试样的光洁表面对光线的反射来研究材料显微特征的一种装置。反光显微镜最早用于金属材料的研究（金相显微镜）及金属矿石的研究（矿相显微镜）。20 世纪 60 年代初，在无机非金属材料的研究中亦用到反光显微镜。20 世纪 70 年代，超薄光片制备成功，使材料显微结构的研究取得了很大进展。在反光显微镜下，除能对材料进行定性、定量及显微形貌分析外，其研究晶体的范围也在不断扩大，成为材料显微结构研究中不可缺少的光学仪器。

4.3.1　反光显微镜的主要构造

反光显微镜是金相显微镜与矿相显微镜的总称。目前硅酸盐工业上使用较多的是金相显微镜。金相显微镜的构造与偏光显微镜类似，都是由机械系统和光学系统组成。所不同的是在反光显微镜的光路中加了垂直照明器这一重要的光学部件。

垂直照明器一般安置在物镜和目镜之间的光路系统之中。其作用是把从光源来的入射光通过物镜垂直投射到光片表面，再把光片表面反射回来的光投射到目镜焦点平面内。在垂直照明器中，完成将入射光向上或向下反射的装置称为反射器（又称反光镜）。因此，一个完善的垂直照明器应具备下列基本部件：①可供随意选用的玻璃片和补偿棱镜反射器；②使入射光变为垂直线偏光的前偏光镜；③可以任意地开大和缩小的虹膜式孔径光阑。

4.3.1.1　反射器

垂直照明器中的反射器常用的有玻璃片反射器和棱镜反射器两种。

（1）玻璃片反射器　垂直照明器中的玻璃片反射器处于与入射光成45°角的位置。入射光由光源经聚光透镜射至玻璃片上，一部分光线透过玻璃片而损失；另一部分经玻璃片反射向下，通过物镜，被物镜会聚后射至光片上。经光片反射向上，进入物镜后，再射到玻璃片上。部分光线又被反射转向光源而损失，另一部分透过玻璃片射至目镜成像。

照明光线从光源发出，经过玻璃片两次反射后，光强损失很大。为了减少光强损失，提高视野亮度，在反射玻璃片上镀一层高折射率物质（如硫化锌、氧化铋等）的透明薄膜，可以明显提高玻璃片的反射能力。

（2）棱镜反射器　棱镜反射器由直角三棱镜组成。入射光射至棱镜，全部反射向下。由于棱镜约占镜筒面积的一半，因此从试样光面反射上来的光线约有一半被棱镜挡掉，另一半光线呈发散状态射向目镜，使视域全部明亮，但亮度不够均匀。由上述情况可知，射向目镜的光强必低于入射光强的1/2。实际上，由于棱镜或透镜表面的反射、内部吸收等损失，射向目镜的光强也只不过是原来入射光强的1/3左右。

（3）玻璃片反射器与棱镜反射器比较　玻璃片反射器和棱镜反射器各有优缺点。

玻璃片反射器的优点是视域中亮度均匀，可以利用物镜的全部孔径，因此其分辨率是棱镜反射器的两倍。用高倍物镜观察极细小的细节时，玻璃片反射器尤为合适。研究偏光干涉现象时必须用玻璃片反射器。显微摄影用玻璃片反射器可拍出亮度均匀的照片。玻璃反射器的缺点是光强损失大，视域中亮度较弱。由于入射光多次透过玻璃片，产生大量有害的反射光，进入视域使试样影像的反差降低。

棱镜反射器的优点是光线损失少，视域较明亮，有害杂乱反射光少。由于入射光略微倾斜地照射在试样光面上，因而视域中反差特别鲜明，影像清晰。缺点是视域中亮度不够均匀，而且棱轴挡去物镜的一半孔径，使分辨率受到影响。

大部分金相显微镜上只有一种反射器，即玻璃片反射器或棱镜反射器。新型的反光显微镜（主要是矿相显微镜）上两种反射器都具备，按不同需要可随意选用。

4.3.1.2　孔径光阑

垂直照明器中的孔径光阑起着调节入射光束直径大小、影像反差强弱以及物镜有效孔径的作用。当光阑缩小时，入射光束的直径减小，视场亮度减弱，影像的反差则因有害的杂乱光线的减少而提高。但是物镜的有效孔径也相应地减小，使分辨率降低，所以在观察时适当地调节孔径光阑对于提高物象反差及分辨率非常有效。

4.3.1.3　反光显微镜的光路

根据反光显微镜的光路特点，可分为直立式和倒立式两种。

（1）直立式　直立式反光显微镜是在偏光显微镜上加装一个垂直照明器所构成的。试样的光面朝上，物镜朝下。因为观察光路是垂直反射，所以叫直立式。国产 XJL02 型金相显微镜的光路均属直立式。

（2）倒立式   倒立式反光显微镜的光路特点是试样光面朝下，物镜朝上，光源通路中没有垂直照明器装置，观察光路是成一定角度的反射，使物象进入视域。国产 4X1 型金相显微镜的光路均属倒立式。

4.3.1.4   反光显微镜的照明方式

反光显微镜有两种照明方式：一种称为明视野（或明场）照明；另一种称为暗视场（或暗场）照明。

明视野照明是一种最基本的照明方式，即入射光线是经过试样表面的反射而进入观察视野的。明视野照明的特点是试样中镜面部分反射能力强，在视野中表现为明亮，试样中坑洼、磨痕等部位反射能力差，在视野中表现为灰暗。

暗视野照明是斜射照明法的一种，照明光束不能直接进入视野，只能观察到被物体反射或衍射的光线，在黑暗的视野中可看到明亮的物体。其特点是试样中的镜面部分表现为灰暗，试样中的坑洼、磨痕部分则表现为明亮，在黑暗的背景中表现明亮，并且非常清晰。

4.3.2   反射光下的观察

反光显微镜下主要观测的光学性质有反射率、双反射率、反射色、内反射色、显微硬度等。

4.3.2.1   反射率和双反射率

反射力是指矿物表面或试样磨光面对于投射光线的反射能力。若用矿物反射光强（I_r）与入射光强（I_i）的百分比来表示，则称为矿物的反射率（R）。

当入射光强为一定值时，反射光强度越大，则反射率越高，在反射显微镜下显得越明亮。在反射光下鉴定矿物，反射率是最重要的定量数据，其重要性可与透射光下的折射率相比拟。反射力的测定都是在样品垂直入射光的条件下进行的。在此条件下，矿物反射率的大小主要取决于矿物本身的折射率、光吸收系数、矿物周围的介质环境和矿物表面的光滑程度等。矿物的折射率越高，其反射率越大。对光吸收系数大的物质，光不易透过而易反射，因此 R 值也大。由于透明晶体与不透明晶体的折射率和吸收系数各不相同，故反射率计算公式略有差别。

（1）透明晶体   无机非金属材料，大部分是由透明矿物组成，特别是硅酸盐材料更是如此。它们的光吸收系数极小，K 值为 $1\sim10$，可忽略不计。

① 对于光性均质体矿物，只有一个折射率，因此只有一个反射率。如萤石，主折射率 $n=1.43$，$n_s=1$，$R=3\%$。

② 对于光性非均质体矿物，一轴晶矿物有两个主折射率 n_1 和 n_2，则相应地有两个主反射率 R_1 和 R_2。如方解石 $n_1=1.65$，$n_2=1.48$，$n_s=1$，则 $R_1=6\%$，$R_2=4\%$。

二轴晶矿物有三个主折射率 n_1、n_2、n_3，相应地可测得 R_1、R_2、R_3 三个主反射率，其计算方法同一轴晶体。

（2）不透明和半透明晶体   由于不透明和半透明晶体的吸收性强，其吸收系数 K 值在 $1\sim10$ 以上，故计算时必须考虑到 K 值。

二轴晶体有三个主反射率，通常只求其平均反射率值 R。

非均质体矿物的主切面或任意切面上均有两个互相垂直的较高反射率和较低反射率，称为双反射率。在单偏光下，旋转物台一周，可看到明暗的变化，这种现象称为双反射率现象。非均质体的最大反射率和最小反射率之差称为绝对双反射率。根据统计，绝对双反射率小于 10% 时，由于人眼对光强变化不敏感，看不出双反射现象。根据双反射现象的明暗程度，可分为"特强""显著""清楚""微弱"和"无"五个等级。

4.3.2.2 反射率的测定方法

测定反射率的方法有四种，即光强直接测定法，测定 n、K 值计算法，单光束法和双光束法。前两种方法用以测定和检查反射率标准物质的反射率值，比较精确，而且不用反射率已知的标准物质作对比，但测定烦琐费时。后两种方法适用于矿物鉴定及反射率系统测定工作，但必须使用反射率已知的物质作标准。下面主要介绍后两种方法。

（1）单光束测定法　目前正式用来测定矿物反射率的光电法，差不多都属于单光束法。其特点是先将标准物质放在金相显微镜下，用光电原件接收它的反射光强，设为 I_1。再测定未知矿物在显微镜下的反射光强，设为 I_2。标准物质的反射率为 R_0，则未知矿物的反射率 R_1。

单光束测定法要求入射光强稳定不变，接收光的光电元件在前后两次测定中灵敏度和暗电流等稳定不变。这在实际上很难达到，但是与双光束法相比，单光束法的设备及测定手续比较简单，因此目前广为应用。根据使用的光电接收元件又分为光电池和光电倍增管光度计两大类。

光电池法均采用硒光电池，这是因为它的感色性与人眼相近，同时光强与光电流几乎呈线性关系。硒光电池的缺点是灵敏度不高，因此不能使用弱的单色入射光，不宜测定微小面积的矿物，仅适用于日常鉴定及教学用。

光电倍增管的特点是灵敏度高，能测定微小面积的矿物，同时可在弱的入射光中使用。因此，它适合于大量系统测定及研究工作。光电倍增管显微光度计测定误差可以控制在测定值的 $\pm 0.3\%$，甚至更小。

（2）双光束测定法　贝瑞克裂隙显微光度计所用的测定原理即为双光束法。其原理与裂隙光度计目视法测定相同，是用裂隙显微光度计配合两个光电池用双光束法测定矿物的反射率，即在标准光亮的侧管及目镜上各装一个光电池。这样使两者亮度相等进行比较，并不是用视觉来决定，而是用光电池强度的相等来决定，因此测定精度高。

测定时可将两个光电元件阳极与阳极连接，阴极与阴极连接，然后在线路中接入灵敏的检流计和分流可变电阻。先把反射率标准物质置于显微镜下，调节侧管的偏光镜至一合适角度，使检流计指针读数为零。若在合适角度下指针不为零，可调节可变电阻使之为零，然后换上未知矿物光片，检流计指针偏转，再调节侧管偏光镜角度，使检流计指针为零。由偏光镜的两次转角及标准物质反射率值，即可算出未知矿物的反射率。

4.3.2.3 反射色和反射多色性

反射色是矿物磨光面在白光垂直照射下，垂直反射光所呈现的颜色。非均质矿物的反射色随切面方向而异，在同一切面上不同方向其反射色也不同。非均质矿物这种反射色随方向变化的性质称为反射多色性。

矿物的反射色，在不透明矿物鉴定中具有一定的意义，特别是对那些具鲜艳反射色或明显反射色矿物，更可作为主要鉴定特征之一。

观察反射色时，光源要为纯白色。若使用钨丝白炽灯，则需加适当深浅的蓝色滤色片，使其成白色。观察时，将欲测矿物与标准颜色矿物进行比较，一般以方铅矿为标准纯白色。对比时将欲测矿物和标准矿物镶压在同一载片上，置镜下反复推移对比。

矿物的反射多色性，可在单偏光镜下旋转载物台观察。观察时记录矿物在不同光性方位时的亮度及反射色的变化情况。例如，辉锑矿在空气中于单偏光下观察得

$R = 39.8\%$　　$//c$ 轴　　　灰白

$R = 34.2\%$　　$//a$ 轴　　　灰白

$R = 26.4\%$　　$//b$ 轴　　　浅灰

4.3.2.4 内反射及内反射色

所谓内反射是光线照射到透明、半透明矿物光片表面后，一部分将产生反射，另一部分则

透入矿物中。透入矿物内部的光线遇到矿物体内的解理、裂隙、气孔、包裹体等不同介质的分界面时，光线被反射出来，这就是矿物的内反射。内反射出来的光可能仍为白光，也可能有颜色。若有颜色则叫内反射色，又称为矿物的体色。

矿物能否产生内反射，取决于矿物的透明程度。透明度越高，则内反射越强烈。因透明度与矿物的吸收系数有关，所以内反射与矿物的反射率有密切关系。凡是反射率在 30%～40% 的矿物很少有内反射；反射率小于 30% 的矿物大多数具有一定的透明度，因此多半有内反射；反射率低于 20% 的矿物都是半透明或透明的，因此都有显著的内反射。无机非金属材料绝大多数是透明或半透明矿物，所以利用内反射和内反射色加以鉴别尤为重要。

为确定矿物有无内反射，应消除表面反射光的影响，而使内反射显露出来。采用暗视野照明方法之一的斜射光法是观察内反射及内反射色的最常用方法。将观察光片先在垂直光照下准焦，然后将照明灯倾斜直接照在光片上，这就是斜射光。这种情况下矿物表面反射的光线不能进入物镜，所以显微镜的视野基本上是黑暗的。只有矿物中适当倾角的界面反射的光线才能进入物镜，如果只是明亮而无颜色，表示矿物有内反射而无内反射色。如果不但明亮而且有颜色，表示矿物有内反射色。

用斜射光观察时，光源应强烈并为白色，斜射角不宜太大，一般入射角为 30°～45°。如光源强度不够时，可直接用太阳光照射。为观察方便和测定精确，除使用特制的暗视野照明器外，不能用倍数高于 10× 的物镜，更不能用油浸物镜。

4.3.2.5   显微硬度

矿物的硬度以其抵抗外来机械作用力的大小来度量。反射显微镜下，精确地测定矿物的硬度，不仅有助于矿物鉴定，而且可以了解工艺过程中矿物成分和结构的变化情况。

显微硬度计是专门进行显微硬度测定的一种仪器，下面以国产 71 型显微硬度计为例介绍操作法。

71 型显微硬度计由测微反光显微镜、载物台、负载装置等部件组成。显微硬度的测试依下列步骤进行：

① 将被测试样放在载物台上，准焦，把欲测部位移至视域中心。

② 推动载物台，把试样移动到负荷机构即金刚石压头的下面。

③ 用微动螺旋调节，使金刚石压头尖端正好与试样面接触，然后扳动负荷机构手柄，使压头缓慢压到试样上，并保持负荷 10～15s，扳回手柄，移去荷重。

④ 移动载物台，使试样移至物镜下面，测量压痕对角线的长度。

⑤ 按公式计算或查表可得被测物相的显微硬度值。

因晶体矿物的各向异性，试样压痕的形状往往很不相同。测定压痕对角线长度时，应反复测几次，取其平均值进行计算。

第 5 章
非金属矿物成分分析

5.1　成分分析的要求和分类

　　成分分析技术主要用于对未知物、未知成分等进行分析，通过成分分析技术可以快速确定目标物质中的各种组成成分。

　　成分分析可以用不同的方法来进行，一般将分析方法分为化学分析法和仪器分析法两大类。

　　（1）化学分析法　该法是以物质的化学反应为基础的分析方法，通常采用分析天平和滴定管等作为主要的测量仪器，如重量分析法和滴定分析法。

　　① 重量分析法。通过称量反应产物（沉淀）的质量以确定被测物组分在试样中含量的方法。

　　② 滴定分析法。将被测试样转化成溶液后，用一种已知准确浓度的试剂溶液，用滴定管滴加到被测溶液中，利用适当的化学反应，通过指示剂的变色测出化学计量点时所消耗已知浓度的试剂溶液的体积；然后通过化学计量关系求得被测组分的含量。该法准确度高，适用于常量分析，较重量分析法简便、快速，因此应用广泛。

　　（2）物理和物理化学分析法——仪器分析法　该法是借助于光学或电学仪器测量试样溶液的光学性质或电化学性质而求出被测组分含量的方法，常用的有以下几种。

　　① 光学分析法。利用物质的光学性质来测定物质组分的含量。

　　② 电化学分析法。利用物质的电学和电化学性质来测定物质组分的含量。

　　③ 色谱分析法。一种分离和分析多组分混合物的物理和物理化学分析法，主要有气相色谱法和液相色谱法。

　　以上各种分析方法各有特点，也各有一定的局限性，通常要根据被测物质的性质、组成、含量和对分析结果准确度的要求等，选择适当的分析方法进行测定。

　　此外，绝大多数仪器分析测定的结果必须与已知标准作比较，所用标准往往需要化学分析法进行测定。因此两类方法是互为补充的。

5.1.1　定量分析的过程及分析结果的表示

　　（1）定量分析的过程
　　① 取样。分析时须取出含有被分析物质的代表性试样。
　　② 试样的储存、分解与制备。在处理和保存试样的过程中，应防止试样被污染、吸附、

损失、分解及变质等。

③ 消除干扰。试样中如果有干扰被测组分测定的其他组分存在，通常先考虑用掩蔽法消除干扰，如果掩蔽法未能达到消除干扰的效果，则必须采用适当的分离方法将干扰组分除去。

④ 分析测定。根据被测组分和共存组分的含量和性质以及对所要求的分析结果的准确度等诸多因素，选择合适的测定方法。

⑤ 计算分析结果。根据试样质量、测定所得的数据和分析测定中有关化学反应的计量关系，计算试样中被测组分的含量。

（2）分析结果的表示方法

① 固体试样常用的表示方式是求出被测物 B 的质量 $m(B)$ 与试样质量 $m(s)$ 之比，即物质 B 的质量分数。

② 液体试样可用质量分数、体积分数和质量浓度来表示分析结果。

5.1.2 定量分析的误差和分析结果的数据处理

5.1.2.1 有效数字的计位准则与运算规则

为了得到准确的分析结果，既要准确地进行测定，又要正确地记录测定数据的位数。有效数字就是实际能测定到的数字。数字的保留位数是由测量仪器的准确度决定的。有效数字的计位规则如下：

① 记录的仪器能测定的数据都计位，如 12.56mL 有效数字为 4 位，5.1g 有效数字为 2 位。

② 数据中"0"是否为有效数字则取决于它的作用，若作为普通数字使用，它就是有效数字，如滴定管读数 20.50mL，其中两个"0"都是有效数字，即此有效数字为 4 位；若改用 L 表示，写成 0.02050L，这时前面的两个"0"仅起定位作用，不是有效数字，此数有效数字仍是 4 位。当需要在位数的末尾加"0"作定位时，要采用指数形式表示，以免有效数字的位数含混不清。

③ 分析化学计算中常遇到分数、倍数关系，并非测定所得，可视为无限位有效数字，而对 pH、$\lg K$ 等对数值，其有效数字的位数仅取决于小数部分的位数，因其整数部分只代表 10 的方次。

不同位数的有效数字进行运算时，应先修约，后运算，这就是修约规则。1981 年我国正式公布的国家标准（GB 1.1—1981）规定，按"四舍六入五成双"的原则修约数字。当尾数（拟舍弃数字的第一位数）≤4 时舍弃，尾数≥6 时则进入；尾数等于 5 时，若"5"后面的数字为"0"则按"5"前面为偶数者舍弃，为奇数者进入；若"5"后面的数字不为"0"的任何数，则不论"5"前面的一个数为偶数或奇数均进入。另外，进行加减运算时，各数据及最后计算结果所保留的位数是由各数据中小数点后位数最少的一个数字所决定；乘除运算时，各数据及最后计算结果所保留的位数取决于有效数字位数最少的那个数据。

5.1.2.2 误差的产生及表示方法

定量分析的目的是获得被测组分的准确含量，但是分析过程中误差是客观存在的，需要我们对分析结果进行评价，弄清误差产生原因，采取减小误差的有效措施，使分析结果尽量接近真实值。

（1）绝对误差和相对误差 误差可分为绝对误差和相对误差

$$绝对误差＝测定值－真实值$$

当测定值大于真实值时，误差为正值，反之为负值。绝对误差在真实值中占有的百分率称为相对误差。

$$相对误差＝[(测定值－真实值)/真实值]×100\%$$

（2）系统误差和随机误差　产生误差的原因很多，按其性质一般可分为系统误差和随机误差两类。

① 系统误差又称可测误差，它是由测定过程中某些经常性的、固定的原因所造成的比较恒定的误差。它产生的原因有方法误差、仪器误差、试剂误差、操作误差。

② 随机误差又称不可测误差或偶然误差，它是由一些偶然因素所引起的误差，往往大小不等、正负不定。分析人员在正常的操作中多次分析同一试样，测得的结果并不一致，有时相差甚大，这些都是属于偶然误差。这类误差不能用校正的方法减小或消除，只有增加测定次数、采用数理统计方法对测定结果作出正确的表达。

5.1.2.3　准确度和精确度

分析结果的误差是通过准确度和精确度来表示的。

准确度表示测定值与真实值接近的程度。测定值越接近真实值，准确度越高；反之准确度愈低。准确度就是以误差的大小来衡量的。

精确度是指在相同条件下，用同样的方法对同一试样进行多次平行测定所得数值之间相互接近的程度。如果数据彼此接近，表示测定结果的精确度高，反之精确度低。精确度是用偏差的大小来衡量。

5.1.2.4　提高分析结果准确度的方法

定量分析结果的准确度直接受各种误差的制约，只要了解误差产生的原因，采取相关措施消除系统误差，减小随机误差，就可以提高测定结果的准确度。一般采取以下方法：

① 选择合适的分析方法。被测组分的含量不同时对分析结果准确度的要求不尽相同。常量组分分析一般要求相对误差小于 0.2%，微量组分则要求相对误差为 1%～5%。

② 减小测量的相对误差。为保证分析结果的准确度，应尽量减小测量误差。

③ 消除测定过程的系统误差。系统误差是造成测定平均值偏离真实值的主要原因，因此，检查并消除系统误差是提高分析结果准确度的重要措施。一般可采用对照试验、空白试验、仪器校正、方法校正等方法。

④ 增加平行测定次数，减小随机误差。随机误差虽然不可避免，但增加平行测定次数可使之减小。

5.2　化学滴定分析法

5.2.1　滴定分析法概论

5.2.1.1　滴定分析过程和方法分类

滴定分析法也称容量分析法。在滴定分析时，一般先将试样制备成溶液，用已知准确浓度的标准溶液（也称滴定剂）通过滴定管逐滴加入到待测溶液中，该过程称为滴定。当滴入滴定剂的物质的量与被滴定物的物质的量正好符合滴定反应式中的化学计量关系时反应达到了化学计量点或理论终点。化学计量点的到达一般是通过加入的指示剂颜色的变化来显示，但指示剂指示出的变色点不一定恰好为化学计量点。因此，在滴定分析中，根据指示剂颜色突变而停止滴定的那一点称为滴定终点。滴定终点与化学计量点之间的差别称为滴定误差或终点误差。最后通过消耗的滴定剂的体积和有关数据计算出分析结果。

滴定分析是以化学反应为基础的，根据滴定反应的类型，滴定分析可分为酸碱滴定法、配位滴定法、氧化还原滴定法和沉淀滴定法。

5.2.1.2　滴定方式

（1）直接滴定法　凡是滴定剂与被测物的反应满足上述对化学反应的要求，就可以用标准溶液直接滴定被测物。若反应不完全符合要求，就需要采用其他方式进行滴定。

（2）返滴定法　先往待测溶液中加入过量的已知浓度的滴定剂，待反应完全后，再用另一标准溶液滴定剩余的滴定剂，此过程也称为回滴。一般用于反应速率较慢或无合适指示剂的情况。

（3）置换滴定法　有些物质的反应不能按化学计量关系定量进行，就需要间接滴定能与该物质按化学计量关系反应生成的另一物质，以求得原物质的量。

（4）间接滴定法　当被测物不能直接与滴定剂发生化学反应时，可以通过其他反应以间接的方式测定被测物含量。

5.2.1.3　标准溶液的配制、基准物、基准溶液

标准溶液就是指已经准确知道浓度的溶液。一般有两种配制方法，即直接法和间接法。

直接法根据所需要的浓度，准确称取一定量的物质，经溶解后定量转移至容量瓶中并稀释至刻度。通过计算得出该标准溶液的准确浓度。这种溶液也称为基准溶液。能用来配制这种溶液的物质称为基准物。

间接法也称标定法，若欲配制标准溶解液的试剂不是基准物，就不能用直接法配制。间接配制法是先粗配成近似所需浓度的溶液，然后用基准物通过滴定的方法确定已配溶液的准确浓度。这一过程称为标定。

5.2.1.4　滴定分析法中的计算

（1）计算滴定分析法的分类

① 控制体积滴定法，包括线性滴定法、单点滴定法及双点滴定法。

② 控制电位滴定法，也被称作恒电位滴定法或校正滴定法。

（2）被测物质的量 $n(A)$ 与滴定剂的量 $n(B)$ 的关系

① 直接滴定法中被测物 A 与滴定剂 B 的反应为

$$a\text{A}+b\text{B}=c\text{C}+d\text{D}$$

滴定至化学计量点时，两者的物质的量按 $a:b$ 的关系进行反应，即

$$n(\text{A})=\frac{a}{b}n(\text{B}) \qquad 或 \qquad n(\text{B})=\frac{b}{a}n(\text{A})$$

② 在置换滴定法或间接滴定法中一般通过多步反应才完成，则需通过总反应以确定被测物的量与滴定剂的量之间的关系。

（3）表示浓度和含量的物理量

① 物质的量浓度。简称浓度，用 c 表示。对溶液来说可以理解为溶质 A 的物质的量 $n(A)$ 除以溶液的体积 $V(A)$，即

$$c(\text{A})=\frac{n(\text{A})}{V(\text{A})}$$

物质的量浓度在分析化学中常用的单位是 $mol \cdot L^{-1}$ 或 $mol \cdot dm^{-3}$。

② 被测物的质量分数的计算。在滴定分析中，若准确称取含被测物试样的质量为 $m(s)$，经实验测得被测物的质量为 $m(A)$，则质量分数 $\omega(A)$ 表示为

$$\omega(\text{A})=\frac{m(\text{A})}{m(\text{s})}$$

故

$$\omega(\text{A})=\frac{\dfrac{a}{b}c(\text{B})V(\text{B})m(\text{A})}{m(\text{s})}$$

质量分数是相同物质量之比，因此量纲为一。

5.2.2　酸碱滴定法

酸碱滴定法是以酸碱反应为基础的滴定分析法，一般的酸、碱以及能与酸、碱直接或间接进行质子传递的物质，几乎都可以利用酸碱滴定法测定，通常反应速率较快，能满足滴定分析法的要求。

5.2.2.1　酸碱溶液中氢离子浓度的计算

溶液中氢离子浓度的大小对很多化学反应都有重要影响。计算 H^+ 浓度可采用代数法和图解法。本节主要介绍代数法，方法从精确的数量关系出发，根据具体条件，分清主次，合理取舍，使其成为易于计算的简化形式。具体计算的依据有物料平衡式、电荷平衡式和质子条件式。其中较简便而又常用的是质子条件式。

酸碱反应的实质是质子的传递。当反应达到平衡时，得到质子的产物获得质子的总物质的量与失去质子产物所失质子的总物质的量相等，这一原则叫质子条件，它的数学表达式称为质子条件式，以 PBE 表示。通过质子条件式可推导出溶液 H^+ 浓度的计算式。

任何酸碱溶液在确定其质子条件时，先要选择适当的物质作为参考，以它作为考虑质子转移的起点称为参考水准或零水准，通常选择大量存在于溶液中并参与质子转移的物质作为零水准；然后根据质子转移数相等的数量关系写出质子条件式。

强酸溶液中氢离子浓度的计算包括强酸（强碱）溶液、一元弱酸（碱）溶液、多元酸（碱）溶液、两性物质溶液、弱酸及其共轭碱的溶液、混合酸溶液 6 种。

5.2.2.2　缓冲溶液

缓冲溶液在分析化学和生物化学中都很重要。它能使溶液的 pH 值不因外加少量酸、碱或溶液适当稀释等因素而发生显著变化。但是任何缓冲溶液的缓冲能力都有一定的限度。缓冲能力可以用缓冲容量 β 表示。β 是用改变一定的 pH 值时所允许加入的强酸或强碱的量来度量。β 的数学定义为

$$\beta = \frac{d_{n(B)}}{d_{pH}} = -\frac{d_{n(A)}}{d_{pH}}$$

其意义是 1L 溶液的 pH 值增加 d_{pH} 单位时所需强碱 $d_{n(B)}$（mol）的量，或使 1L 溶液的 pH 值减少 d_{pH} 单位时所需强酸 $d_{n(A)}$（mol）的量。加酸使 pH 值降低，故在 $d_{n(A)}/d_{pH}$ 前加一负号以使 β 为正值。显然 β 值越大，缓冲能力越强。

标准缓冲溶液是用来校正 pH 计的，它们的 pH 值是在一定温度下经实验准确地确定的。校正 pH 计时，所选标准溶液的 pH 值应当与被测溶液的 pH 值相近，这样才能提高测量的准确度。

在实际工作中，有时需要 pH 值缓冲范围广的缓冲溶液，这时可采用多元酸和多元碱组成的缓冲体系。

5.2.2.3　酸碱指示剂

（1）酸碱指示剂的作用原理　酸碱指示剂一般是有机弱酸或弱碱，它们的酸式结构和碱式结构具有不同的颜色。当溶液 pH 值改变时，指示剂获得质子转化为酸式或失去质子转化为碱式，从而引起溶液颜色的变化。

（2）指示剂的变色范围　酸碱指示剂的颜色变化与溶液的 pH 值有关。指示剂的酸式 HIn 和碱式 In 在水溶液中有下列平衡：

$$K_{HIn} = \frac{[H^+][In^-]}{[HIn]}$$

式中，K_{HIn} 为指示剂的解离常数，也称之为指示剂常数。上式可写为

$$\frac{[In^-]}{[HIn]} = \frac{K_{HIn}}{[H^+]}$$

溶液颜色取决于指示剂碱式和酸式的浓度比值 $[In^-]/[HIn]$。该比值取决于 K_{HIn} 和溶液的 $[H^+]$。在一定条件下，某一指定的指示剂的 K_{HIn} 是常数。因此，溶液颜色的变化是由溶液的 $[H^+]$ 所决定的。需要指出的是，并非 $[In^-]/[HIn]$ 值的任何微小的改变都能使人观察到溶液颜色的变化，因为人眼辨别颜色的能力有一定的限度。指示剂颜色变化与溶液 pH 值有如下关系：

$$\frac{[In^-]}{[HIn]} = \frac{K_{HIn}}{[H^+]} \leqslant \frac{1}{10}$$

$$[H^+] \geqslant 10K_{HIn}, pH \leqslant pK_{HIn} - 1 \qquad （呈酸式色）$$

$$\frac{[In^-]}{[HIn]} = \frac{K_{HIn}}{[H^+]} \geqslant 10$$

$$[H^+] \leqslant K_{HIn}/10, pH \geqslant pK_{HIn} + 1 \qquad （呈碱式色）$$

若为其 1/10 至其 10 倍，则 $\qquad pH = pK_{HIn} \pm 1 \qquad$（呈混合色）

当 $[In^-] = [HIn]$ 时，溶液 $[H^+] = K_{HIn}$，即 $pH = pK_{HIn}$，通常为指示剂的理论变色点；应该是变色最敏锐的点；而在 $pH = pK_{HIn} + 1$ 的范围内能看到指示剂的过渡色，所以被称为指示剂的变色范围或变色间隔。

从理论上讲，指示剂的变色范围是 $pK_{HIn} + 1$，但实际上靠人眼观察到的指示剂变色范围与理论值有区别，这是由于人眼对各种颜色的敏感度不同，且两种颜色之间会相互掩盖。

指示剂的变色范围越窄越好，这样在化学计量点时，微小 pH 值的改变可使指示剂变色敏锐。酸碱滴定中选择的指示剂的 pK_{HIn} 值应尽可能接近化学计量点的 pH 值，以减小终点误差。

混合指示剂是利用颜色之间的互补作用，具有颜色改变较为敏锐和变色范围较窄的特点。其可分为两类：一类是由两种或两种以上的指示剂混合而成；另一类是由某种指示剂与另一种惰性染料（该染料颜色不随溶液 pH 值的变化而改变）混合而成的。

对于一些在水中解离常数很小的弱酸或弱碱以及在水中溶解度小的有机酸、碱，在水溶液中滴定无法进行，使水溶液中的酸碱滴定受到限制。若采用非水溶剂作为滴定介质，不仅可以改变物质的酸碱性质，还能增大有机化合物的溶解度，因而扩大了酸碱滴定的应用范围。

5.2.3 配位滴定法

配位滴定法是以配位反应为基础的滴定分析方法。配位反应具有很大的普遍性，金属离子在水溶液中大多数是以不同形式的配衡离子存在。广泛用作配位滴定剂是含有—N(CH$_2$COOH)$_2$ 基团的有机化合物，称为氨羧配合物，其中应用最广泛的是乙二胺四乙酸（简称 EDTA）。本节就是讨论以 EDTA 为滴定剂的配位滴定法。因为配位滴定法在广泛使用 EDTA 后才发展，故通常所谓"配位滴定"或"络合滴定"即指 EDTA 滴定法。

作为配位滴定的反应必须符合的条件：①生成的配合物要有确定的组成；②生成的配合物要有足够的稳定性；③配合反应速度要足够快；④要有适当的反映化学计量点到达的指示剂或其他方法。配位滴定须在适宜的酸度下进行。一般的配位滴定法是用金属指示剂来指示滴定终点，因此调节溶液酸度的原则是使指示剂的变色范围尽量与滴定曲线的滴定突跃范围保持一致。

5.2.3.1 氨羧配位剂与配位平衡

（1）EDTA 及其金属配合物的特性 EDTA 是一种四元酸，在水溶液中，两个羧基上的氢转移到氮原子上形成双偶极离子。

EDTA 常用 H_4Y 表示。它在水中溶解度小，且难溶于酸和有机溶剂，但易溶于 NaOH 或 NH$_3$ 溶液中形成相应的盐中。在配位滴定中，使用的是它的二钠盐（Na$_2$H$_2$Y·2H$_2$O）。

H_4Y 的两个羧酸根可再接受质子，形成 H_6Y^{2+}，相当于六元酸的形式。它在水溶液中有六级解离常数，所以 EDTA 总是以 H_6Y^{2+}、H_5Y^+、H_4Y、H_3Y^-、H_2Y^{2-}、HY^{3-} 和 Y^{4-} 7 种物种同时存在。

由于 EDTA 分子中含有 2 个氨氮原子和 4 个羧酸原子，即具有 6 个配位能力强的配位原子可与金属离子键合，因此在 EDTA 配合物中能形成多个五元环螯合物，且稳定性高。ED-TA 配合物还具有其他特性，如形成的配合物的配位比大多为 1:1，配合物的水溶性好，配合物的颜色特征明显。

（2）配位平衡　金属离子与 EDTA 大多数形成 1:1 配合物（为简化而省去离子的电荷）。

$$M + Y = MY$$

反应的稳定常数表达式为

$$K_{MY} = \frac{[MY]}{[M][Y]}$$

K_{MY} 为金属离子-EDTA 配合物的稳定常数，或称形成常数。K_{MY} 值越大，配合物越稳定。其倒数即为配合物的不稳定常数，或解离常数。对于 1:1 类型的配合物，$K_{稳定}$ 和 $K_{不稳}$ 之间的关系为

$$K_{稳定} = \frac{1}{K_{不稳}} \qquad \lg K_{稳定} = pK_{不稳}$$

配位滴定中所涉及的化学平衡比较复杂，除被测金属离子 M 与滴定剂 EDTA 之间的主反应外，还存在其他副反应。这些副反应的发生都将影响主反应进行的程度。引入副反应系数（α），就可以定量地表示副反应进行的程度。下面分别讨论 M、Y 和 MY 的副反应系数。

① 滴定剂 Y 的副反应系数 α_Y。$\alpha_Y = [Y']/[Y]$，它表示未与 M 配位的滴定剂的各物种的总浓度 $[Y']$ 是游离滴定剂平衡浓度 $[Y]$ 的多少倍。α_Y 值越大，表示滴定剂发生的副反应越严重。当 $[Y'] = [Y]$ 时，$\alpha_Y = 1$，表示滴定剂未发生副反应。通常情况下，副反应总是存在的，所以 $[Y'] > [Y]$，α_Y 总是大于 1。滴定剂 Y 与溶液中 H^+ 和其他干扰的金属离子 N 发生副作用，分别用 $\alpha_{Y(H)}$ 和 $\alpha_{Y(N)}$ 表示。

滴定剂 Y 是碱，易接受质子形成共轭酸，此酸可看成是氢配合物。溶液中 H^+ 与 Y 发生的副反应使 EDTA 与 M 离子配位能力下降，这种现象称为酸效应。酸效应的大小程度用酸效应系数（acidic effective coefficient）$\alpha_{Y(H)}$ 表示，$\alpha_{Y(H)}$ 是 $[H^+]$ 的函数。若溶液中仅有 H^+ 与 Y 发生副反应，则 $\alpha_Y = \alpha_{Y(H)}$。酸度越高，$\alpha_{Y(H)}$ 值越大，酸效应越严重。配位滴定中 $\alpha_{Y(H)}$ 是常用的重要数值。溶液酸度对 EDTA 的 $\lg \alpha_{Y(H)}$ 值影响极大。

关于 Y 与溶液中存在的其他金属离子 N 的副反应系数 $\alpha_{Y(N)}$，在后面混合离子的滴定中讨论。

② 金属离子 M 的副反应系数 α_M。在 pH 值较大的溶液中进行 EDTA 滴定时，往往需要加入缓冲剂以防止金属离子水解；有时缓冲剂为消除干扰离子而加入的掩蔽剂也能与 M 离子配位。在这种情况下，M 与 OH^- 或存在于溶液中的其他配位剂 L 发生的副反应会干扰 M 与 Y 配位的主反应，由此副反应系数用 α_M 表示。α_M 的定义是 $\alpha_M = [M']/[M]$，它表示未与滴定剂 Y 配位的金属离子 M 的各种物质总浓度 $[M']$ 是游离金属离子浓度 $[M]$ 的多少倍。α_M 值越大，副反应越剧烈。

若仅考虑 M 与配位剂 L 的副反应，则副反应系数表示为 $\alpha_{M(L)}$。$\alpha_{M(L)}$ 是游离 L 浓度的函数。如果 L 也有酸效应，则溶液的 pH 值还会影响 $[L]$ 的值，因此，当溶液的 pH 值改变时，$\alpha_{M(L)}$ 值也会改变。

③ 配合物 MY 的副反应系数 α_{MY}。酸度较高时，MY 会与 H^+ 发生副反应，形成酸式配合物 MHY。

$$MY+H = MHY \qquad K^{H}_{MHY} = \frac{[MHY]}{[MY][H^+]}$$

副反应系数　　　　$\alpha_{MY(H)} = \dfrac{[MY]+[MHY]}{[MY]} = 1+[H^+]K^{H}_{MHY}$

碱度较高时，会有碱式配合物 MOHY 形成，副反应系数

$$\alpha_{MY(OH)} = 1+[OH^-]K^{OH}_{MHY}$$

一般地，酸式配合物和碱式配合物大多不稳定，计算时可忽略不计。

④ 配合物的条件稳定常数。在配位滴定中，由于各种副反应的存在，配合物 MY 的 K_{MY} 值的大小就不能真实地反映主反应进行的程度。因为此时未参与反应的金属离子不仅有 M 还有 ML、ML_2、$\cdots$、$M(OH)$ $\cdots$，应当用这些物质的浓度总和 $[M']$ 表示。同时未参与主反应的滴定剂也应当用 $[Y']$ 表示。而所形成的配合物应当用总浓度 $[MY']$ 表示；且 $[M'] = \alpha_M[M]$；$[Y'] = \alpha_Y[Y]$；$[MY'] = \alpha_{MY}[MY]$，因此配合物 MY 的稳定性表示为

$$K'_{MY} = \frac{[MY']}{[M'][Y']} = \frac{\alpha_{MY}[MY]}{\alpha_M[M]\alpha_Y[Y]} = \frac{\alpha_{MY}}{\alpha_M\alpha_Y}K_{MY}$$

在一定条件下，α_M、α_Y 和 α_{MY} 均为定值，因此 K'_{MY} 在一定条件下是常数，称之为条件稳定常数。上式可用对数形式表示，即

$$\lg K'_{MY} = \lg K_{MY} - \lg\alpha_M - \lg\alpha_{MY} + \lg\alpha_{MY}$$

条件稳定常数是副反应系数校正后的配合物 MY 的实际稳定常数，只有反应物和生成物均不发生副反应时，K'_{MY} 才等于 K_{MY}。

多数情况下，形成的 MHY 和 MOHY 均可忽略，上式简化为

$$\lg K'_{MY} = \lg K_{MY} - \lg\alpha_M - \lg\alpha_{MY}$$

5.2.3.2　配位滴定的基本原理

配位滴定对配位反应的最基本要求是必须定量、完全，且符合化学计量关系以及有指示滴定终点的适宜方法。要求反应定量、完全，即配合物的条件稳定常数 K'_{MY} 要大。因此必须了解滴定反应对 K'_{MY} 的要求以及如何确定配位滴定的实验条件。

（1）滴定曲线　在配位滴定中，随着滴定剂 EDTA 的加入，溶液中被滴定的金属离子浓度不断减小，在化学计量点附近，pM 值将急剧变化。以 EDTA 加入的体积量为横坐标，pM 值为纵坐标作图，可得到 pM-EDTA 滴定曲线。通常仅计算化学计量点时的 pM 值，以此作为选择指示剂的依据。

由条件稳定常数式：

$$K'_{MY} = \frac{[MY']}{[M'][Y']}$$

到达化学计量点时 $[M'] = [Y']$，若该配合物 MY 较稳定，则有 $c(MY') = c(M) - [M'] \approx c(M)$。代入上式，整理可得

$$[M'](\text{计量点}) = \sqrt{\frac{c(M,\text{计量点})}{K'_{MY}}}$$

取对数形式，得

$$p[M'](\text{计量点}) = \frac{1}{2}[\lg K'_{MY} + pc(M,\text{计量点})]$$

式中，$c(M，计量点)$ 表示计量点时金属离子的分析浓度。若滴定剂与被滴定金属离子的初始分析浓度相等，$c(M，计量点)$ 即为金属离子初始浓度的一半。

滴定突跃的大小是决定配位滴定准确度的重要依据。影响滴定突跃的主要因素是 MY 的条件稳定常数 K'_{MY} 和被测金属离子的浓度 $c(M)$。

（2）配位滴定的指示剂　配位滴定法中常用的是使用金属指示剂指示终点。

金属指示剂是一些有机染料。它能与金属离子形成与游离离子指示剂颜色不同的有色配合物。

当以 EDTA 滴定 Mg^{2+} 时，开始溶液中部分 Mg^{2+} 与指示剂反应生成 $MgIn^-$ 而呈现红色。随着 EDTA 的加入，它与 Mg^{2+} 逐渐反应，在化学计量点附近，Mg^{2+} 的浓度降至很低，加入的 EDTA 就夺取了 $MgIn^-$ 中的 Mg^{2+}，而游离出指示剂，使溶液由红色转而呈现蓝色，显示滴定终点的到达。作为金属指示剂，应具备的主要条件如下：

① 金属指示剂配合物与指示剂的颜色有明显的区别时，终点颜色变化才明显。金属指示剂多为有机弱酸，颜色随 pH 值而变化，因此必须控制合适的 pH 值范围。

② MIn 的稳定性应略低于 M-EDTA 的稳定性。否则 EDTA 不能夺取 MIn 中的 M，在终点时看不到溶液颜色的改变，这种现象称为指示剂封闭现象。当然，MIn 的稳定性不能很差，否则终点会过早出现。

③ 指示剂与金属离子的反应要迅速、灵敏且有良好的变色可逆性。另外，MIn 应易溶于水，若溶解度小，会使 EDTA 与 MIn 的交换反应进行缓慢，而使终点拖长，这种现象称为指示剂的僵化。

④ 指示剂应该比较稳定，以利于储存和使用。大多数金属指示剂为含双键的有机化合物，易被空气、日光、氧化剂等分解，在水溶液中不稳定，易变质，因此，可配制成固体混合物，便于保存。

（3）终点误差　在配位滴定中，只要滴定终点与化学计量点的 pM 值不同，就存在终点误差。参照酸碱滴定误差公式的导出，同样可得到 EDTA 滴定金属离子 M 的终点误差公式为

$$TE = \frac{[Y'(\text{终点})] - [M'(\text{终点})]}{c(M, \text{计量点})} \times 100\%$$

由

$$\Delta pM = pM'(\text{终点}) - pM'(\text{计量点})$$

$$\Delta pY' = pY'(\text{终点}) - pY'(\text{计量点})$$

$$[M'(\text{终点})] = [M'(\text{计量点})] \times 10^{-\Delta pM}$$

$$[Y'(\text{终点})] = [Y'(\text{计量点})] \times 10^{-\Delta pY} = c(M, \text{计量点}) \times 10^{-\Delta pM}$$

代入上式后得到计算配位滴定终点误差的公式：

$$TE = \frac{2(10^{\Delta pM} - 10^{-\Delta pM})}{[K'_{MY} c(M, \text{计量点})]} \times 100\%$$

当 ΔpM 一定时，$K'_{MY} c(M, \text{计量点})$ 值越大，TE 越小；而 $K'_{MY} c(M, \text{计量点})$ 值一定时，ΔpM 值越小，TE 越小。

配位滴定所需要的条件取决于所要求的允许误差和检测终点的准确度。若允许误差为 $\pm 0.1\%$，而配位滴定目测终点的 ΔpM 值一般会有 ± 0.2 的误差，则要求 $\lg[K'_{MY} c(M, \text{计量点})] \geq 6.0$。当 $c(M, \text{计量点})$ 为 $0.01mol/L$ 时，则要求 $\lg K'_{MY} \geq 8.0$，用来作为判断能否用配位滴定法准确测定被测离子的条件。

5.2.3.3　混合离子的滴定

若溶液中含有与 M 共存的离子 N，它也能生成 NY 配合物，此时设 M 离子不发生副反应，且没有其他配体，溶液中的平衡关系为

$$\begin{array}{c} M + Y \Longrightarrow MY \\ \swarrow H \quad \searrow N \\ HY \qquad NY \\ \vdots \end{array}$$

则 $\alpha_Y = \alpha_{Y(H)} + \alpha_{Y(N)}$，而 $\alpha_{Y(N)} = \dfrac{[Y] + [NY]}{[Y]} = 1 + [N]K_{NY}$。若 $K_{MY} > K_{NY}$，即用 EDTA 滴定时，M 离子先被滴定。假设能准确滴定 M 离子，在 MY 的化学计量点时 $[NY]$ 应当

很小，故 $[N]=c(N)-[NY]\approx c(N)$，则 $\alpha_{Y(N)}=1+c(N)K_{NY}$。因此 $\alpha_{Y(N)}$ 仅取决于 $[N]$ 和 K_{NY}。当酸度不太低时，N 不发生水解，$\alpha_{Y(N)}$ 为定值。Y 的总副反应系数 $\alpha_Y=\alpha_{Y(H)}+\alpha_{Y(N)}$ -1。当溶液酸度较高时，$\alpha_{Y(H)}\gg\alpha_{Y(N)}$，此时 $\alpha_Y\approx\alpha_{Y(H)}$，$K'_{MY}=\dfrac{K_{MY}}{\alpha_{Y(H)}}$，即仅考虑 Y 的酸效应，而 N 的影响可以忽略。与单独滴定 M 的情况相同，K'_{MY} 随溶液酸度减小而增大。当溶液酸度较低时，$\alpha_Y\approx\alpha_{Y(N)}$，$K'_{MY}=\dfrac{K_{MY}}{\alpha_{Y(N)}}=\dfrac{K_{MY}}{c(N)K_{NY}}$。将此式两边乘以 $c(M)$，并取对数得

$$\lg c(M)K'_{MY}=\lg K_{MY}-\lg K_{NY}+\lg\frac{c(M)}{c(N)}$$

　　显然，当 MY 和 NY 的稳定常数相差（$\Delta\lg K$）越大，被测的 M 离子浓度 $c(M)$ 越大，干扰离子 N 的浓度 $c(N)$ 越小，则 $\lg c(M)K'_{MY}$ 值越大，即在 N 离子存在下，准确滴定 M 离子的可能性越大。

　　当 $c(M)=c(N)$ 时，$\Delta pM=\pm0.2$，$TE=\pm0.1\%$，由 $\lg c(M)K'_{MY}=6$ 和 $\lg\alpha_{Y(H)}\leqslant\lg K_{MY}$ -8 得

$$\Delta\lg K=\lg c(M)K'_{MY}=6$$

　　因此，通常以 $\Delta\lg K\geqslant6$ 作为判断能否准确分步滴定 M 和 N 离子的条件。$c(M)\neq c(N)$，则要求：

$$\lg\frac{c(M)K_{MY}}{c(N)K_{NY}}\geqslant6$$

　　如果 $\Delta\lg cK\geqslant6$ 的条件不能满足，N 离子就会干扰 M 离子被准确滴定，则需要改变滴定条件以消除 N 的干扰。通常测定混合离子的方法是控制酸度或使用掩蔽剂法。如果能满足 $\Delta\lg cK\geqslant6$ 的共存离子，就可采用控制酸度的方法。当溶液中共存的 M 和 N 离子形成的 MY 和 NY 的 $\Delta\lg K$ 值很小，就不能用控制酸度的方法进行分步滴定，而是采用掩蔽（masking）法，即利用加入一种试剂与干扰离子 N 起反应以大大降低 $c(N)$，就使 $\alpha_{Y(N)}$ 值减小，达到减小或消除 N 对 M 的干扰影响，使满足 $\lg c\cdot K'_{MY}$ 增大至选择滴定的要求。常用的掩蔽反应有配位掩蔽、氧化还原掩蔽和沉淀掩蔽。

5.2.4　氧化还原滴定法

5.2.4.1　氧化还原滴定法概述

　　氧化还原滴定法是以氧化还原反应为基础的滴定分析方法，能直接或间接测定多种无机物和有机物。氧化还原反应是基于电子转移的反应，反应机理比较复杂，有些反应虽可进行得完全但反应速率却很慢；有时由于副反应的发生使反应物间没有确定的计量关系等。因此，在氧化还原滴定中要注意控制反应条件，加快反应速率，防止副反应的发生，以满足滴定反应的要求。根据所用滴定剂的种类不同。氧化还原滴定法可分为高锰酸钾法、重铬酸钾法、碘量法、铈量法等。

5.2.4.2　氧化还原滴定法基本原理

　　（1）滴定曲线　在氧化还原滴定过程中被测试液的特征变化是电极电势的变化，因此，滴定曲线的绘制是以电极电势为纵坐标，以滴定剂体积或滴定分数为横坐标。电极电势可以用实验的方法测得，也可用能斯特方程计算得到，但后一种方法只有当两个半反应都是可逆时所得曲线才与实际测得结果一致。

　　氧化还原滴定突跃的大小取决于反应中两电对的电极电势值的差，相差越大、突跃越大。根据滴定突跃的大小来选择指示剂。若要使滴定突跃明显，可设法降低还原剂电对的电极电势。如加入配位剂，可生成稳定的配离子，以使电对的浓度比值降低，从而增大突跃，反应进行得更完全。

（2）氧化还原滴定法中的指示剂　氧化还原滴定法中的指示剂有以下几类。

① 自身指示剂。利用滴定剂或被测物质本身的颜色变化来指示滴定终点，无需另加指示剂。

② 特殊指示剂。有些物质本身并不具有氧化还原性，但它能与滴定剂或被测物产生特殊的颜色以指示终点。

③ 氧化还原指示剂。这类指示剂具有氧化还原性质，其氧化态和还原态具有不同的颜色。在滴定过程中，因被氧化或还原而发生颜色变化以指示终点。

5.2.4.3　氧化还原预处理

氧化还原滴定时，被测物的价态往往不适于滴定，需进行氧化还原滴定前的预处理。预处理时所用的氧化剂或还原剂应满足下列条件：①必须将欲测组分定量地氧化或还原；②预氧化或预还原反应要迅速；③剩余的预氧化剂或预还原剂应易于除去；④预氧化或预还原反应具有好的选择性，避免其他组分的干扰。

5.2.5　沉淀滴定法

5.2.5.1　沉淀滴定法概述

沉淀滴定法是利用沉淀反应来进行滴定分析的方法。要求沉淀溶解度小、反应速率快、吸附杂质少，且要有适当的指示剂指示滴定终点。比较常用的反应是生成难溶银盐反应，因此又称银量法，它可测定 Cl^-、Br^-、I^-、SCN^- 和 Ag^+。

5.2.5.2　沉淀滴定的滴定曲线

在 $AgNO_3$ 标准溶液滴定卤素离子的过程中，随着 $AgNO_3$ 溶液的滴入，卤素离子浓度不断变化。以滴入的 $AgNO_3$ 溶液体积为横坐标，pX（卤素离子浓度的负对数）为纵坐标，绘得的曲线即为滴定曲线（也可以用 pAg^+ 为纵坐标）。

5.2.5.3　沉淀滴定法的终点检测

在银量法中有两类指示剂：一类是稍过量的滴定剂与指示剂形成带色的化合物显示终点；另一类是利用指示剂被沉淀吸附的性质，观察在化学计量点时颜色的改变以指示滴定终点。

（1）与滴定剂反应的指示剂

① 莫尔法——铬酸钾作指示剂。在含有 Cl^- 的中性或弱碱性溶液中，以 K_2CrO_4 作指示剂，用 $AgNO_3$ 溶液直接滴定 Cl^-。由于 AgCl 溶解度小于 Ag_2CrO_4 溶解度，根据分步沉淀原理，先析出的是 AgCl 白色沉淀，当 Ag^+ 与 Cl^- 定量沉淀完全后，稍过量的 Ag^+ 与 CrO_4^{2-} 生产 Ag_2CrO_4 砖红色沉淀，以指示滴定终点。

莫尔法的滴定条件主要是控制溶液中 K_2CrO_4 的浓度和溶液的酸度。K_2CrO_4 浓度的大小，会使 Ag_2CrO_4 沉淀过早或过迟地出现，影响终点的判断。应该是滴定到化学计量点时出现 Ag_2CrO_4 沉淀最为适宜。实验证明，滴定终点时，K_2CrO_4 的浓度约 $0.005mol \cdot L^{-1}$ 较为适宜。以 K_2CrO_4 作指示剂，用 $AgNO_3$ 溶液滴定 Cl^- 的反应需在中性或弱碱性介质（pH 值为 6.5~8.5）中进行。另外，滴定时要充分振荡。因为在化学计量点前，AgCl 沉淀会吸附 Cl^-，Ag_2CrO_4 沉淀过早出现被误认为终点到达。滴定中充分摇荡可使被 AgCl 沉淀吸附的 Cl^- 释放出来，与 Ag^+ 反应完全。

莫尔法主要用于测定氯化物中的 Cl^- 和溴化物中的 Br^-。当 Cl^-、Br^- 共存时，测得的是它们的总量。由于 AgI 和 AgSCN 强烈的吸附性质，会使终点过早出现，故不适宜测定 I^- 和 SCN^-。凡能与 Ag^+ 产生沉淀的阴离子，如 PO_4^{3-}、AsO_4^{3-}、S^{2-}、CO_3^{2-}、$C_2O_4^{2-}$ 等以及能与 CrO_4^{2-} 生成沉淀的阳离子，如 Ba^{2+}、Pb^{2+}、Hg^{2+} 等和与 Ag^+ 形成配合物的物质，如 NH_3、EDTA、KCN、$S_2O_3^{2-}$ 等对测定有干扰。在中性或弱碱性溶液中能发生水解的金属离子也不应存在。莫尔法适用于 Ag^+ 溶液滴定 Cl^-，而不能用 NaCl 溶液滴定 Ag^+。因滴定前

Ag^+ 与 CrO_4^{2-} 生成 Ag_2CrO_4，它转化为 AgCl 沉淀的速率很慢。

② 佛尔哈德法——铁铵矾作指示剂。用铁铵矾［$FeNH_4(SO_4) \cdot 12H_2O$］作指示剂的佛尔哈德法，按滴定方式的不同，可分为直接法和返滴定法。

直接滴定法测定 Ag^+ 是在含有 Ag^+ 的硝酸溶液中，以铁铵矾作指示剂，用 NH_4SCN 作滴定剂，产生 AgSCN 沉淀。在化学计量点后，稍过量的 SCN^- 与 Fe^{3+} 生成红色的 $Fe(SCN)^{2+}$ 配合物，以指示终点。返滴定法测定 Cl^-、Br^-、I^-、SCN^- 时，先于试液中加入过量的 $AgNO_3$ 标准溶液，以铁铵矾作指示剂，再用 NH_4SCN 标准溶液滴定剩余的 Ag^+。

需注意控制指示剂浓度和溶液的酸度。实验表明 $Fe(SCN)^{2+}$ 的最低浓度为 6×10^{-5} 时，能观察到明显的红色，而滴定反应要在 HNO_3 介质中进行。在中性或碱性介质中，Fe^{3+} 会水解；Ag^+ 在碱性介质中会生成 Ag_2O 沉淀，在氨性溶液中会生成 $Ag(NH_3)^{2+}$。在酸性溶液中还可避免许多阴离子的干扰。因此，溶解酸度一般大于 $0.3mol \cdot L^{-1}$。另外，用 NH_4SCN 标准溶液直接滴定 Ag^+ 时要充分摇荡，避免 AgSCN 沉淀对 Ag^+ 的吸附，防止终点过早出现。

由于佛尔哈德法在酸性介质中进行，许多弱酸根离子的存在不影响测定，因此选择性高于莫尔法，可用于测定 Cl^-、Br^-、I^-、SCN^- 和 Ag^+ 等。但强氧化剂、氮的氧化物、铜盐、汞盐等能与 SCN^- 作用，对测定有干扰，需预先除去。

当用返滴定法测定 Br^- 和 I^- 时，由于 AgBr 和 AgI 溶解度均小于 AgSCN 溶解度，故不会发生沉淀的转化反应。不必采取上述措施。但在测定 I^- 时，应先加入过量的 $AgNO_3$ 溶液，后加指示剂，否则 Fe^{3+} 将与 I^- 反应析出 I_2，影响测定结果的准确度。

(2) 吸附剂指示法——发扬司法　吸附剂是一类有色的染料，也是一些有机化合物。它的阴离子在溶液中溶解被带正电荷的胶状沉淀所吸附，使分子结构变化而引起颜色的变化，以指示滴定终点。

为使终点颜色变化明显，使用吸附指示剂时，应该注意的是：①尽量使沉淀的比表面积大一些，有利于加强吸附，使发生在沉淀表面的颜色变化明显，还要阻止卤化银凝聚，保持其胶体状态。通常加入糊精作保护胶体。②溶液浓度不宜太稀，否则沉淀很少，难以观察终点。③溶液酸度要适当。常用的吸附指示剂多为有机弱酸，其 K_a 值各不相同，为使指示剂呈阴离子状态，必须控制适当的酸度。例如，荧光黄（$pK_a = 7$），只能在中性或弱碱性（pH7～10）溶液中使用，若 pH<7，指示剂主要以 HF 形式存在，就不被沉淀吸附，无法指示终点。④避免强光下滴定。因为卤化银对光敏感，见光会分解转化为灰黑色，影响终点观察。

各种吸附指示剂的特性相差很大。滴定条件、酸度要求、适用范围等都不相同。另外，指示剂的吸附性能也不同，指示剂的吸附性能应适当，不能过大或过小，否则变色不敏锐。例如，卤化银对卤化物和几种吸附指示剂的吸附能力的次序为 $I^- > SCN^- > Br^- >$ 曙红 $> Cl^- >$ 荧光黄。因此，滴定 Cl^- 应选荧光黄，不能选曙红。

5.3　X 射线荧光光谱分析法

5.3.1　X 射线荧光光谱的产生机理

元素产生 X 射线荧光光谱的机理与 X 射线管产生特征 X 射线的机理相同。当具有足够能量的 X 射线入射到样品上时也可逐出原子中某一内部壳层的电子，把它激发到能级较高的未被电子填满的外部壳层上或击出原子之外而使原子电离。这时，该原子中的内部壳层上出现了空位，且由于原子吸收了一定的能量而处于不稳定的激发态或电离态。随后（$10^{-14} \sim 10^{-7}$ s）外部壳层的电子会跃迁至内部壳层的空位上，并使整个原子体系的能量降低至最低的常态。根据玻尔理论，在原子中发生这种跃迁时，多余的能量将以一定波长或能量谱线的方式辐射出来，这种谱线即所谓的特征谱线。谱线的波长或能量取决于电子始态能级（n_1）和终态能级（n_2）之间的能量差：

$$\frac{h}{\lambda_{n_1-n_2}}E_{n_1}-E_{n_2}=\Delta E_{n_1-n_2}$$

如果原子内 K 层（$n=1$）的一个电子被激发，而由 L 层（$n=2$）的电子跃迁后填补空位，则所产生的特征谱线称为 K_α 线；若由 M 层（$n=3$）的电子跃迁至 K 层，则所产生的特征谱线称为 K_β 线等。由上式知，K_β 线的能量较 K_α 线能量高，波长短。因此，将由于电子向 K 层跃迁而产生的所有谱线称为 K 系谱线。随着原子序数的增加，许多元素在 M 层以外还有其他壳层的电子。所以，当 L、M 层的电子被激发或 L、M 层的电子跃入 K 层后，L、M 层即出现了空位，这样会导致更外层的电子跃迁至 L、M 层，从而产生 L 和 M 系谱线。由于 L 壳层系由三个支壳层组成，故 L 系谱线又可分为 L_I、L_{II}、L_{III} 三个支系。M 系谱线则分为五个支系，而 N 系谱线则分为七个支系。

同一原子内，不同壳层的电子其结合能是不同的。因此，激发所需要的能量也是不同的。对一给定的元素，各壳层电子激发所需要的能量的顺序为：K>L>M>N>…；并且，不同壳层或支层电子激发所需要的能量都具有一定的数值。对于不同的元素，激发同一壳层上电子所需要的能量将随原子序数的增加而增加，这是因为不同元素同一壳层上电子的结合能一般随着原子序数的增加而增加。

根据激发同一元素某壳层上电子所需的最低能量，可以计算出激发用 X 射线的最大波长，这个波长恰好是这一元素该壳层电子的吸收限波长。

必须指出的是，并不是在一个原子中所有高能级的电子都可以向任一低能级的空位跃迁并产生特征光谱。实际上，电子的跃迁受到一定的量子条件限制；而且，电子的跃迁也不止上面所述及的一种形式。

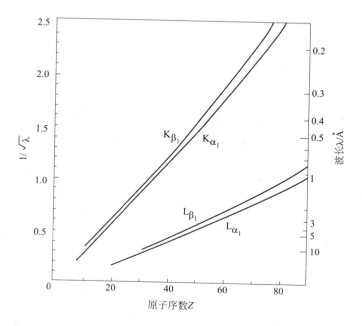

图 5-1　X 射线光谱线的莫塞莱定律

（1Å=0.1nm）

5.3.2　莫塞莱定律

　　莫塞莱早在 1913 年就详细研究了不同元素的特征 X 射线，依据实验结果确立了原子序数 Z 与 X 射线波长之间的关系。可由图 5-1 中 K_{α_1} 谱线的波长与原子序数之间的线性关系所证明。它表明同名特征 X 射线谱的频率的平方根与原子序数成正比，即

$$\sqrt{\nu} = Q(Z-\sigma)$$

式中，Q 为常数，$\nu = 1/\sigma$。

　　如前所述，特征 X 射线的能量等于发生跃迁的两个壳层轨道电子的能量差，所发射的 X 射线能量为

$$\Delta E = E_i - E_f = RhC(Z-\sigma)^2 \left[\frac{1}{n_f^2} - \frac{1}{n_i^2} \right]$$

对于 K_{α_1} 谱线，假定屏蔽常数 $\sigma = 1$，$n_f = 1$，即 K 壳层：$n_f = 2$，为 L 壳层，则

$$E_{K_{\alpha_1}} = \frac{3}{4} RhC(Z-1)^2$$

对于 K_{β_1} 谱线，$n_i = 3$，即 M 壳层，则

$$E_{K_{\beta_1}} = \frac{8}{9} RhC(Z-1)^2$$

同样，对于 L 壳层，$n_f = 2$，那么

$$E_{L_{\alpha_1}} = \frac{5}{36} RhC(Z-\sigma)^2$$

　　应该指出，实际的原子结构比假设的经过简化的原子模型要复杂得多，屏蔽常数只能看成为准常数，从图 5-1 可以看出 $\frac{1}{\sqrt{\lambda}}$ 与原子序数之间的关系并非完全是线性关系。

5.3.3　俄歇效应和荧光产额

　　一种物质的原子在 X 射线或其他光子的作用下，被逐出一个内层电子而发生电离的现象，称为光电效应。在原子被电离后，除上面谈到的外层电子跃迁产生荧光光谱外，还会产生俄歇效应（也称次级光电效应）。

　　所谓俄歇效应，是指当原子中较内层电子被激发出现一个空位后，较外层的电子立即会产生跃迁而填补这个空位，所释放的能量并非以 X 射线光子的形式逸出该原子，而是在该原子内部被吸收并逐出较外层的另一个电子的作用。该被逐出的电子称为俄歇电子。例如，当 Mg 原子的一个 K 层电子被激发，L_{III} 电子跃迁填补空位，从而产生 K_α 辐射，若 K_α 辐射又将 L_{I} 层的电子激发，则被逐出的 L_{I} 层的这个电子就称为俄歇电子。俄歇效应产生后，原子的能态从开始的 K 电离态过渡到双电离态 $L_{\text{II}} L_{\text{III}}$。同理，若原子的激发和跃迁是发生在另外的壳层上，那么，也会使原子产生另外的双电离态。

　　如果在单位时间内，用 X 射线光子（原级 X 射线）激发单位体积物质中 N_q 个原子的 q 能级时，那么，单位时间内辐射出 q 系谱线的原子数 N_{qf} 将少于 N_q 个，其余的 $N_{qe} = (N_q - N_{qf})$ 个原子将辐射出俄歇电子。发射 q 系荧光谱线的原子数 N_{qf} 与受原级 X 射线激发 q 能级的原子总数 N_q 之比，称为荧光产额，并以 ω_q 表示之。

$$\omega_q = N_{qf}/N_q$$

　　例如，对于 K 层受激发的 N_K 个原子，K 系的荧光产额为

$$\omega_K = N_{Kf}/N_K$$

$$N_K = \sum_{K-f}^i = n_{K_{\alpha_1}} + n_{K_{\alpha_2}} + n_{K_{\alpha_3}} + \cdots$$

这里 N_{Kf} 代表产生 K 系各谱线的总原子数；n^i_{K-f} 代表辐射某一谱线的原子数。

假定在某一时间内，物质中共有 80 个原子的 K 层电子受到激发，对应于 K_{α_1}、K_{α_2}、K_{β_1}、K_{β_2} 谱线所辐射的荧光 X 射线光子数分别为 30、15、5 和 1，则 K 系光谱的荧光产额为

$$\omega = \frac{30+15+5+1}{80} = \frac{51}{80} = 0.638$$

轻元素、重元素及其不同谱系的荧光产额差别很大。同时，荧光产额还受屏蔽效应等因素的影响。因此，不同学者先后提出了不同的计算荧光产额的公式。

Wentze 提出的经验方程为

$$\omega = (1+a/Z^4)^{-1}$$

式中，Z 为原子序数；a 为常数。当 $Z=10\sim30$ 时，$a=0.8\times10^6$；当 $Z=30\sim70$ 时，$a=[0.8+0.01(Z-30)]\times10^6$。该方法将 ω_{L2} 和 ω_{L3} 当作近似相等，也未提供 ω_{M5} 的算法。

Burhop 提出的经验公式为

$$[\omega/(1-\omega)]^{\frac{3}{4}} = A+BA+CZ^2$$

其 K、L、M 的 A、B、C 值列于表 5-1。

表 5-1　计算荧光产额时所用常数值

常数	ω_K	ω_L	ω_M
A	-0.3795	-0.11107	-0.00036
B	0.03456	0.01368	0.00386
C	-0.1163×10^{-5}	-0.2177×10^{-6}	0.20101×10^{-6}

这些数据并不是最初的数据，而是根据最新荧光产额数据不断改进得到。在 NRLXRF 程序中也是用 $\omega_i = e^{-c}$，但所用常数不一样，对于 ω_K 值的常数分别为：$A=0.015$，$B=0.0327$，$C=-0.6\times10^{-6}$。ω_{L2} 和 ω_{L3} 的计算通过以下经验公式进行：

$$\omega_i = e^{-c}$$

式中，c 为与原子序数 Z 有关的常数。

当 $i=L_2$ 时，由下述一组 Z 值和相应的 c 值

$$Z = 25, 35, 60, 85, 100$$
$$c = 6.91, 4.34, 2.04, 0.916, 0.223$$

通过内插法得到不同原子序数时的 c 值。当 $i=L_3$ 时，同样用一组相对应的 Z 值和 c 值

$$Z = 20, 40, 60, 100$$
$$c = 6.91, 3.51, 1.90, 0.223$$

同样采用内插法得到不同原子序数时的 c 值。ω_{M5} 则用实验值通过直接内插的方法得到。

$$Z = 0, 60, 63, 67, 70, 73, 76, 79, 83, 86, 90$$
$$c = 0.000, 0.006, 0.011, 0.015, 0.021, 0.023, 0.026, 0.033, 0.036, 0.050$$

直到现在 ω_K 值的准确程度都比 ω_L 高，这是因为 ω_K 与一个壳层的能级相关，而 ω_L 是 L_I、L_{II}、L_{III} 三个能级的加权平均。

图 5-2 和图 5-3 分别所示为 K 能级和 L_3 能级荧光产额和俄歇电子产额随原子序数 Z 的变化。

可以看出，原子在 X 射线激发的情况下，产生俄歇效应和荧光辐射是一种相互竞争的过程。对于 K 能级来说，$Z<33$(As) 的元素俄歇电子发射占优势，随着原子序数 Z 的降低，荧光产额将迅速减小。

5.3.4　图表线和非图表线

原子受到激发后而辐射出来的各种波长的特征谱线，可以分为两大类：

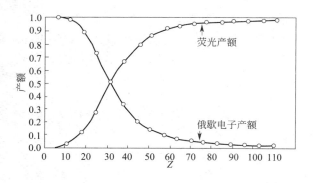

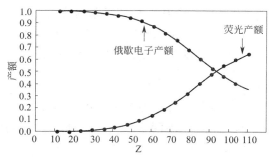

图 5-2　K 能级的荧光产额和俄歇
电子产额随原子序数 Z 的变化

图 5-3　L_3 能级的荧光产额和
俄歇电子产额随原子序数 Z 的变化

　　第一类是图表线，通常 X 射线荧光光谱分析中所测量的谱线属于这一类。图表线是电子跃迁满足一定选择定则条件下产生的，可用简单的能级图表示出来。图 5-4 所示为 K、L、M 和 N 系的 X 射线能级图及所对应的各谱系特征谱线的名称。

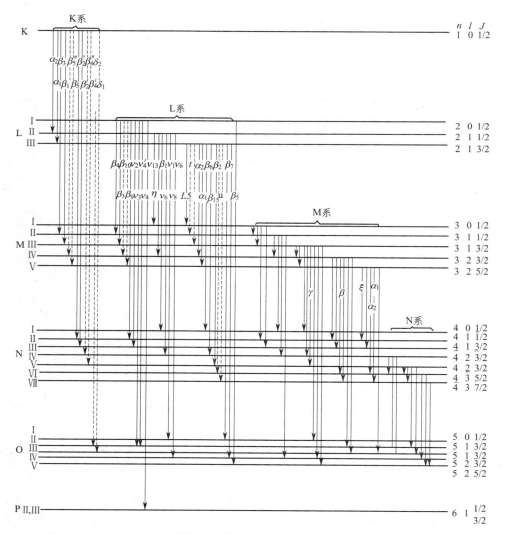

图 5-4　K、L、M 和 N 系的 X 射线能级图及所对应的各谱系特征谱线的名称

图表线又可以分为电偶极线、电四极线和磁偶极线。

电偶极线是一组最强的图表线，只有在遵守"电偶极辐射的选择定则"的条件下才能产生，其条件如下：

$$\begin{cases} \Delta n \neq 0 \\ \Delta l = -1 \\ \Delta J = 0, \pm 1 \end{cases}$$

其中，J 指禁戒跃迁为 $0 \to 0$。

K 系的 α_1、α_2、β_1 和 L 系的 α_1、α_2、β_1、γ_1 等谱线属于电偶极线。

电四极线是一组很弱的图表线，只有在满足"电四极辐射的选择定则"时才能产生，其条件如下：

$$\begin{cases} \Delta l = 0, \pm 2 \\ \Delta J = 0, \pm 1, \pm 2 \end{cases}$$

这里 J 指禁戒跃迁为 $0 \to 0$、$1/2 \to 1/2$、$0 \to 1$ 和 $1 \to 0$。满足此条件的有 K 系的 β_4'、β_4''、β_5'、β_5'' 和 L 系的 s、t 等谱线。

对于某些重元素，曾发现极弱的磁偶极线，它们的产生遵守"磁偶极跃迁的选择定则"，其条件如下：

$$\begin{cases} \Delta l = 0 \\ \Delta J = 0, \pm 1 \end{cases}$$

其中，J 指禁戒跃迁为 $0 \to 0$。

满足此条件的有 $L_{II}\text{-}O_{II}$、$L_{III}\text{-}N_{III}$、$L_{III}\text{-}O_{III}$ 等跃迁所产生的谱线。

在遵守选择定则的条件下，从一个原子中辐射出来的各种特征谱线会有强有弱。强度的差别，一方面取决于各壳层的电子从不同的较高能级（始态）过渡到较低能级（终态）的跃迁概率大小；另一方面取决于相对应的激发态能级的原子数和始态能级的原子数。例如，K_{α_1} 比 K_{α_2} 强一倍则与 L_{III}、L_{II} 支层占满的电子数分别为 4 和 2 有关。此外，还与元素的原子序数等有关。

图 5-4 所给出的 X 射线能级图，实线箭头表示偶极跃迁，虚线箭头表示被观察到的某些四极线。

第二类是非图表线，也称伴线。伴线的产生不遵守选择定则，原子能态的变化也不是如上述图表线那样为单电子跃迁的结果。因而，不能以简单的能级图来表示。

所谓伴线是对应于主要的图表线（简称主线）而言的。伴线邻近主线，伴随主线而出现。所以，附有伴线的主线也称之为"母线"。伴线又可分为短波伴线和长波伴线。前者出现在母线的短波区一侧，后者出现在母线的长波区一侧。

伴线的强度大多情况下是很弱的，但有些伴线也很强。这些强的伴线主要是 K 系主线的伴线。轻元素的伴线强度要比原子序数高的元素的伴线强度大，并且其强度强烈受到化学态的影响。伴线的起因多是一个原子同时或几乎同时发生双电离（如俄歇效应）继而引起电子双跃迁的结果。它的起因与单电离电子所产生的谱线具有明显的区别。在 K 系主线的伴线中，最重要的是 K_{α_3}、K_{α_4} 线。它们的母线分别是 K_{α_1}、K_{α_2} 线。它们的产生基本上也是由于原子的双电离继而引起 LL-KL 双跃迁的结果。

5.3.5　几种元素的 K（或 L）系光谱

K 系光谱是由于原子较外壳层的电子向 K 壳层的空位跃迁而产生的一组特征谱线。K 系光谱较为简单，通常由两对线组成，对于原子序数高的元素通常还附有另外一条谱线。

L 系光谱是由于原子较外壳层的电子向 L 壳层的空位跃迁而产生的一组特征谱线。由于 L

壳层存在三个亚壳层 L_I、L_{II}、L_{III}，故 L 系光谱远较 K 系光谱复杂。在原子序数较高的元素中，已观察到 20～30 条 L 系光谱的谱线。同 K 系光谱的情况一样，在 L 系光谱中也观察到许多伴线。但 K 系光谱的伴线是由于初始光子激发所产生的双电离作用引起的，而 L 系光谱的伴线则是由于原子自动电离作用的结果。

（1）锡（Sn）的 K 系光谱　Sn 的原子序数是 29，电子构型为 $1s^2 2s^2 2p^6 3s^2 3p^6 3d^{10} 4s^2 4p^6 4d^{10} 5s^2 5p^2$。因此，它的 K、L、M 壳层是满壳层，并且 4s、4p、4d 及 5s 亚壳层也是充满的。另外，有 2 个电子排布在 5p 亚壳层上。图 5-5 给出了 Sn 的原子能级图及各壳层电子结合能的近似值。

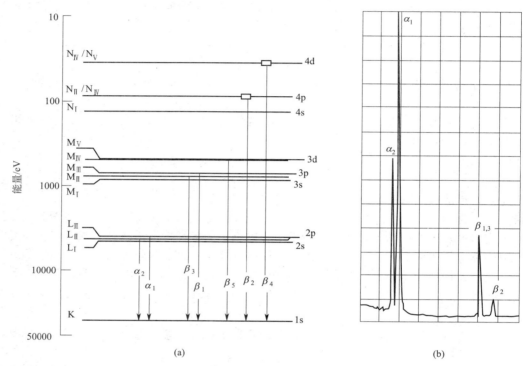

(a)　　　　　　　　　　　　　(b)

图 5-5　锡的 K 系光谱图

K 层电子被逐出后，外部壳层的电子跃迁可能会产生 7 条特征谱线。但是根据选择定则只有 6 个能级的跃迁对于"电偶极辐射的选择定则"是允许的，即产生了对电偶极双线，它们分别对应于 4p、3p、2p 能级的跃迁。这些特征谱线确实能够在发射光谱图上观察到，但是只有 α_1 和 α_2 能够被观察出是双线，而其他两对双峰都未能分辨开。这是因为激发 p 轨道所需要的能量随着电子密度的降低而变小。例如，Sn 原子中，状态 $2p^{3/2}$ 和 $2p^{1/2}$ 之间的能量差为 227eV，在状态 $3p^{3/2}$ 和 $3p^{1/2}$ 之间的能量差仅为 42eV。由图 5-5(b) 中的光谱图可以看出，α_1 和 α_2 是两个尖锐而又相互分裂得很明显的两条线，β_1、β_3 双峰则完全叠合了，这种情况在 4p→1s 跃迁过程中所引起谱线上的表现更为明显，以至于通常并不把它看作为双线，仅记为 β_2，实际上它确实为双线（可以用 β_2' 和 β_2'' 作标记），只是未分裂开罢了。

在 Sn 的 K 系光谱中还可以产生另外两个跃迁，分别为 3d→1s 和 4d→1s。由于它们的 Δl 都是 2，因此，它对于"电偶极辐射定则"来讲是禁戒跃迁的。但它仍符合"电四极辐射的选择定则"，尽管跃迁可以发生，但所产生的谱线非常弱，通常在所测得的谱图上观察不到。

在 Sn 原子中 5p→1s 的跃迁也是允许的，其特征峰在某些含 Sn 的物质中可以被观察到。

（2）铜（Cu）的 K 系光谱　Cu 的原子序数是 29，K、L 壳层是满壳层，3s、3p 和 4s 亚壳层也是充满的，而 3d 亚壳层几乎于充满。Cu 不像 Sn，它在基态时没有 4p 电子。因此，它不产生 β_2 特征谱线（图 5-6）。但是，在 Cu 的发射光谱图上可以见到由于 3d→1s 跃迁而产生的很弱的谱线 β_5。Cu 与 Sn 发射光谱的另外一个差别是 Cu 的 K_{α_1} 和 K_{α_2} 分裂的程度高。这是因为在 K_{α_1} 和 K_{α_2} 之间的绝对能量之差比 Sn 小。

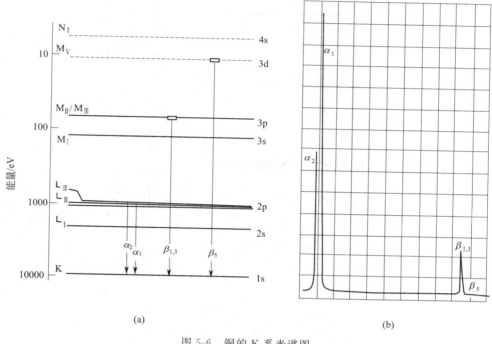

图 5-6　铜的 K 系光谱图

（3）钙（Ca）的 K 系光谱　Ca 的原子序数是 20。在基态时，它的 K、L 壳层及 3s、3p 和 4s 亚壳层都是充满的，而 3d 亚壳层是空的。因此，不可能产生 3d→1s 跃迁。同样，由于 $2p^{3/2}$ 和 $2p^{1/2}$ 之间的能量差很小，α_1 和 α_2 双线重合在一起而不能分辨开来。另外，从图 5-7 也可以看出，α_1/α_2 的伴线 α_3/α_4 则出现在母线的短波一侧，因而 α_3/α_4 为短波伴线。随着原子序数的降低（即电子数目的减小），伴线将变得越来越明显。

（4）金（Au）的 L 系光谱　Au 的原子序数为 79，电子构型是 $1s^2 2s^2 2p^6 3s^2 3p^6 3d^{10} 4s^2 4p^6 4d^{10} 4f^{12} 5s^2 5p^6 5d^{10} 6s^1$。在基态时，K、L、M、N 壳层及 5s、5p、5d 亚壳层是充满的，6s 亚壳层仅填充一个电子。比较图 5-8 和图 5-9 可以看出，金的 L 系光谱主要有三组谱线组成，即 α 线组、β 线组和 γ 线组。α 线组与大部分 β 线组的谱线是由于 M 壳层的电子向 L 壳层跃迁而产生的；而 γ 线组的谱线则主要是来自 N 和 O 壳层的电子向 L 壳层的跃迁。对于这一归纳的最重要的一个例外是 β_2 线，它产生于 NV(4d) 电子向 L 壳层的跃迁。对于较低原子序数（大约低于 40）的元素，它的 L 系光谱的一个明显特征是缺少 β_2 这条线。另外，在 M 壳层之外的壳层，它们的跃迁产生的 β 线有 β_6、β_7 及 β_5。

就强度来说，L 系光谱不像 K 系光谱，α 线的强度已不占优势，通常 β_1 是很强的谱线。

5.3.6　X 射线荧光强度的理论计算

由于 XRF 定量分析中元素间吸收-增强效应的存在，在将测得的强度转化为响应的浓度时，必须对此效应予以校正。而元素间吸收-增强效应的数学校正，无论是理论 α 系数法还是基本参数法，均基于 X 射线荧光相对强度的理论计算上。在理论 α 系数法中，一般均由假设

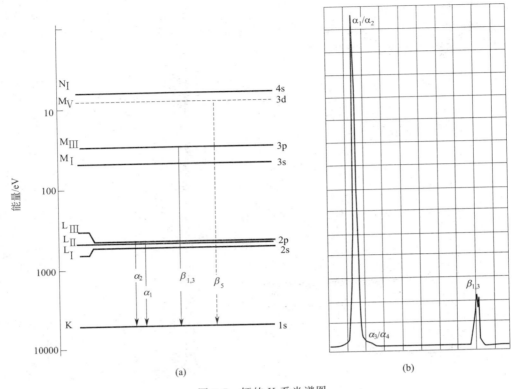

(a)   (b)

图 5-7   钙的 K 系光谱图

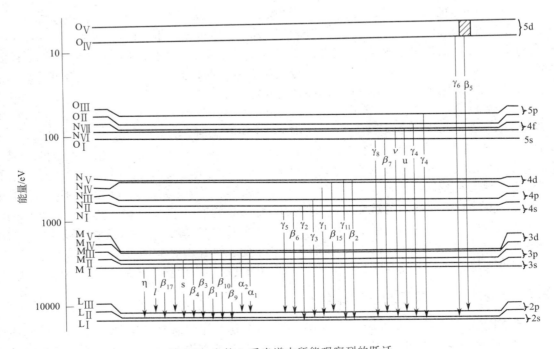

图 5-8   金的 L 系光谱中所能观察到的跃迁

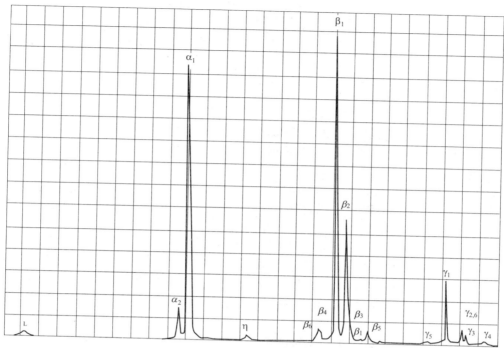

图 5-9 金的 L 系光谱图

浓度的标样先计算出相应的理论相对强度，然后再从所选的校正方程求出相应的 α 系数。而在基本参数法中，每一步的迭代计算均涉及浓度-强度基本公式的理论计算。因此，虽然理论相对强度的计算公式比较复杂，特别是二次及三次荧光强度的计算，但如果了解了 X 射线荧光强度的理论计算过程，对元素间吸收-增强效应，以及相应的数学校正方法，将会有更深入的了解。

（1）激发因子　激发因子（E）是指试样中某待测元素 i 的原子吸收入射 X 射线光子后，发射出某条特征 X 射线荧光的概率。它是吸收限跃迁因子（J）、谱线分数（f）和荧光产额（ω）三者的乘积。

吸收限跃迁因子实际上是由吸收限跃迁比计算而得。它的物理意义为待测元素的原子吸收了入射 X 射线光子之后，逐出某层电子的概率。表 5-2 列出了一些典型的 K 系吸收限的跃迁因子值。

表 5-2　一些典型的 K 系吸收限的跃迁因子值（J）

元素（原子序数）	J_K	元素（原子序数）	J_K
Si(14)	0.895	Ni(28)	0.876
Cr(24)	0.881	Mo(42)	0.856
Fe(26)	0.879		

谱线分数则是指某一特征 X 射线在该线系中的相对强度。例如，对 K 系谱线而言，K_α 的谱线分数为

$$f_{K_a} = \frac{I_{K_a}}{I_{K_a} + I_{K_\beta}}$$

f_{K_a} 实际上表示 K 层电子逐出后，L 层而非 M 层电子跳入 K 层并释放出 K_α 荧光 X 射线的概率。表 5-3 列出了 K_α 和 L_α 谱线分数的一些典型数据。

表 5-3　谱线分数 (f) 的一些典型数据

元素(原子序数)	K_α	L_α	元素(原子序数)	K_α	L_α
Mg(12)	1.00		Nd(60)	0.809	0.823
Ti(22)	0.898		W(74)		0.804
Zn(30)	0.890	0.948	Pd(82)		0.777
Zr(30)	0.854	0.945	U(92)		0.748
Sn(50)	0.829	0.858			

（2）X 射线原级谱的强度分布和谱仪的几何因子　X 射线管原级谱是激发试样中各待测元素发出特征 X 射线荧光用的光源，它由 X 射线管靶材特征谱线和连续谱两部分组成。因此，在计算 X 射线理论强度时，需要知道靶材特征谱线的强度，以及连续谱的强度分布。应该指出的是，靶材特征谱线常起着重要作用。例如，W 靶 X 射线管在 45kV 时产生的 L 系线约占总激发强度的 24%，而 Cr 靶 X 射线管在 45kV 时产生的 K 系线强度则可占到总激发强度的 75%。X 射线管原级谱的数据可以通过测量谱或计算谱两个途径获得。

试样对 X 射线的入射角 (ψ_1) 和出射角 (ψ_2) 关系到入射和出射 X 射线在试样内部经过的距离长短，因而也影响到 X 射线荧光强度的理论计算。实际上，入射 X 射线是一个发散的圆锥体，入射角只能是一个平均角或等效角，而出射角一般是准直器和试样表面的夹角。

（3）X 射线荧光强度的计算　有关 X 射线荧光强度的理论计算，一般都是基于如下这些考虑：

① 从 X 射线管来的原级 X 射线激发试样而产生的特征 X 射线荧光，经准直器变成一束平行光后射向分光晶体，并按布拉格公式色散。

② 假设试样表面平滑、均匀并对 X 射线荧光为"无限厚"。所谓"无限厚"是指随着试样厚度的增加，其 X 射线荧光的强度不再增加的那个厚度。很显然这个"无限厚"对不同波长的 X 射线荧光在不同的基体中均不相同。

③ 计算出来的 X 射线荧光强度为不含背景和谱线重叠的净强度。

由于真实的试样被 X 射线激发是一个复杂的过程，不仅涉及多色 X 射线的同时激发，而且还涉及二次、三级 X 射线荧光的激发，其数学计算过程在此不一一推导。

5.4　电感耦合等离子体发射光谱法（ICP-AES）

5.4.1　电感耦合等离子体发射光谱仪概述

5.4.1.1　ICP-AES 光谱仪简介

电感耦合等离子体发射光谱仪是一种利用光、机、电、计算机及分析化学相关科学来测定待测试样中所含元素含量的分析仪器（图 5-10）。由于待测元素原子浓度与光谱发射强度成正比，所以可以根据每种元素发射的谱线强度实现元素的定量测定，既可做痕量元素分析，也能做高含量元素分析。

5.4.1.2　ICP-AES 的特点

（1）ICP-AES 的优点

① 选择性好，操作简单，适于多元素测定。由于每个元素都有一些可以选用而不受其他元素谱线干扰的特征线，只要正确选择折中条件，可以进行数十种元素的同时或顺序快速测定。

② 检出能力强。检出能力高低主要取决于仪器设备条件、元素性质和样品组成。多数金属元素和部分非金属

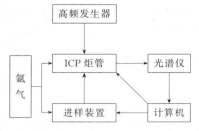

图 5-10　ICP-AES 装置示意图

元素含量在 10^{-7} 或更低都可以检测出来。

③ 样品需用量少。一般仅需几毫克至几十毫克样品即可进行全部金属元素和一部分非金属元素的分析。采用激光显微光谱法样品耗量更少。

④ 准确度和精度较高。对于痕量元素分析，准确度和精密度高于普通化学分析法，并与所用分析方法密切相关。

⑤ 客观性和记录性。这是发射光谱分析十分宝贵的特点。

⑥ 批量分析单元素成本相对较低。发射光谱仪器设备虽较昂贵（与化学法相比较而言，若与 X 射线荧光法、火花源质谱法等多元素分析仪器相比，仍较简单易得），单元素分析成本仍比化学法低。

（2）ICP-AES 的局限性

① 由于所用样品量很少，因此被分析样品必须非常均匀，才能有足够的代表性，否则对测定的准确度和精密度会产生影响。

② 发射光谱定量分析，目前仍是一种经验的、相对的分析方法，由于样品组成影响的存在和操作条件难以完全控制，即使采用内参比法，亦难完全补偿这种影响，一般必须采用其组成和物理化学性质与分析样品相类似的参比样品，而且操作条件和样品处理条件应尽量保持一致。这是限制该法检出能力、准确度、精密度和分析速度进一步提高的主要障碍之一。

③ 理论上，周期表中所有的元素都可以用发射光谱法分析，但是不同元素的检出能力相差悬殊（这是以辐射能测量为基础的各类光谱分析法的共同局限性）。对于一些非金属元素，如惰性气体和卤元素等，一般很难得到分析它们所必需的条件，除非采用特殊技术如微波等离子体发射光谱法（MIP-AES，Microwave plasma-Atom Emission Spectrum），这些元素往往检出能力很差或无法检出，所以发射光谱法至今仍主要用于金属和少数非金属元素的测定。

④ 原子发射光谱法一般只能用于元素成分分析，除非采用色谱-AES 联用技术（如 LC-ICP-AES 等），一般无法确定这些元素的存在状态和价态（这是一般无机光谱法的共同局限性）。

5.4.2　电感耦合等离子体发射光谱基本原理

5.4.2.1　概述

原子发射光谱法（atomic emission spectrometry，AES）是根据待测物质的气态原子被激发时所发射的特征线状光谱的波长及其强度来测定物质的元素组成和含量的一种分析技术，一般简称为发射光谱分析法。

（1）发射光谱分析的过程　在进行发射光谱分析时，必须通过的过程有：①试样蒸发、激发产生辐射；②色散分光形成光谱；③检测记录光谱；④根据光谱进行定性或定量分析。

（2）发射光谱分析的特点　发射光谱分析是一种重要的成分分析方法。该法主要具有以下特点：

① 选择性好，是元素定性分析的主要手段。由于每种元素都有一些可供选用而不受其他谱线干扰的特征谱线，只要选择适当的分析条件，一次摄谱可以同时测定多种元素，则无需复杂的预处理手续。可分析元素达 70 种，是化学研究中或其他工作中剖析试样元素组成的有力工具，应用广泛。

② 灵敏度高、精密度好，是一种重要的定量分析方法。在一般情况下，用于低含量组分（<1%）测定时，检出限可达 $\mu g/mL$ 级，精密度为 $\pm 10\%$ 左右，线性范围约 2 个数量级。如果使用性能良好的新型光源（如 ICP 光源），则可使某些元素的检出限降低至 $10^{-3} \sim 10^{-4} \mu g/mL$，精密度达 $\pm 1\%$ 以下，线性范围可达 6～7 个数量级。

③ 可直接分析固体、液体和气体试样。取样量少，一般只要几毫克至几十毫克试样。分

析速度快。

5.4.2.2　基本原理

（1）原子发射光谱的产生　处于气相状态下的原子经过激发可以产生具有特征的线状光谱。常温常压下，大部分物质的分子难以离解为原子。因为只有在气态时，原子之间的相互作用才可忽略，这时原子能量变化的不连续性才得到充分的反映，所以固态或液态物质都变为气态，然后才有可能呈原子状态。只有在这种情况下，受激原子才可能发射出特征原子线光谱。对原子、离子或分子都紧靠在一起，以致不能独立行动的固体或液体，其发射光谱是连续光谱。因此，原子处于气态是得到它们特征线状发射光谱的首要条件。

在一般情况下，原子处于稳定状态，能量最低，称为基态。但当原子受到外界能量（如热能、电能）作用时，原子与高速运动的气态粒子和电子相互碰撞获得能量，原子外层电子从基态跃迁到更高能级上，处于这种状态的原子称为激发态。将原子外层电子从基态激发至激发态所需要能量称为激发电位（E_j），通常以电子伏特（eV）为单位表示。当外加能量足够大时，原子外层电子脱离原子核的束缚而逸出，原子成为带正电荷的离子，这种过程称为电离。当失去一个外层电子时，称为一次电离，失去两个外层电子时，称为二次电离，依次类推。一般光谱分析光源所提供的能量，只能产生一次或二次电离。使原子电离的最小能量，称为电离电位（U），单位为 eV。这些离子的外层电子也能被激发，其所需要能量即为相应离子的激发电位。电离原子受激时给出的谱线，称为离子谱线。由于产生离子线时，是中性原子先被电离而后又受到激发。因此，所需能量应等于电离电位加激发电位。

（2）谱线的强度　谱线的强度特性是原子发射光谱法进行定量测定的基础。谱线强度是单位时间内从光源辐射出某波长光能的多少。如果以照相谱片而言，谱线强度是指在单位时间内，在相应的位置上感光乳剂共吸收了多少某波长的光能。谱线强度受很多因素影响，计算证明谱线强度与下列因素有关。

① 激发电位与电离电位。谱线强度与激发电位和电离电位的关系是负指数的关系，激发电位和电离电位越高，谱线强度越小。

② 跃迁概率。跃迁是指原子的外层电子由高能级跳跃到低能级而发射出光量子的过程。跃迁概率是指电子在两特定能级 E_j 和 E_i 间的跃迁，占所有可能发生的跃迁中的概率。跃迁概率可能通过实验数据计算得到，一般数值为 $10^6 \sim 10^9 \mathrm{s}^{-1}$。自发发射跃迁概率与激发态原子平均寿命 τ 成反比，与谱线强度成正比。

③ 统计权重。谱线强度与统计权重成正比。

④ 激发温度。温度升高，谱线强度增大。但是，由于温度升高，体系中被电离的原子数目也增多，而中性原子数相应减少，致使原子线强度减弱。所以，温度不仅影响原子的激发过程，还影响原子的电离过程。在温度较低时，随着温度升高，蒸气中所在粒子的运动速度都加快，粒子之间的相互碰撞以及原子被激发的机会也随之增大，谱线强度增强。但超过某一温度后，随着电离的增加，原子线强度逐渐降低，离子线强度还继续增强。温度再升高时，一级离子线的强度也下降。因此，每条有一个最合适的温度，在这个温度下，谱线强度最大。

（3）谱线强度与试样中元素浓度的关系　谱线强度与元素浓度成正比。弧焰中的原子是从电极上的试样蒸发而来的，所以单位时间内进入弧焰的被测元素的原子数目 M，与试样中该元素的浓度 c 成正比。

5.4.2.3　ICP-AES 光谱仪总体结构及工作原理

电感耦合等离子体发射光谱法是利用电感耦合等离子体作为激发源，根据处于激发态的待测元素原子回到基态时发射的特征谱线对待测元素进行分析的方法。电感耦合等离子体发射光谱分析主要包括 3 个过程：①等离子体光源提供能量使样品蒸发，形成气态原子，并进一步使气态原子激发而产生光辐射；②将光源发出的复合光经单色器分解成按波长顺序排列的谱线，形成光谱；③用检测器检测光谱中谱线的波长以确定样品中存在何种元素。根据谱线的强度确定该元素的含量。由于待测元素原子的能级结构不同，因此发射谱线的特征不同，据此可对样品进行定性分析；而根据待测元素原子的浓度不同，因此发射强度不同，可实现元素的定量测定。

ICP-AES 单道扫描光谱仪是由 ICP 装置、射频发生器、试样引入系统、扫描分光器、光电转换、计算机控制系统及分析操作软件组成。ICP 装置包括高频发生器和感应圈、炬管和供气系统、试样引入系统 3 部分。

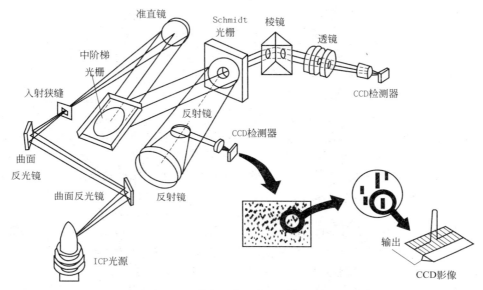

图 5-11 等离子体发射光谱仪示意图

图 5-11 所示为一个等离子体发射光谱仪示意图。光源发出的光通过两个曲面反光镜聚焦于入射狭缝。入射光经抛物面准直镜反射成平行光，照射到中阶梯光栅上使光在 X 向上色散，再经另一个光栅（Schmidt 光栅）在 Y 向上进行二次色散，使光谱分析线全部色散在一个平面上，并经反射镜反射进入面阵 CCD 检测器检测。由于该 CCD 是一个紫外型检测器，对可见区的光谱不敏感，因此，在 Schmidt 光栅的中央开一个孔洞，部分光线穿过孔洞后经棱镜进行 Y 向二次色散，然后经反射镜反射进入另一个 CCD 检测器对可见区的光谱 400～780nm 进行检测。

它的工作原理是：射频发生器产生的高频功率通过感应工作线圈加到三同心石英炬管上，在石英炬管的外层管通入氩气并引入电火花使之电离形成氩等离子体，这种氩等离子体的温度可达 6000～8000K。待测水溶液试样通过喷雾器形成的气溶胶进入石英炬管内层中心通道，受到高温激发后，以光的形式放出特征谱线，通过透镜进入扫描分光器的光栅上，分光后将待测元素的特征谱线光强由计算机控制步进电机转动光栅位置，准确定位于出口狭缝处。光电倍增管将该谱线光强转变成光电流，再经电路放大和模、数变换后，进入计算机进行数据处理，最后由打印机打出分析结果。

第 6 章
矿物晶体 X 射线衍射技术

X 射线衍射技术（X-ray diffraction，XRD）是一种使用高能、短波长的 X 射线照射物质后，分析样品对 X 射线的散射波特点，进而分析物质精细结构、结晶特点的一种新技术。XRD 分析是矿物、材料领域的一种最常用的基本研究方法，应用十分广泛，在矿物形态、材料结构测定、应力、晶粒特性分析等领域有举足轻重的作用。XRD 技术的应用范围归纳起来大致有以下几个方面：

① 在单晶材料方面，除晶体结构分析之外，主要是根据 X 射线衍射线的方位及对称性，判定晶体的对称性和取向方位。测定晶体取向的目的是按一定结晶学方向制作元器件或截取培育单晶用的籽晶等；其次是用来观察晶体缺陷、研究晶体的完整性等。

② 在金属、陶瓷、建筑材料、矿物研究等方面，应用最多的是 X 射线物相分析，即根据试样衍射线的位置、数目及相对强度等确定试样中包含有哪些结晶物质以及它们的相对含量。

③ 根据 X 射线定性定量物相分析以及晶格常数随固溶度的变化等来测定相图或固溶度。

④ 根据 X 射线衍射线的线形及宽化程度等来测定多晶试样中晶粒大小、应力和应变情况。

6.1　X 射线的产生与特点

X 射线是 1895 年 11 月 8 日由德国物理学家伦琴在研究真空管高压放电现象时偶然发现的。由于当时对这种射线的本质和特性尚无了解，故取名为 X 射线，也叫伦琴射线，伦琴的这一伟大发现使得他于 1901 年成为世界上第一位诺贝尔奖获得者。

X 射线除大家熟知的医学诊断和治疗、工业探伤等应用外，在结晶学、生物、化工和材料科学研究方面的应用也极为重要。英国物理学家布拉格父子（W. H. Bragg 和 W. L. Bragg）首次利用 X 射线衍射方法测定 NaCl 晶体结构，开创了 X 射线晶体结构分析的历史。由此，随着研究物质微观结构的新方法不断涌现，X 射线的发现和应用使人们对晶体的认识从光学显微镜的微米深入到纳米，从而对材料的特性才有了更本质的认识。

6.1.1　X 射线的本质

X 射线的本质与可见光、红外线、紫外线以及宇宙射线完全相同，均属电磁波或电磁辐射，同时具有波粒二相性，波长较可见光短，约与晶体的晶格常数为同一数量级，在 10^{-8} cm 左右，波长介于紫外线和 γ 射线之间，但没有明显的分界线，常见的各种电磁波的波长和频率如图 6-1 所示。用于晶体结构分析的 X 射线波长一般为 $0.25 \sim 0.05$ nm，由于波长较短，习惯上称之为"硬X线"。用于医学透视上的X射线的波长很长,故称之为"软X线"。X射线的波动性主要表现为以一定的频率和波长在空间传播;它的粒子性则主要表现为它是由大量的不连续粒子流构成的,这些粒子流称为光子。X射线以光子的形式辐射和吸收时具有质量、能量和动量。X射线的波长较可见光短得多,所以能量和动量很大,具有很强的穿透能力。

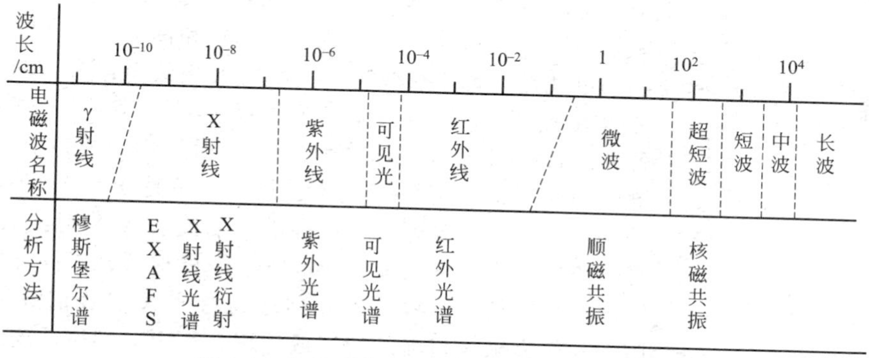

波长/cm	10^{-10}	10^{-8}	10^{-6}	10^{-4}	10^{-2}	1	10^2	10^4		
电磁波名称	γ射线	X射线	紫外线	可见光	红外线	微波	超短波	短波	中波	长波
分析方法	穆斯堡尔谱	EXAFS	X射线光谱	X射线衍射	紫外光谱	可见光谱	红外光谱	顺磁共振	核磁共振	

图 6-1 电磁波谱及 X 射线的波长范围示意图

6.1.2 X射线的产生装置

X射线由X射线源产生,其中多由X射线管发出,其他还有同步放射源和放射性同位素X射线源。X射线产生主要有几个基本条件:①产生自由电子;②使电子作定向高速运动;③在电子运动的路径上设置使其突然减速的障碍物。

实验室用X射线通常是由X射线管产生的,目前使用最多的是封闭式热阴极X射线管。其主要结构如图6-2所示。主要包括一个热阴极和一个阳极(通常又称之为"靶"),管内抽到10^{-7}Torr的真空,以保证热发射电子的自由运动,热阴极由绕成螺线形的钨丝制成,通电炽热后发出热电子,阴极灯丝外面的金属聚焦罩,用于使电子束集中。

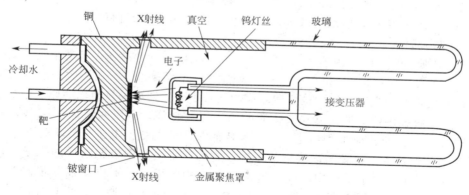

图 6-2 典型阳极靶 X 射线管的结构

X射线管工作时,阴极发射的电子在数万伏的高压下向阳极加速,灯丝与聚焦罩之间保持$100\sim400V$的电位差。高速电子与阳极靶作用产生X射线,X射线向四周发散,大部分被管壳吸收,只有通过窗口的才发射出去得以利用。电子束轰击阳极靶时99%的能量转化为热能,所以必须将靶固定在高导热性的金属(黄铜或紫铜)上,通冷却水以防止靶熔化。X射线管的阳极通常是由镶嵌在铜质底座上的靶材制成,常用的靶材有银、钼、铜、镍、铁等。X射线管的窗口是用对X射线吸收极小的材料,如铍、铝、轻质玻璃等制成。

6.1.3　X 射线谱

如太阳光一样，从 X 射线管中发出的 X 射线是由许多不同波长的 X 射线组成。在比较高的管电压下使用 X 射线管，并在 X 射线分光计实验测量其中各个波长的 X 射线强度，可得到如图 6-3（a）所示的波长与强度的关系曲线。这条曲线是由图 6-3（b）和图 6-3（c）两部分叠加而成。也就是说，X 射线管中发出的 X 射线可以分为两部分：一部分具有从某个最短波长 λ_0（称之为短波极限）开始的、连续的、各种波长的 X 射线，称之为连续 X 射线谱，或称为白色 X 射线谱［图 6-3（b）］；另一部分是由若干条特定波长的谱线构成的［图 6-3（c）］。实验证明，这种谱线的波长与 X 射线管的管电压、管电流等工作条件无关，只取决于阳极材料，不同元素的阳极将发出不同波长的谱线，因此称之为特征 X 射线谱或标识 X 射线谱——作为阳极材料的特征或标识。下面分别讨论连续 X 射线谱与特征 X 射线谱。

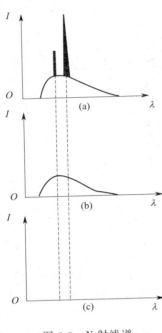

图 6-3　X 射线谱

6.1.3.1　连续 X 射线谱

在 X 射线管中，从阴极发出的电子在高电压的作用下以极快的速度向阳极运动，当撞到阳极时，其大部分动能都变为热能而损耗，但一部分动能以 X 射线的形式射出。如果我们对 X 射线管施加不同的电压，再用适当的方法去测量由 X 射线管发出的 X 射线的波长和强度，便会得到 X 射线强度与波长的关系曲线，称之为 X 射线谱。图 6-4 所示为 Mo 阳极 X 射线管在不同管压下的 X 射线谱，可以看出，在管压很低、小于 20kV 时的曲线是连续变化的，故而称这种 X 射线谱为连续谱。随着管压增高，X 射线强度增高，连续谱峰值所对应的波长向短波端移动。在各种管压下的连续谱都存在一个最短的波长值 λ_0，称为短波限。通常峰值位置大约在 $1.5\lambda_0$ 处。一般把这种具有连续谱的 X 射线叫做多色 X 射线、连续 X 射线或白色 X 射线。

6.1.3.2　标识 X 射线谱

在如图 6-4 所示的 Mo 阳极连续 X 射线谱上，当电压继续升高，大于某个临界值时，在连续谱的某个波长处（0.063 nm 和 0.071nm）突然出现强度峰，峰窄而尖锐。改变管电流、管电压，这些谱线只改变强度而峰的位置所对应的波长不变，即波长只与靶的原子序数有关，与电压无关。因这种强度峰的波长反映了物质的原子序数特征，所以叫特征 X 射线，由特征 X 射线构成的 X 射线谱叫特征 X 射线谱，而产生特征 X 射线的最低电压叫激发电压。

特征 X 射线谱产生的机理与连续谱的不同，它的产生是与阳极靶物质的原子结构紧密相关的。如图 6-5 所示，原子系统中的电子遵从泡利不相容原理，不连续地分布在 K、L、M、N…不同能级的壳层上，而且按能量最低原理，将首先填充最靠近原子核的 K 壳层，再依次充填 L、M、N…壳层。各壳层的能量由里到外逐渐增加 $\varepsilon_K < \varepsilon_L < \varepsilon_M$。当外来的高速粒子（电子或光子）的动能足够大时，可以将壳层中某个电子击出去，或击到原子系统之外，或使这个电子填到未满的高能级上。于是在原来位置出现空位，原子的系统能量因此而升高，处于激发态。这种激发态是不稳定的，势必自发地向低能态转化，使原子系统能量重新降低而趋于稳定。这一转化是由较高能级上的电子向低能级上的空位跃迁的方式完成的，比如 L 层电子跃迁到 K 层，此时能量降低的量为

$$\Delta\varepsilon_{KL} = \varepsilon_L - \varepsilon_K \tag{6-1}$$

这一能量以一个光量子的形式辐射出来变成光子能量，即

$$\Delta\varepsilon_{KL} = h\nu = hc/\lambda \tag{6-2}$$

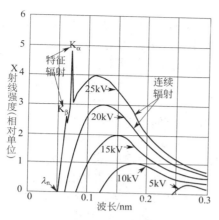

图 6-4   Mo 靶在不同加速电压
的电子轰击后的 X 射线谱

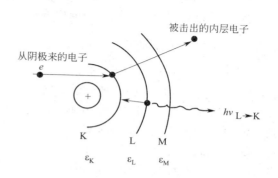

图 6-5   特征 X 射线的产生机理

对于原子序数为 Z 的确定的物质来说，各原子能级的能量是固有的，所以 $\Delta\varepsilon_{KL}$ 便为固有值，hc 也是固定的。这就是特征 K 射线波长为一定值的原因。

为方便起见，对 L、M、N…壳层中的电子跳入 K 层空位时发出的 X 射线，分别称之为 K_α、K_β、K_γ…谱线，它们共同构成 K 系标识 X 射线。同样，当 L、M…层电子被激发时，就会产生 L 系、M 系…标识 X 射线。而 K 系、L 系、M 系…标识 X 射线又共同构成此原子的标识 X 射线谱。结构分析常用的金属靶的 L 系、M 系…标识 X 射线波长一般都很长，强度很弱，易被物质吸收，在衍射分析工作中很少用到，所以后续将主要讨论 K 系标识 X 射线。实际上 K_α 线是由两条谱线 K_{α_1} 和 K_{α_2} 组成的，它们分别是电子从 L_3 和 L_2 子能级跳入 K 层空位时产生的，由子能级 L_3 与 L_2 的能量值相差很小，因此 K_{α_1} 和 K_{α_2} 线的波长很相近，仅差 0.004Å（1Å＝0.1nm，以下全书同）左右，通常无法分辨。为此，常以 K_α 来代表它们，并以 K_{α_1} 和 K_{α_2} 谱线波长的计权平均值作为 K_α 线的波长。根据实验测定，K_{α_1} 线的强度约为 K_{α_2} 的两倍，故其权重也是 K_{α_2} 的两倍，即取：

$$\lambda_{K_\alpha} = \frac{2}{3}\lambda_{K_{\alpha_1}} + \frac{1}{3}\lambda_{K_{\alpha_2}} \tag{6-3}$$

6.1.4   X 射线的散射

物质对 X 射线的散射本质上是电子与 X 射线相互作用的结果。物质中的核外电子可分为两大类：原子核束缚不紧的电子和原子核束缚较紧的电子。X 射线照射到物质表面后对于这两类电子会产生两种散射效应，即相干散射（又称弹性散射或汤姆逊散射）和非相干散射。

当 X 射线与原子中束缚较紧的内层电子相撞时，光子把能量全部转给电子，电子受 X 射线电磁波的影响将绕其平衡位置发生受迫振动，不断被加速或被减速而且振动频率与入射 X 射线的相同。经典电磁理论告诉我们，一个加速的带电粒子可作为一个新波源向四周各方向发射电磁波。这样一来，这个电子本身又变成了一个新的电磁波源，向四周辐射电磁波，叫做 X 射线散射波。虽然入射波是单向的，但散射波却射向四面八方。这些散射波之间符合振动方向相同、频率相同、位相差恒定的光的干涉条件，所以可以发生干涉作用，故称之为相干散射。原来入射的光子由于能量散失，而随之消失（光子的静止质量为零）。相干散射是 X 射线衍射的基础信号来源，也是研究物质结构的主要手段，因此，其散射的机理和散射光的特点是物质结构研究的基础知识。

物质对 X 射线的非相干散射则包含了能量损失、动量改变以及传播方向的变化。这些非相干散射引起信号是结构分析时的噪声和背底的主要来源，因此需要采用一定的方法获得单色的 X 射线光源，用于物质结构的检测信息才有更高的分辨率，结果将更可靠。

6.1.5　X 射线的吸收

X 射线照射物质时，会产生光电效应，这是入射 X 射线的光量子与物质原子中电子相互碰撞时产生的一种特殊的物理效应。当入射光量子的能量足够大时，可以从被照射物质的原子内部（例如 K 壳层）击出一个电子，同时外层高能态电子要向内层的 K 空位跃迁，辐射出波长一定的特征 X 射线。为与入射 X 射线相区别，称由 X 射线激发所产生的特征 X 射线为二次特征 X 射线或荧光 X 射线。这种以光子激发原子所发生的激发和辐射过程称为光电效应，被击出的电子称为光电子。一次特征 X 射线的一部分能量转变为所照射物质的二次特征辐射，表现为物质对入射 X 射线的吸收，这一吸收非常强烈，吸收系数变化发生明显的突然增大。为产生 K 系荧光辐射，入射光子的能量必须大于或等于 K 层电子的逸出功 W_K，即 $h\nu \geqslant W_K$，而 $W_K = eV_K$，$\nu = c/\lambda$，故当 $hc/\lambda \geqslant eV_K$ 时：

$$\lambda \leqslant \frac{hc}{eV_K} = \frac{1.24}{V_K} = \lambda_K \tag{6-4}$$

此时，才能产生 K 系的光电效应。式中 V_K 是把原子中 K 壳层电子击出原轨道所需要的 X 射线管的最小激发电压，λ_K 是把上述 K 壳层电子击出所需要的入射光最长波长。只有入射射线的 $\lambda \leqslant \lambda_K = 1.24/V_K$ 时才能产生 K 系荧光辐射。在讨论光电效应产生的条件时，λ_K 称为 K 系激发限；若讨论 X 射线被物质吸收（光电吸收）时，又可把 λ_K 称为吸收限。当入射 X 射线波长 λ 刚好小于等于 λ_K 时，可发生此种物质对波长为 λ_K 的 X 射线的强烈吸收，而且正好在 $\lambda = \lambda_K = 1.24/V_K$ 时吸收最为严重，形成所谓的吸收边，此时荧光散射也最严重。不过对于 $\lambda < \lambda_K$ 的那种波也有吸收，但吸收程度小于 $\lambda = \lambda_K$ 时的情况，此时散射荧光也弱于 $\lambda = \lambda_K$ 的情况。

根据特征 X 射线的波长不随电压、电流等变化的特点，以及物质对 X 射线的吸收时将产生光电效应的规律，科学家们通过设计合适的滤波片，将叠加有不同波长特征 X 射线谱的入射光源

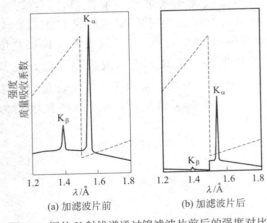

图 6-6　铜的 X 射线谱通过镍滤波片前后的强度对比
（虚线所示为镍的质量吸收系数的变化规律；1Å=0.1nm）

过滤吸收后，可以获得由 K 系特征 X 射线为主要能量分布的"单色"X 射线。如图 6-6 所示，质量吸收系数（定义为单位重量物质对 X 射线强度的衰减程度）为 μ_m、吸收限为 λ_K 的物质，可以强烈地吸收 $\lambda \leqslant \lambda_K$ 这些波长的入射 X 射线，而对于 $\lambda > \lambda_K$ 的 X 射线吸收很少，这一特性可以给我们提供一个有效的手段。可以选择 λ_k 刚好位于辐射源的 K_α 和 K_β 辐射线波长之间并尽量靠近 K_α 的金属薄片作为滤波片，放在 X 射线源与试样之间。这时滤波片对 K_β 射线产生强烈的吸收，而对 K_α 却吸收很少，经这样滤波的 X 射线如图 6-6（b）所示，几乎只剩下 K_α 辐射了。这种几乎可称为"单色"的 X 射线，是以后进行晶体结构分析的主要信号来源，也为材料结构参数等的分析提供了光源基础。

6.2　X射线衍射基础理论

当 X 射线照射到一个晶体中时，由于晶体中每个电子都将对入射 X 射线产生相干散射，而每个原子中含有不同数量和排布特点的电子，不同原子按照一定规律排布就构成了晶体，许多晶粒的排列就构成了多晶块样品。因此，根源于电子对 X 射线的散射波的叠加，将在不同的方位出现强度不等的现象，这种现象被称为衍射现象。产生衍射后，以精密的仪器检测衍射线束的方位与强度，将形成具有特定形状的 X 射线衍射谱线。而衍射加强线的方向和衍射线束的强度则是 XRD 技术中需要考虑的两个基本问题。以下介绍两种基本的从理论上推导衍射加强条件的方法。

6.2.1　劳厄方程

若一束波长为 λ 的 X 射线以与原子列成 α_1' 角的方向投射到原子间距为 a 的原子列上，如图 6-7 所示。这时根据假设，相邻两原子的散射线的光程差为

$$\delta = OQ - PR = OR(\cos\alpha_1'' - \cos\alpha_1') = a(\cos\alpha_1'' - \cos\alpha_1')$$

根据基本物理知识可知，欲使各个原子的散射波互相干涉加强，形成衍射线，就必须使光程差 δ 等于 X 射线波长 λ 的整数倍，即

$$(\cos\alpha_1'' - \cos\alpha_1') = H\lambda \tag{6-5}$$

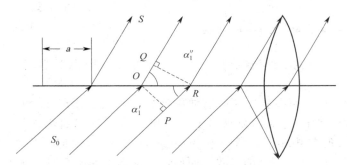

图 6-7　一维原子列的衍射示意图

其中，H 为整数（0，±1，±2···），称为衍射级数。当入射线的方向 S_0 取定以后，α_1' 就定了，于是决定各级衍射方向的 α_1'' 角可以从式(6-6) 求出：

$$\cos\alpha_1'' = \cos\alpha_1' + \frac{H}{a}\lambda \tag{6-6}$$

因为只要 α_1'' 角满足式(6-6) 就能产生衍射，所以衍射线将分布在以原子列为轴、以 α_1'' 为半顶角的一系列圆锥面上，每一个 H 值对应于一个圆锥。

可以将上述考虑推广于三维晶体。为此，可设入射方向的单位矢量 S_0 与三晶轴 a、b、c 的交角分别为 α_1'、α_2' 和 α_3'，这时，若要有衍射线产生，则衍射方向的单位矢量 S 与三晶轴的交角 α_1''、α_2'' 和 α_3'' 必须满足下列联立方程式：

$$\begin{cases} a(\cos\alpha_1'' - \cos\alpha_1') = H\lambda \\ b(\cos\alpha_2'' - \cos\alpha_2') = K\lambda \\ c(\cos\alpha_3'' - \cos\alpha_3') = L\lambda \end{cases} \tag{6-7}$$

其中的 H、K、L 都是整数，a、b、c 分别为三晶轴方向的点阵常数，方程组(6-7) 即是著名的劳厄方程，是由劳厄于 1912 年首先提出的，是确定衍射线方向的基本方程。劳厄方程组中的角 α_1''、α_2''、α_3'' 不是完全独立的，因为它们是衍射线方向的单位矢量 S 和三晶轴的交

角，有一定的相互约束关系。例如，对三晶轴互相垂直的立方晶系而言，这种约束关系为

$$\cos^2\alpha_1''+\cos^2\alpha_2''+\cos^2\alpha_3''=1 \tag{6-8}$$

因此，对于给定的一组整数 H、K、L 而言，方程组（6-7）和式（6-8）实际上是由 4 个方程决定 3 个变量 α_1''、α_2''、α_3''，一般说来不一定有解，只有选择适当的波长 λ 或选取适当的入射方向（即适当的 α_1''、α_2''、α_3''）才能使方程得以满足。

方程组（6-7）还可以改写成为以下的矢量形式：

$$\begin{aligned}
\boldsymbol{a}(\boldsymbol{S}-\boldsymbol{S}_0)&=H\lambda \\
\boldsymbol{b}(\boldsymbol{S}-\boldsymbol{S}_0)&=K\lambda \\
\boldsymbol{c}(\boldsymbol{S}-\boldsymbol{S}_0)&=L\lambda
\end{aligned} \tag{6-9}$$

6.2.2 布拉格方程

1912 年英国物理学家布拉格父子导出了一个决定衍射线方向的形式简单、使用方便的公式，称为布拉格公式。其原理如下：图 6-8 所示为晶体的一个截面，原子排列在与纸面垂直并且相互平行的一组平面 A、B、C 上，设晶体面间距为 d'，X 射线波长为 λ，而且是完全平行的单色 X 射线，以入射角 θ 入射到晶面上（须注意，X 射线学中入射角与反射角的含义与一般光学的有所不同）。如果在 X 射线前进方向上有一个原子，那么 X 射线必然被这个原子向四面八方散射（因为 X 射线的衍射只考查原子中

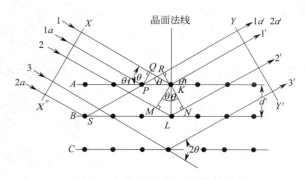

图 6-8 晶体对 X 射线的衍射原理

的电子对入射 X 射线的相干散射，即与入射波相同频率的散射波）。如果从这些散射波中挑选出与入射线成 2θ 角的那个方向上的散射波，首先观察波 1 和波 $1a$，它们分别被这个原子和 P 原子向四面八方散射。但是在 $1'$ 和 $1a'$ 方向上射线束散射波的位相相同，所以互相加强。这是因为波前 XX' 和 YY' 之间的波程差 $QK-PR=PK\cos\theta-PK\cos\theta=0$ 的缘故。同样，A 晶面上的所有原子在 $1'$ 方向上的散射线的位相都是相同的，所以互相加强。当波 1 和波 2 分别被 K 和 L 原子散射时，$1K1'$ 和 $2L2'$ 之间的波程差为

$$ML+NL=d'\sin\theta+d'\sin\theta=2d'\sin\theta \tag{6-10}$$

如果波程差 $2d'\sin\theta$ 为波长的整数倍，即

$$2d'\sin\theta=n\lambda\ (n=0、1、2、3\cdots) \tag{6-11}$$

此时散射波 $1'$、$2'$ 的位相完全相同，所以互相加强。上式就是布拉格定律，它是 X 射线衍射的最基本的定律。式中，n 为整数，称为反射级数。反射级数的大小有一定限制，因为 $\sin\theta$ 不能大于 1。所以，对于一定的 λ 和 d'，必然存在可以产生衍射的若干个角 θ_1、θ_2、$\theta_3\cdots$ 分别对应于 $n=1$、2、3$\cdots$。在 $n=1$ 的情形下称为第一级反射，波 $1'$ 和波 $2'$ 之间的波程差为波长的一倍，而波 $1'$ 和波 $3'$ 的波程差为波长的两倍，$1'$ 与 $4'$ 的波程差为波长的 3 倍$\cdots\cdots$，如图 6-9 所示。

对于一种晶体结构，总有相应的晶面间距表达式。将布拉格方程和晶面间距公式联系起来，就可以得到该晶系的衍射方向表达式。例如，对于立方晶系：

$$\sin^2\theta=\frac{\lambda^2}{4a^2}(h^2+k^2+l^2) \tag{6-12}$$

这就是晶格常数为 a 的 $\{hkl\}$ 晶面对波长为 λ 的 X 射线的衍射方向公式。式（6-12）表

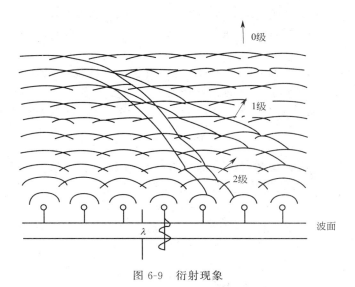

图 6-9　衍射现象

明，衍射方向取决于晶胞的大小与形状。也就是说，通过测定衍射束的方向，可以测出晶胞的形状和尺寸。至于原子在晶胞内的位置，则要通过分析衍射线的强度才能确定。

对于一定波长的 X 射线而言，晶体中能产生衍射的晶面数是有限的。根据布拉格公式 $\sin\theta = \lambda/2d$，因为 $\sin\theta$ 的值不可能大于 1，故有

$$\lambda/2d \leqslant 1，即 \quad d \geqslant \frac{\lambda}{2}$$

因此只有晶面间距大于 $\lambda/2$ 的晶面才能产生衍射，实际上，对于晶面间距小于 $\lambda/2$ 的那些晶面，即使衍射角 θ 增大到 90°，相邻两晶面的反射线的光程差仍不到一个波长，从而始终干涉削弱，故不能产生衍射加强。

6.2.3　倒易点阵

晶体材料是 X 射线衍射分析的主要对象，空间点阵学说描述了晶体中质点周期性重复排列的规律，这对研究 X 射线的衍射现象非常重要。从空间点阵导出的倒易点阵学说对于解释 X 射线及电子衍射图像的成因极为有用，并能简化晶体学中一些重要参数的计算公式。

6.2.3.1　倒易点阵的定义

倒易点阵又称为倒格子，实际上纯粹是一种虚构的数学工具。但利用倒易点阵解释衍射图的成因，比较直观而且易于理解。

若以 a、b、c 表示正点阵的基矢，则与之对应的倒格子基矢 a^*、b^*、c^* 可以用下列两种方式来定义。

第一种方式是按下式确定 a^*、b^*、c^*：

$$\begin{cases} a^* = \dfrac{b \times c}{a(b \times c)} \\[2mm] b^* = \dfrac{c \times a}{a(b \times c)} \\[2mm] c^* = \dfrac{a \times b}{a(b \times c)} \end{cases}$$

第二种方式是按下式确定 a^*、b^* 和 c^*：

$$\begin{cases} a^* a = b^* b = c^* c = 1 \\ a^* b = a^* c = b^* c = b^* a = c^* a = c^* b = 0 \end{cases}$$

实际上，上述两种定义方式是完全等效的。因为从上可以导出下，反之亦然。按照上述定义方式，可以从 a、b 和 c 唯一地求出 a^*、b^* 和 c^*（包括长度和方向），也即从正点阵得到了唯一的倒易点阵。

从倒易点阵的定义式还可看出，实际上正点阵和倒易点阵是互为倒易的，这是因为式中的 a、b、c 和 a^*、b^*、c^* 是完全等效的。另外还可以通过矢量运算证明，正点阵的原胞体积 $V_p = a(bc)$ 和倒易点阵的原胞体积 $V_p^* = a^*(b^*c^*)$ 具有互为倒数关系，即

$$V_p^* = \frac{1}{V_p}$$

从倒易点阵的定义经运算后还可得出倒易点阵原胞参数 a^*、b^*、c^*、α^*、β^*、γ^* 和正点阵原胞参数 a、b、c、α、β、γ 之间的关系如下：

$$\begin{cases} a^* = bc\sin\alpha/V_p \\ b^* = ac\sin\beta/V_p \\ c^* = ab\sin\gamma/V_p \end{cases}$$

$$\cos\alpha^* = \frac{\cos\beta\cos\gamma - \cos\alpha}{\sin\beta\sin\gamma}$$

$$\cos\beta^* = \frac{\cos\alpha\cos\gamma - \cos\beta}{\sin\alpha\sin\gamma}$$

$$\cos\gamma^* = \frac{\cos\alpha\cos\beta - \cos\gamma}{\sin\alpha\sin\beta}$$

6.2.3.2 倒易点阵矢量（倒格矢）的重要性质

倒易点阵矢量是从倒易点阵原点到倒易点阵中某一结点的矢量，又称为倒格矢，具有以下两个重要性质：倒易点阵矢量和相应正点阵中同指数晶面相互垂直，并且它的长度等于该平面族的面间距的倒数。相关位置与长度关系如图 6-10 所示。

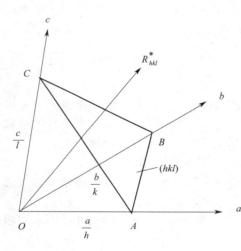

图 6-10　倒易矢量 $\mathbf{R}_{hkl}^*$ 垂直于晶面 (hkl) 的示意图

若用 $\mathbf{R}_{HKL}^*$ 表示从倒易点阵原点到坐标为 H、K、L 的倒结点的倒易点阵矢量，则有

$$\mathbf{R}_{HKL}^* = H\mathbf{a}^* + K\mathbf{b}^* + L\mathbf{c}^* \tag{6-13}$$

这里的 H、K、L 称为衍射指数，它与密勒指数的不同点是可以有公约数，如可以是（333）、（202）等。若 h、k、l 为密勒指数（是互质的），而 $H = nh$、$K = nk$、$L = nl$，则可认为（HKL）平面族是与（hkl）平面平行，但面间距是其 $\frac{1}{n}$ 的平面族。

若用 d_{HKL} 和 d_{hkl} 分别表示（HKL）和（hkl）平面族的面间距，则有

$$d_{HKL} = \frac{1}{n}d_{hkl} \tag{6-14}$$

$$\mathbf{R}_{HKL}^* = H\mathbf{a}^* + K\mathbf{b}^* + L\mathbf{c}^* = n(h\mathbf{a}^* + k\mathbf{b}^* + l\mathbf{c}^*) = n\mathbf{R}_{hkl}^* \tag{6-15}$$

有关倒易点阵性质的证明在此省略，读者可根据需要查看相关工具书。

利用倒易点阵方法还可以方便地导出晶面间距、晶面夹角等计算公式。

6.2.4　衍射矢量方程

本节介绍以倒易矢量的方法来解释满足衍射的条件，为基于衍射条件的衍射仪原理的解释

和 X 射线衍射谱的解析提供基础知识。

图 6-11 所示为以倒易矢量来计算光程差，O 为晶体点阵原点上的原子，A 为该晶体中另一任意原子，其位置可用位置矢量 OA 来表示：

$$OA = la + mb + nc$$

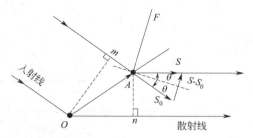

图 6-11　光程差的矢量计算方法示意图

其中，a、b 和 c 为点阵的 3 个基矢，而 l、m、n 为任意整数。假如一束波长为 λ 的 X 射线，以单位矢量 S_0 的方向照射在晶体上，首先来观察单位矢量 S 的方向产生衍射的条件。S_0、S 和 OA 一般来说是不在同一平面上的。

为此，必须首先确定由原子 O 和 A 发出的在某一特定方向上的散射光线之间的相位差，（图 6-1），以 Om 和 An 分别表示垂直于 S_0 和 S 的波阵图，则经过 O 和 A 的散射波的光程差为

$$\delta = On - Am = OA \cdot S - OA \cdot S_0 = OA \cdot (S - S_0) \tag{6-16}$$

而位相差为

$$\varphi = \frac{2\pi\delta}{\lambda} = 2\pi\left(\frac{S - S_0}{\lambda}\right)OA \tag{6-17}$$

根据光学原理，两个波相互干涉加强的条件为位相差 φ 等于 2π 的整数倍，即要求：

$$OA\left(\frac{S - S_0}{\lambda}\right) = \mu \quad (\mu = 0、\pm 1、\pm 2\cdots) \tag{6-18}$$

如果将矢量 $(S - S_0)/\lambda$ 表示在倒空间中，那么当式（6-19）：

$$\left(\frac{S - S_0}{\lambda}\right) = R^*_{HKL} = Ha^* + Kb^* + Lc^* \quad (H、K、L \text{ 为整数}) \tag{6-19}$$

成立时式（6-18）必成立。这是因为把式（6-19）代入式（6-18）有

$$OA\left(\frac{S - S_0}{\lambda}\right) = (la + Kb + Lc)(Ha^* + Kb^* + Lc^*)$$

$$= lH + mK + nL = \mu$$

令 $K = S/\lambda$，$K_0 = S_0/\lambda_0$。K、K_0 表示衍射方向和入射方向的波矢量，于是式（6-19）变成：

$$K - K_0 = R^*_{HKL} \tag{6-20}$$

这是一个衍射条件的波矢量方程，就是倒易空间衍射条件方程，它的物理意义是：当衍射波矢量和入射波矢量相差一个倒格矢时，衍射才能产生。

6.2.5　厄瓦尔德图解法

式（6-20）所表示的衍射条件，还可以用图解方法表示。这种图解法是德国物理学家厄瓦尔德首先提出来的。以下对厄瓦尔德图解法做简要介绍。

如图 6-12 所示，作一长度等于 $1/\lambda$ 的矢量 K_0，使它平行于入射光束，并取该矢量的末端点 O 作为倒易点阵的原点。然后用与矢量 K_0 相同的比例尺作倒易点阵。以矢量 K_0 的起始点 C 为圆心，以 $1/\lambda$ 为半径作一球，则从（HKL）面上产生衍射的条件是对应的倒结点（HKL）必须处于此球面上，而衍射线束的方向即是 C 至 P 点的连接线方向，即图中的矢量 K 的方向。当满足上述条件时，矢量 $(K - K_0)$ 就是倒易点阵原点 O 至倒结点 P 的连接矢量 OP，即倒格矢 R^*_{HKL}，于是衍射方程得到了满足。以 C 为圆心、$1/\lambda$ 为半径所做的球称为反射球，用基本的几何知识即可以得到，只有在这个球面上的倒结点所对应的晶面才能产生衍射。

通过厄瓦尔德图解还可以方便地导出布拉格方程。也就是说，这两种决定衍射线方向的方法和理论其实是相互印证的。

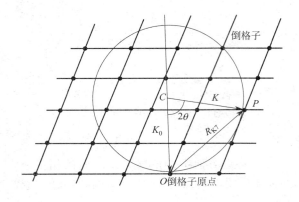

图 6-12　厄瓦尔德图解法

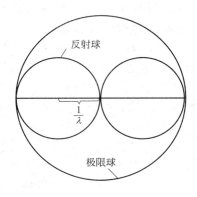

图 6-13　$2/\lambda$ 为半径的极限球原理

以 O 为圆心、$2/\lambda$ 为半径的球称为极限球，如图 6-13 所示。当入射线波长取定后，不论晶体相对于入射线如何旋转，可能与反射球相遇的倒结点都局限在此球体内。实际上凡是在极限球之外的倒结点，它们所对应的晶面的面间距都小于 $\lambda/2$，因此是不可能产生衍射的。

6.3　粉末衍射仪原理与结构

根据布拉格定律，要产生衍射，必须使入射线与晶面所交成的交角 θ 及 X 射线波长 λ 之间满足布拉格方程：

$$2d\sin\theta=\lambda$$

当采用一定波长的单色 X 射线来照射固定的单晶体时，则 λ、θ 和 d 值都定下来了。一般来说，它们的数值未必能满足布拉格公式，即不可能产生衍射现象。因此，要能观察到衍射现象，势必需要设法连续改变 λ 和 θ，以使有满足布拉格反射条件的机会。据此，可以有几种不同的衍射方法，本章只介绍粉末多晶衍射法的原理和技术，因为这是在矿物研究领域中应用最广泛的一种技术。

6.3.1　粉末衍射锥

所谓粉末试样是指用物理方法（锉刀、研钵等）将待分析的物质粉碎成为粉末状的小颗粒，然后用黏结剂黏合或压制等办法制成的试样，而多晶体的试样一般是指由大量小单晶体聚合而成的样品。多晶体试样中，若小晶体以完全杂乱无章的方式聚合起来，则称之为理想的无择优取向的多晶体。若小晶体聚合成多晶体时，沿某些晶向排列的小晶粒比较多或很多，则称该多晶体是有择优取向的。择优取向又称为织构，在轧制的硅钢片和金属丝中，常有择优取向存在。在本节中无特别说明，则认为多晶体是无织构的理想多晶体。

从 X 射线衍射的观点来看，粉末试样或多晶体试样实际上相当于一个单晶体绕空间各个方向作任意旋转的情况。因此，当一束单色 X 射线照射到试样上时，对每一族晶面 (hkl) 而言，总有某些小晶体，其 (hkl) 晶面族与入射线的方位角 θ 正好满足布拉格条件而能产生衍射。由于试样中小晶粒的数目很多，满足布拉格条件的晶面族 (hkl) 也很多，它们与入射线的方位角都是 θ，从而可以想象成是由其中的一个晶面以入射线为轴旋转而得到的。于是可以看出，它们的反射线将分布在一个以入射线为轴、以衍射角 2θ 为半顶角的圆锥面上，见图

6-14(a)。不同晶面族的衍射角不同，衍射线所在的圆锥的半顶角也就不同。各个不同晶面族的衍射线将共同构成一系列以入射线为轴的同顶点的圆锥，被称为衍射锥，如图 6-14(b)所示。

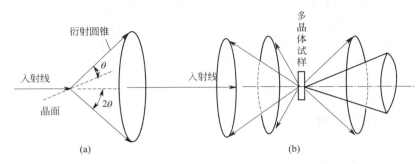

图 6-14　粉末法中衍射线的分布与衍射锥的位置

　　应用厄瓦尔德图解法也很容易说明粉末衍射的这种特征。由于粉末试样相当于一个小单晶体绕空间各个方向作旋转。因此在倒空间中，一个倒结点将演变成一个倒易球面。很多不同的晶面就对应于倒空间中很多同心的倒易球面。这些倒易球面与反射球相截于一系列的圆上，而这些圆的圆心都是在通过反射球心的入射线上。于是，衍射线就在反射球球心与这些圆的连线上，也即在以入射线为轴、以各族晶面的衍射角 2θ 为半顶角的一系列圆锥面上，如图 6-15所示。

　　以机械仪器测试晶体对 X 射线的衍射强度与方向时，关键要解决的技术问题是：①X 射线接收装置——计数管；②衍射强度必须适当加大，为此可以使用板状试样；③相同的 (hkl)晶面也是全方向散射的，所以要聚焦；④计数管的移动要满足布拉格条件。

　　这些问题的解决关键是由测角仪和探测仪实现的：X 射线测角仪用来解决聚焦和测量角度问题；辐射探测仪用来解决记录分析衍射线能量问题。本书只重点介绍 X 射线测角仪的基本构造。

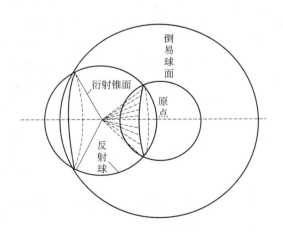

图 6-15　粉末法衍射原理的厄瓦尔德图解

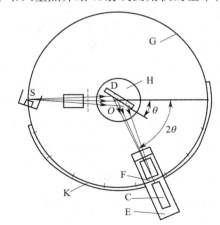

图 6-16　测角仪构造
G—测角仪圆；S—X 射线源；D—试样；H—试样台；
F—接收狭缝；C—计数管；E—支架；K—刻度尺

6.3.2　测角仪

　　测角仪是衍射仪的核心部件，相当于粉末法中的相机，其基本构造如图 6-16 所示。衍射仪利用 X 射线管的线状焦斑工作，采用发散光束、平板试样，用电离计数器记录衍射线，自动化程度较高。平板试样 D 安装在试样台 H 上，后者可围绕垂直于图面的轴 O 旋转。S 为 X 射线源，即 X 射线管靶面上的线状焦斑，它与图面相垂直。当一束发散 X 射线照射到试样上时，满足布拉格关系的某种晶面，其反射线便形成一根收敛光束。F 处有一接收狭缝，它与计数管 C 一同安装在围绕口旋转的支架 E 上。当计数管转到适当的位置时便可接收到一根反射线。计数管的角位置 2θ 可从刻度尺 K 上读出。计数管能将不同强度的 X 射线转化为电信号，并通过计数率仪、电位差计将信号记录下来。衍射仪的设计使 H 和 E 保持固定的转动关系。当 H 转过 θ 时，E 恒转过 2θ。当试样和计数管连续转动时，衍射仪就能自动描绘出衍射强度随 2θ 角的变化情况。

6.4　X 射线衍射谱

6.4.1　X 射线衍射谱构成

根据 X 射线衍射仪的构造与运行方式，2θ 在一定范围内（如 3°～90°）扫描后，将形成一条在衍射角连续变化、由不同位置产生急剧突起的曲线，称为 X 射线衍射谱。典型的 XRD 谱图中横坐标是衍射角（2θ），单位为度（°），有时在研究矿物晶体样品时也以晶面间距（d）为横坐标，单位为埃（Å）。而纵坐标为衍射强度，一般使用积分强度，没有特定的专用单位，一般标示为"任意单位"或"a. u."（arbitrary unite）。

6.4.2　X 射线衍射谱分析方法

6.4.2.1　衍射线峰位确定方法

精确地测定衍射线峰位在测定晶格常数、应力测量、晶粒度测量等工作中都很重要。确定峰位常用以下几种方法（图 6-17）。

① 峰顶法。以衍射线形的表观极大值 P_0 的角位置为峰位，适用于线形尖锐的情况 [图 6-17(a)]。

② 切线法。将峰两侧的直线部分延长，取其交点 P_x 作为峰位，适用于线形顶部平坦，但两侧直线性好的情况 [图 6-17(b)]。

③ 半高宽中点法。先连接衍射峰两边的背底，作出背底线 ab。然后，从强度极大点 P 作记录纸边线的垂线 PP′，它交 ab 于 P′ 点。则 PP′ 的中点 O′ 即是与峰值高度一半对应的点。过 O′ 作 ab 的平行线与衍射峰形相交于 M 和 N 点。直线 MN 的中点 O 的角位置即定作峰位。当衍射峰线形光滑、高度较大时，此法定峰重复性好，精度高 [图 6-17(c)]。

④ $\frac{7}{8}$ 高度法。这种方法与半高宽中点法相似，只是与背底平行的线作在 $\frac{7}{8}$ 高度处。当有重叠峰存在，但峰顶能明显分开时可用此法 [图 6-17(d)]。

⑤ 中点连线法。在强度最大值的 $\frac{1}{2}$、$\frac{3}{4}$、$\frac{7}{8}$…处作背底线的平行线，并把这些线段的中点连接起来并延长，取此延长线与峰顶的交点 P_1 为峰位 [图 6-17(e)]。

⑥ 抛物线拟合法。此法是用抛物线来拟合衍射线峰顶的线形，然后取抛物线的对称轴的位置作峰位。常用的有三点抛物线法和五点抛物线法。

⑦ 重心法。先扣除背底，再求出峰形的重心位置，取重心的角位置为峰位 [图 6-17(f)]。若以 2θ 记此峰位，则具体可用下式(6-21) 算出：

$$2\theta_0 = \frac{\sum_{i=2}^{N} 2\theta_i I_i}{\sum_{i=1}^{N} I_i}$$

(6-21)

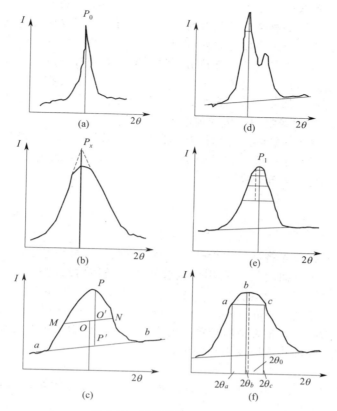

图 6-17　衍射峰位置确定方法

式中，N 为将衍射峰所占区间等分的间隔数；$2\theta_i$ 和 I_i 分别为各等分点的角度和强度。

重心法利用了衍射峰的全部数据，因此所得峰位受其他因素的干扰小，重复性好。但此法计算量大，宜配合计算机使用。

6.4.2.2　衍射线积分强度测量

在进行定量分析等工作时，要测量衍射线的积分强度，常用以下方法：

① 使探测器以很慢的角速度（例如 $0.2°/min$）扫描，通过计数率仪描出衍射曲线。然后根据衍射曲线画出背底线，并将各个衍射峰形以下、背底线以上区域的面积测量出来，这些面积即可代表各衍射线的相对积分强度。

② 用步进扫描法把待测衍射峰所在角度范围内的强度逐点测出来，相加得到总计数，然后扣除背底，则所得计数即可代表衍射线的相对强度。扣背底时，在衍射峰两侧测出相同时间量程内的计数，取其平均值。然后乘以所用的步数，即为要扣除的总背底计数。为保证精度，步长要取得小，一般可取 $0.01°$ 和 $0.02°$。

6.5　利用 X 射线衍射的物相定性分析

6.5.1　定性分析原理

物相分析是指分析某种材料中包含结晶物质的种类，或某种物质以何种结晶状态存在。一般来说，把材料中的一种结晶物质称为一个相（广义而言，一种均匀的非晶态物质也称为一个相）。

　　X 射线衍射峰的位置取决于晶胞的形状和大小，即取决于各晶面的面间距，而衍射线的相对强度则取决于晶胞内原子的种类、数目及排列方式。每种晶态物质都有其特有的结构，因而也就有其独特的衍射花样。当试样中包含两种或两种以上的结晶物质时，它们的衍射花样将同时出现，而不会互相干涉。于是当我们在待分析试样的衍射花样中发现了和某种结晶物质相同的衍射花样时，就可断定试样中包含着这种结晶物质。再者，混合物中某相的衍射线强度取决于它在试样中的相对含量。因此，若测定了各种结晶物质的衍射线的强度比，可以推算出它们的相对含量，以上就是 X 射线物相分析的理论依据。

　　X 射线物相分析法对于鉴别同素异构体有其独特的功效。例如，二氧化硅有多种变体，如石英、鳞石英、方石英等，用一般的化学分析、光谱分析是不可能区分它们的，但用 X 射线物相分析法却很容易把它们区分开来。

6.5.2　PDF 卡片与检索

　　进行定性分析时，必须先将试样用粉晶法或衍射仪法（也可用电子衍射法）测定各衍射线条的衍射角，将它换算为晶面间距 d 再用计数管测出各条衍射线的相对强度，然后与各种结晶物质的标准衍射花样进行比较鉴别。

　　由国际粉末衍射联合会（Joint committee for powder diffraction standard，JCPDS）实时收集并及时整理的衍射数据，整理成特定形式的卡片，以供科学工作人员查阅和参考。以下介绍各种物质标准衍射卡片的构成以及识别标记。

6.5.2.1　卡片

　　JCPDS 编制出版的粉末衍射卡片（Powder diffraction files，PDF）如图 6-18 所示，卡片中共有 10 个区域，分别说明如下。

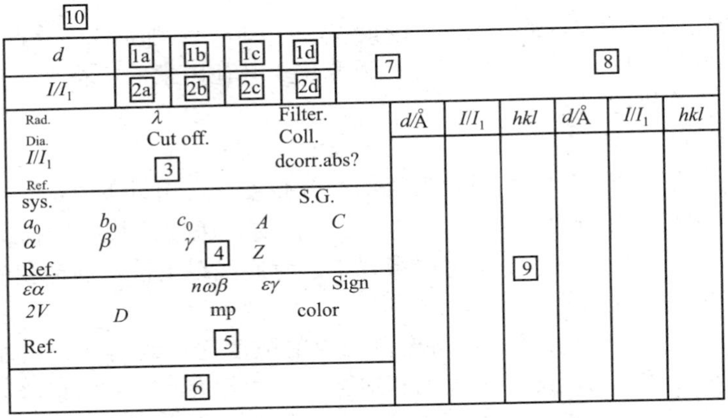

图 6-18　典型 PDF 卡片包含的区域与信息式样

(1Å＝0.1nm)

　　① 1a、1b、1c 区域为从衍射图的透射区（ $2\theta<90°$ ）中选出的 3 条最强线的面间距，1d 为衍射图中出现的最大面间距。

　　② 2a、2b、2c、2d 区间中所列的是上述 4 条衍射线的相对强度，以最强线为 100。当最强线的强度比其余线条的强度高得多时，也有将最强线的强度定为大于 100 的。

　　③ 在第 3 区间中，列出了获得该衍射数据时的实验条件：

Rad 为所用的 X 射线种类（CuK_α，FeK_α…）；

λ 为 X 射线的波长（单位 Å，1Å＝0.1nm）；

Filter 为滤波片名称，当用单色器时，注明 "Mono"；

Dia 为照相机直径，当相机为非圆筒形时，注明相机名称；

Cut off 为该相机所能测得的最大面间距；

Coll 为狭缝光栏的宽度或圆孔光栏的尺寸；

I/I_1 为测量衍射线相对强度的方法（衍射仪法——Diffractometer，强度标法——Calibrated strip，目测估计法——Visual inspection 等）；

有的卡片中还会出现 I/I_c 或 RIR 的符号，为该物质的最强线与刚玉最强线的强度比（K 值）；

dcorr. abs 为所测 d 值是否经过吸收校正（如 No—未作，Yes—已作）；

Ref. 为第 3 区域和第 9 区域中所列资料的来源。

④ 第 4 区间是该物质的结晶学数据：

sys 为晶系；

S. G. 为空间群；

a_0、b_0、c_0 为晶格常数，$A = \dfrac{a_0}{b_0}$、$C = \dfrac{c_0}{b_0}$ 为轴率比；

α、β、γ 为晶轴之间的夹角；

Z 为晶胞中与该物质的化学式相对应的分子数；

Ref. 为第 4 区域中所列资料的来源。

⑤ 第 5 区间是该物质的光学和其他物理性质数据：

$\varepsilon\alpha$、$n\omega\beta$、$\varepsilon\gamma$ 为折射率；

Sign 为光性正负 [（+）或（-）]；

$2V$ 为光轴之间的夹角；

D 为密度；

mp 为熔点；

Color 为颜色（有时还列有该物质的光泽和硬度）；

Ref. 为第 5 区域中所列资料的来源。

⑥ 第 6 区间是有关该物质的其他资料和数据，如试样来源、化学分析数据、升华点 (S. P)、分解温度（D. T）、转变点（T. P）、热处理条件、获得衍射数据时的温度等。

⑦ 第 7 区间是该物质的化学式及英文名称。有时在化学式后还附加有阿拉伯数字和大写英文字母，如（ZrO_2）12M。这里阿拉伯数字表示晶胞中的原子数，而大写英文字母表示布拉菲点阵的类型，各字母的意义如下：

C—简单立方，B—体心立方，F—面心立方，T—简单四方，U—体心四方，R—简单三方，H—简单六方，O—简单正交，P—体心正交，Q—底心正交，S—面心正交，M—简单单斜，N—底心单斜，E—简单三斜。

⑧ 第 8 区间是该物质的矿物学名称或通用名称，对一些有机化合物等还在名称上方列出了它的结构式或"点"式（"dot" formula）。凡是名称外有圆括号者，表示是合成材料。此外，在该区域中有时还有下列记号：

☆表示该卡片所列数据高度可靠；

i 表示已作强度估计并指标化，但数据不如有☆号的可靠；

O 表示数据可靠程度较低；

C 表示所列数据是从已知的晶胞参数计算而得的；

无标记的卡片，表示可靠性一般。

⑨ 第 9 区间是各条衍射线所对应的晶面间距、相对强度及衍射指数，在这区域中有时还

可看到代表下列意义的字母：

  b——宽线或漫散线，

  d——双线，

  n——不是所有资料来源中都有的线，

  nc——与晶胞参数不符合的线，

  ni——用给出的晶胞参数不能指标化的线，

  np——给出的空间群所不允许的指数；

  β——因 β 线的存许或重叠而使强度不可靠的线；

  tr——痕迹线；

  ＋——可能有另外的指数。

⑩ 第 10 区间是卡片的编号。如 5-0565 表示第 5 组中的第 565 号卡片。若某一物质需要两张卡片才能列出所有数据时，则在第二张卡片的序号后加字母 A 进行标记。

6.5.2.2　索引

随着 X 射线物相分析技术的推广和发展，JCPDS 编制出版的卡片越来越多。要从众多的卡片中找出合适的卡片来核对，最先进的方法是用电子计算机自动核对卡片等。其中最普及的办法是查找索引。

JCPDS 编制出版的索引总的可分无机物和有机物两大类。索引共有字顺索引、哈那瓦特索引、芬克索引等。

字顺索引（Alphabetical Index）：字顺索引是按物质的英文名称的字母顺序排列的。在每种物质的名称后面，列出其化学分子式、3 根最强线的 d 值和相对强度数据，以及该物质的 PDF 卡片号码。对于某些合金或化合物，还按其中所含的各种元素的名称顺序重复出现。如"锰铜"合金，可以按第一元素为锰的次序中找到，也可以按第一元素为铜的次序中找到。对于某些物质还列出了其最强线对于刚玉最强线的相对强度比。如果知道试样中含有某种或某几种元素时，使用这种索引最为方便。矿物名称的字顺索引也作为专门的部分列入其中。

哈那瓦特索引：以前它称为三强线或数值索引。这种索引适用于对一待测试样中所含的元素和相组分毫无了解的情况。它是根据 8 条强线中第一强线的 d 值的顺序来排列的。每种物质的数据在索引中列一行，依强弱顺序列出 8 条强线的面间距 d、相对强度、化学式以及卡片的序号。此外，还列有用于自动检索的微缩胶片号（Fiche）。索引中采用哈那瓦特的分组法，即按第一个 d 值的大小范围分组，如第一个 d 值在 $2.40 \sim 2.44 \text{Å}$ 范围内的归为一组。整册索引共有 51 组，按面间距范围从大到小的顺序排列，每组的面间距范围列在该组的开头及每页的顶部。在每一组中，以第一个 d 值的大小顺序排列。若第一个 d 值相同，则又以第二个 d 值的大小次序排列。在第二个 d 值和第一个 d 值相同时，按第三个 d 值的大小次序排列。

每种物质在索引中至少重复 3 次。若某物质透射区中 3 条最强线的 d 值依次为 d_1、d_2 和 d_3（这里 d 值的下脚数字表示强度的强弱次序，数字越小强度越强），而其余 5 条强线的 d 值以强度递减的次序为 d_4、d_5、d_6、d_7、d_8，则该物质在索引中的 3 次重复方式如下：

  第一次：d_1 d_2 d_3 d_4 d_5 d_6 d_7 d_8

  第二次：d_2 d_3 d_1 d_4 d_5 d_6 d_7 d_8

  第三次：d_3 d_1 d_2 d_4 d_5 d_6 d_7 d_8

其他还有芬克索引（Fink Method）等方法，因篇幅关系此处不再赘述。

6.5.3　物相定性分析的方法

6.5.3.1　定性分析程序

物相定性分析的准确性基于准确而完整的衍射数据。为此，在制备试样时，必须使择优取向减至最小，因为择优取向能使衍射线条的相对强度明显地与正常值不同。晶粒要细小，还要注意相对强度随入射线波长不同而有所变化，这一点在实验所用波长与所查找的卡片的波长不同时尤其要注意。其次，必须选取合适的辐射，使荧光辐射降至最低，且能得到适当数目的衍射线条。如采用 Mo 的 K_α 辐射，Mo 辐射的连续 X 射线造成的背底很深，而高角度衍射线过弱，甚至埋在背底里（由于 λ 小，$\sin\theta/\lambda$ 大，造成原子散射因子 f 值降低）；尤其是对于较为复杂的化合物的衍射线条过分密集，不易于分辨，所以常采用波长较长的 X 射线，如 Cu、Fe、Co 和 Ni 等辐射，它能够把复杂物质的衍射花样拉开，以增加分辨能力，且不至于失去主要的大晶面间距的衍射线条。

在获得衍射图像后，测量衍射线条位置（2θ），计算出晶面间距 d。衍射线条的位置和强度可以直接打印出来或从屏幕上直接读出。由于衍射仪能准确地判定衍射强度，并且试样对 X 射线的吸收与 θ 无关，因而衍射仪的强度数据比照相法更为可靠。

单相物质的定性分析：当已经求出 d 和 I/I_1 后，物相鉴定大致可分为如下几个程序：

① 根据待测相的衍射数据，得出三条强线的晶面间距值 d_1、d_2、d_3（最好还应当适当地估计它们的误差 $d_1 \pm \Delta d_1$、$d_2 \pm \Delta d_2$、$d_3 \pm \Delta d_3$）。

② 根据 d_1（或 d_2、d_3）值，在数值索引中检索适当的 d 值组，找出与 d_1、d_2、d_3 值符合较好的一些卡片。

③ 把待测相的三条强线的 d 值和 I/I_1 值与这些卡片上各物质的三强线 d 值和 I/I_1 值相比较，淘汰一些不相符的卡片，最后获得与实验数据一一吻合的卡片，卡片上所示物质即为待测相，鉴定工作便告完成。

复相物质的定性分析：当待测试样为复相混合物时，其分析原理与单相物质定性分析相同，只是需要反复尝试，分析过程自然会复杂一些。

6.5.3.2 定性分析的注意事项

在分析时，必须注意以下一些问题，有助于得到正确的分析结果：

① d 值的数据比相对强度的数据重要。这是因为由于吸收和测量误差等的影响，相对强度的数值往往可能发生很大偏差，而 d 值的误差一般不会太大。因此，在将实验数据与卡片上的数据核对时，d 值必须相当符合，一般要到小数点后第二位才允许有偏差。

② 低角度区域的衍射数据比高角度区域的数据重要。这是由于低角度的衍射线对应于 d 值较大的晶面，对不同的晶体来说差别较大，相互重叠的机会少，不易相互干涉。但高角度的衍射线对应 d 值较小的晶面，对不同的晶体来说晶面间距相近的机会多，容易相互混淆。特别是当试样的结晶完整性较差、晶格扭曲、有内应力时，或晶粒很小时，往往使高角度线条漫散宽化，甚至无法测量。

③ 了解试样的来源、化学成分和物理特性等对于给出正确的结论十分有益。特别是在新材料的研制工作中，很可能出现 PDF 卡片集中没有的新物质。鉴定这些物质要有尽可能多的物理、化学资料，然后与成分及结构类似的物质的衍射数据进行对比分析。有时还要针对自己的研究对象，拍摄一些标准衍射图，编制专用的新卡片，以供考查。

④ 在进行多相混合试样的分析时，不能要求一次就将所有主要衍射线都能核对上，因为它们可能不是同一物相产生的。因此，首先要将能核对上的部分确定下来，然后再核对留下的部分，逐个地解决。在有些情况下，最后还可能有少数衍射线对不上，这可能是因为混合物中某些相含量太少，只出现一两条较强线，以致无法鉴定。

⑤ 尽量将 X 射线物相分析法和其他相分析法结合起来，利用偏光显微镜、电子显微镜等手段进行配合。

⑥ 要确定试样中含量较少的相时，可用物理方法或化学方法进行富集浓缩。

6.5.3.3 计算机物相自动检索简介

计算机物相自动检索是 20 世纪 60 年代全面开始的，它能大大提高物相检索的工效，减少人为差错，因此国内外都非常重视这项工作。计算机物相自动检索的一般过程：第一步是通过建库程序，建立 PDF 卡片的数据文件库和检索匹配用的各类数据库；第二步是输入未知样品的实验数据，通过检索匹配程序—包含着若干个判据—产生一个最佳匹配的方案；第三步是按可能性大小递减次序，输出（打印）一张为分析者作进一步选择判断用的候选卡清单。依此法基本可以确定样品中的物相类型。

6.5.3.4 定性分析的难点

检索未知试样的花样和检索与实验结果相同的花样的过程，本质上是一回事。在物相为 3 相以上时，人工检索并非易事，此时利用计算机是行之有效的。

Johnson 和 Vand 于 1968 年用 FORTRAN 编制的检索程序可以在 2min 内确定含有 6 相的混合物的物相。要注意的是，计算机并不能自动消除实验花样或原始卡片带来的误差。如果物相为 3 种以上时，计算机根据操作者所选择的 Δd 的不同，所选出的具有可能性的花样可能会超过 50 种，甚至更多。所以使用者必须充分利用有关未知试样的化学成分、热处理条件等信息进行甄别。

理论上讲，只要 PDF 卡片足够全，任何未知物质都可以标定，但是实际上会出现很多困难，主要是因为试样衍射花样的误差和卡片的误差。

6.6 利用 X 射线衍射的物相定量分析

X 射线物相定量分析的任务是根据混合相试样中各相物质的衍射线的强度来确定各相物质的相对含量。随着衍射仪的测量精度和自动化程度的提高，近年来定量分析技术有很大进展，分析方法越来越多，限于篇幅，这里只对定量分析的原理和主要方法进行介绍。

6.6.1 定量分析原理与方法

定量分析的基本任务是确定混合物中各相的相对含量。衍射强度理论指出，各相衍射线条的强度随着该相在混合物中相对含量的增加而增强。但是不能直接测量衍射峰的面积或强度来求物相浓度。因为我们测得的衍射强度 I_0 是经试样吸收之后表现出来的，即衍射强度还强烈地依赖于吸收系数 μ_l，而吸收系数也依赖于相浓度 C_α，所以要测 α 相含量首先必须明确 I_0、C_α、μ_l 之间的关系。

基于衍射仪方法的衍射强度基本关系式如下：

$$I=I_0\frac{\lambda^3}{32\pi R}\left(\frac{e^2}{mc^2}\right)^2\frac{V}{V_0^2}P\,|\,F\,|^2\varphi(\theta)\frac{1}{2\mu_l}e^{-2M} \tag{6-22}$$

该衍射强度公式的 F、P、e^{-2M} 以及 $\varphi(\theta)$ 所表达的都是对于一种晶体的单相物质的衍射参量。讨论多相物质时，$\dfrac{\lambda^3}{\gamma}$ 代表实验条件确定的参量；$\dfrac{F^2P\varphi(\theta)e^{-2M}}{V_c^2}$ 代表与某相的性质有关的参量；$\dfrac{1}{2\mu_l}$ 也是与某相的性质有关的参量，但在多相物质中应为 $\dfrac{1}{\mu}$（混合物的线吸收系数），与含量 C_α（体积分数）也有关。所以，公式中除 μ 以外均与含量无关，可记为常数 K_l。当需要测定两相（α+β）混合物中的 α 相时，只要将衍射强度公式乘以 α 相的体积分数 C_α，再用混合物的吸收系数 μ 来替代 α 相的吸收系数 μ_α，即可得出 α 相的表达式。即衍射强度为

$$I_\alpha=K_l\frac{C_\alpha}{\mu} \tag{6-23}$$

式中，K_l 为未知常数。

这里用混合物的线吸收系数不方便，需要推导出混合物线吸收系数 μ 与各个相的线吸收

系数 μ_α、μ_β 的关系。首先将 μ 与各相的质量吸收系数联合起来，混合物的质量吸收系数为各组成相的质量吸收系数的加权代数和。如 α、β 两相，各自密度为 ρ_α、ρ_β，线吸收系数为 μ_α、μ_β，质量百分比为 W_α、W_β，则混合物的质量吸收系数 μ_m 为

$$\mu_m = \frac{\mu}{\rho} = \frac{\mu_\alpha}{\rho_\alpha} W_\alpha + \frac{\mu_\beta}{\rho_\beta} W_\beta$$

所以，混合物的线吸收系数：

$$\mu = \rho \left(\frac{\mu_\alpha}{\rho_\alpha} W_\alpha + \frac{\mu_\beta}{\rho_\beta} W_\beta \right) \tag{6-24}$$

再进一步把 C_α 与 α 相的质量联系起来，混合物体积为 V，质量为 ρV，则 α 相的质量为 $\rho V W_\alpha$，α 相的体积为

$$\frac{V \rho W_\alpha}{\rho_\alpha} = V_\alpha \tag{6-25}$$

这样

$$C_\alpha = \frac{V_\alpha}{V} = \frac{V \rho W_\alpha}{\rho_\alpha} \times \frac{1}{V} = \frac{W_\alpha \rho}{\rho_\alpha} \tag{6-26}$$

将式(6-25)、式(6-26) 代入式(6-23)

$$I_\alpha = \frac{K_l W_\alpha}{\rho_\alpha \left(\dfrac{\mu_\alpha}{\rho_\alpha} W_\alpha + \dfrac{\mu_\beta}{\rho_\beta} W_\beta \right)} \tag{6-27}$$

又因为 $W_\beta = 1 - W_\alpha$，所以

$$I_\alpha = \frac{K_1 W_\alpha}{\rho_\alpha \left[W_\alpha \left(\dfrac{\mu_\alpha}{\rho_\alpha} - \dfrac{\mu_\beta}{\rho_\beta} \right) + \dfrac{\mu_\beta}{\rho_\beta} \right]} \tag{6-28}$$

由式(6-28) 可知，待测相的衍射强度随着该相在混合物中的相对含量的增加而增强；但是，衍射强度还与混合物的总吸收系数有关，而总吸收系数又随浓度而变化。因此，一般来说，强度和相对含量之间的关系并非直线。只有在待测试样是由同素异构体组成的特殊情况下，待测相的衍射强度才与该相的相对含量成直线关系。

6.6.2　内标法

若待测样品中含有多个物相，各相的质量吸收系数又不同，则定量分析常采用内标法。将一种标准物质掺入待测样品中作为内标，并事先绘制定标曲线。内标法仅限于粉末样品。

要测定 j 相在混合物中含量，须掺入标准物质 S 组成复合样品。根据 $I_j = \dfrac{A C_j f_j}{\mu}$，j 相某条衍射线的强度为

$$I_j = \frac{A C_j f_j'}{\mu} \tag{6-29}$$

式中，f_j' 为 j 相在复合样品（掺入 S 相后）中的体积分数；A 为强度计算的前置参数。

若要求取 j 相的质量分数，尚需要考虑 j 相的密度：

$$I_j = \frac{A C_j \omega_j'}{\rho_j \mu} \tag{6-30}$$

式中，ρ_j 为 j 相的密度；ω_j' 为 j 相在复合样品中的质量分数。

标准相 S 的衍射强度亦可同理求出：

$$I_S = \frac{A C_S \omega_S'}{\rho_j \mu} \tag{6-31}$$

式中，ω_S' 为标准相 S 在复合样品中的质量分数。

式(6-30) 除以式(6-31) 得

$$\frac{I_j}{I_S} = \frac{C_j \rho_S \omega_j'}{C_S \rho_j \omega_S'} \tag{6-32}$$

j 相在原混合样（未掺入 S 相）中的质量分数为 ω_j，S 相占原混合样的质量分数为 ω_S，它们与 ω_j' 和 ω_S' 的关系分别为

$$\omega_j = \frac{\omega_j'}{1-\omega_S'}, \omega_S = \frac{\omega_S'}{1-\omega_S'}$$

以此关系式代入式(6-32)，得

$$\frac{I_j}{I_S} = \frac{C_j \rho_S \omega_j}{C_S \rho_j \omega_S} \tag{6-33}$$

对于 S 相含量恒定，j 相含量不同（已知）的一系列复合样，C_j、ρ_j、C_S、ρ_S、ω_S 皆为定值，式(6-33) 可写成

$$\frac{I_j}{I_S} = K \omega_j \tag{6-34}$$

式(6-34) 为内标法基本方程，I_j/I_S 与 ω_j 呈线性关系，直线必过原点。$K = \dfrac{C_j \rho_j}{C_S \rho_S \omega_S}$ 为直线的斜率。

I_j 及 I_S 可通过实验测定，如直线斜率 K 已知，则可求 ω_j。

配制一系列样品，测定并绘制定标曲线求得直线斜率 K。配制系列样品中包含重量分数不同（但数值 ω_j 已知）的欲测相（j 相）以及恒定质量分数的标准相（S 相），衍射分析获得试样中 j 相的某条衍射线强度 I_S，I_S 相比 I_j/I_S，作 I_j/I_S-ω_j 曲线。然后，将同样重量分数的标准物掺入待测样中组成复合样，并测量该样品的 I_j/I_S，通过定标曲线即可求得 ω_j。如图 6-19 所示的定标曲线用于测定工业粉尘中的石英含量。

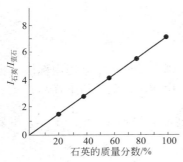

图 6-19　以萤石为内标物分析石英的定标曲线

6.6.3　基本清洗法

内标法是传统的定量分析方法，存在严重的缺点。为克服内标法的缺点，目前有许多简化方法，其中使用较普遍的是 K 值法，又称基体清洗法，是 1974 年首先由钟焕成 (F. H. Chung) 提出。K 值法是内标法的一种，从内标法发展而来。它与传统内标法相比，不用绘制定标曲线，使分析程序大为简化。K 值法的原理比较简单，公式是从内标法的公式演

变而来。根据内标法公式：

$$\frac{I_j}{I_S} = \frac{C_j \rho_S \omega_j'}{C_S \rho_j \omega_S'}$$

K 值法将该式改为

$$\frac{I_j}{I_S} = K_S^j \frac{\omega_j}{\omega_S} \qquad (6-35)$$

$$K_S^j = \frac{C_j \rho_S}{C_S \rho_j} \qquad (6-36)$$

　　式(6-36) 是 K 值法的基本方程。K_S^j 成为 j 相（待测相）对 S 相（内标物）的 K 值。K_S^j 值仅与两相及用以测试的晶面和波长有关，而与标准相的加入量无关。若 j 相和 S 相衍射线条选定，则 K_S^j 为常数，通常由实验方法求得。K_S^j 值的实验测定：配制等量的 j 相和 S 相混合物，此时 $\omega_j/\omega_S = 1$，所以 $K_S^j = I_j/I_S$，即测量的 I_j/I_S 就是 K_S^j。应用时，往待测样中加入相等质量的 S 相，测量 I_j/I_S，已知 K_S^j，通过式(6-36) 求得 ω_j。应用时应注意，待测相与内标物种类及衍射线条的选取条件应与 K 值测定是相同的。

　　参比强度 K 值法的进一步简化。该法采用刚玉（α-Al_2O_3）为通用参比物。常用物相的 K 值（参比强度）已载于粉末衍射卡片或索引上。某物质的 K 值即参比强度等于该物质与 α-Al_2O_3 等重量混合物样的 X 射线衍射图谱中两相最强线的强度比，在标准 PDF 卡片中，用 I/I_c 值或 RIR 值来表示。含有该数值的 PDF 卡片，可以直接读取用于粗略计算物相的含量。

　　当待测样中只有两个相时，做定量分析不必加入标准物质，因为这时存在以下关系：

$$\omega_1 + \omega_2 = 1$$

$$I_1/I_2 = K_2^1 \omega_1/\omega_2$$

于是
$$\omega_1 = \frac{1}{1 + K_2^1 I_2/I_1} \qquad (6-37)$$

　　参比强度法可以解决实际中难以获得纯物质的问题，不必实验测定 K 值，但精度差。

　　下面我们综述用 K 值对多相混合物进行定量分析的步骤。其中假设测定的是试样中的第 j 相的质量分数，而内标物质以 S 代表。

　　① 确定 K 值。为确定 K 值有两条途径：其一是实验测定，即用纯的 j 相物质和选定的内标物质 S 配制成质量比为 1 : 1 的混合试样，然后选取 j 和 S 相的衍射线（一般选最强线）各一条，测量它们的强度 I_j 和 I_S，即得 $K_S^j = I_j/I_S$；其二是采用 PDF 索引上的参比强度数据，间接导出 K_S^j 的值。

　　② 选取已知量的内标物质 S 与待分析试样配制成混合试样（一般控制 ω_S 为 0.2 左右），然后进行充分研磨拌匀并使粒度达到 $1 \sim 5\mu m$。

　　③ 测定配好的试样的 I_j 及 I_S 值。

　　④ 根据 $\omega_S^j = \frac{I_j}{I_S} \cdot \frac{1}{K_S^j} \cdot \omega_S$ 或 $\omega_j = \frac{I_j}{I_S} \times \frac{1}{K_S^j} \times \frac{\omega_j}{1-\omega_S}$ 算出 ω_S^j 或 ω_j。

　　K 值法与一般内标法相比，具有明显的优点。首先，在 K 值法中，$K_S^j = \frac{C_j}{C_S} \times \frac{\rho_j}{\rho_S}$ 只与 X 射线波长及 j 与 S 两相的结构和密度有关，因此具有常数意义。精确测定的 K 值，具有通用性；而在一般内标法中定标曲线的斜率为 $C = \dfrac{C_j}{C_S} \times \dfrac{\rho_j}{\rho_S} \times \dfrac{\omega_S}{1 - \omega_S}$，它是与内标物质的掺入量 ω_j 有关的值，因此没有通用性。另外，一般内标法中，为了确定定标曲线，至少配制 3 个成分不同的试样进行重复测量，而 K 值法只要配制一个试样即能完全确定 K 值，显然方便多了。

K 值法中，由于计算和测量的是待测相与内标物质的某衍射的强度比 I_j / I_c，使得基体所产生的影响在求强度的过程中被抵消掉了，或者说是被冲洗掉了，故 K 值法又称基体冲洗法。

6.6.4 晶格常数测定

结晶物质在一定条件下具有一定的晶胞参数。晶胞参数受多种因素影响，如温度、压力、化合物的化学剂量比等。因此，精确测量晶胞参数可用来观测晶体的热膨胀系数、应力状况、杂质含量、化学剂量比以及固溶体的组分比等。

测定晶体的晶胞参数，可以采用单晶试样，利用转动晶体法和单晶衍射仪等来进行；也可以采用粉晶试样，利用粉晶法及衍射仪法来进行。无机材料研究中，主要从粉晶衍射数据出来测量晶胞参数。

测量粉晶衍射图上各衍射线的位置，即可求得与各衍射线对应的衍射角和衍射面的晶面间距 d。晶面间距 d 是晶胞参数和衍射指数（HKL）的函数，所以从一系列晶面间距值去计算晶胞参数，必须先求出每根衍射线的对应衍射指数，这一工作称为衍射线的指标化或标定。

但是，晶格常数本身就是一些很精确的值，固溶、缺陷、杂质、应力以及由仪器、测试人员等引起的误差都会引起晶格常数的变化，如何区别各种原因引起的误差，则是一项复杂而又精密的工作。因此，计算待测物质的晶格常数时，常常要充分利用多种多样的手段，来消除因为仪器、人员因素产生的误差，特别是对于新物质的鉴定和检测，则需要大量的前期准备工作来尽量减小各种误差对测试结果的影响，有的时候还需要利用已经精密校正的仪器以及专门的研究机构，对晶格常数的测量值进行论证和权威鉴定。

以下介绍消除误差的基本方法。

当 X 射线波长一定时，根据布拉格公式微分后，可得

$$\Delta d / d = -\cot\theta \Delta\theta \tag{6-38}$$

由此可见，计算得到的面间距相对误差不仅取决于衍射线位置的测量误差 $\Delta\theta$，还与衍射线位置（θ）有关，θ 越接近 $90°$，所得的面间距相对误差越小，为此，一般总是尽可能利用 θ 接近 $90°$ 的高角度衍射线来计算晶胞参数。

实验中，误差可分为偶然误差（或称无规误差）和系统误差两类。偶然误差来自测量衍射线峰位时的判断错误或偶然的外界干扰，有时为正，有时为负，无变化规律。系统误差是由实验条件（仪器及试样等）引起的系统偏差，其特点是其大小按某种误差函数作有规律的变化。上述两类误差可用精细的实验技术将其减小，还可用数学处理加以修正。对具体的实验方法进行分析，可找到误差变化的规律性（误差函致），就可用数学方法修正误差。

6.6.5 晶粒尺寸计算

在 X 射线衍射强度的理论计算推导中（本书略，如需要详细资料请参阅相关工具书），需要使用干涉函数 $|G|^2$ 的主峰的角度反比于参加衍射的晶胞数 N，因此，晶体尺寸极小时，N 就很小，衍射线就会宽化。此外，晶体中不均匀应变等晶格缺陷的存在也会使衍射线宽化。

假若晶体中没有不均匀应变等晶格缺陷存在，那么衍射线宽化纯属是由于晶粒尺寸（或嵌镶块尺寸，下同）太小而引起的，可以证明有下列关系：

$$D_{hkl} = \frac{K\lambda}{\beta\cos\theta} \qquad\qquad (6\text{-}39)$$

这个公式称为谢乐公式。式中，D_{hkl} 为垂直于 (hkl) 晶面方向的晶粒尺寸（单位为 Å）；λ 为所用 X 射线波长；θ 为布拉格角；β 为由于晶粒细化引起的衍射峰 (hkl) 的积分宽度（单位为 Rad，即弧度）；K 为一常数，其具体数值与 β 的定义有关。若 β 取衍射峰的半高宽，则 $K=0.89$，若 β 取衍射峰的积分宽度，则 $K=1$。所谓积分宽度 β，是指衍射峰的积分面积（积分强度）I_i 除以峰高 I_h 所得的值，即 $\beta_i = I_i / I_h$。

谢乐公式适用于微晶的尺寸在 $10\sim1000$Å 的样品。用衍射仪对衍射峰宽度进行测量时，实际上还包括仪器本身的宽化在内，为此先要用标准试样测定仪器本身的宽化，进行校正。所谓标准试样即没有不均匀应变且嵌镶块尺寸足够大，所以不存在试样本身引起的衍射峰宽化的物质，通常用粒度为 $25\sim44\mu$m 的石英粉，经 850℃ 退火后作为标准试样。另外，还要对 K_α 双线进行分离，求得 K_{α_1} 所产生的真实宽度，才能代入谢乐公式计算晶粒尺寸。还要注意谢乐公式所得的晶粒尺寸 D_{hkl} 是与所测衍射线的指数 (hkl) 有关的，一般可选取同一方向的两个衍射面，以作比较。

第 7 章
扫描电子显微镜及矿物能谱分析技术

7.1 基本原理与仪器构造

7.1.1 基本原理

当一束聚焦电子束沿一定方向入射到样品中，由于受到固体物质中晶格位场和原子库仑场的作用，其入射方向会发生改变，这种现象称为散射。如果在散射过程中入射电子只改变方向，但其总动能基本上无变化，则这种散射称为弹性散射；如果在散射过程中入射电子的方向和动能都发生改变，则这种散射称为非弹性散射。入射电子的散射过程是一种随机过程，每次散射后都使其前进方向改变。在非弹性散射情况下，还会损失一部分能量，并伴有各种信息的产生，如热、X 射线、光、二次电子发射等。理论上，入射电子的散射轨迹可以用蒙特卡罗方法来模拟，如图 7-1 所示。

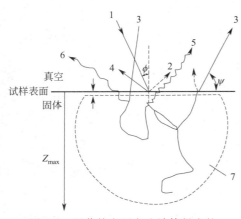

图 7-1 用蒙特卡罗方法计算得出的
入射电子的散射轨迹

1—入射电子；2—二次电子；3—背散射电子；
4—俄歇电子；5—X 射线；6—阴极荧光；
7—扩散云；Z_{max}—入射电子的最大穿透深度；
ϕ—入射电子的入射角；ψ—返回表面的出射角

如图 7-1 所示，入射电子经过多次弹性和非弹性散射后，可能出现如下情况：①部分入射电子所累积的总散射角大于 90°，重新返回表面逸出，这些电子称为背散射电子（Backscattered electron，BSE）；②高能入射电子与样品原子核外电子相互作用，使核外电子电离，从样品中射出能量小于 50eV 的电子这些电子称为二次电子（Secondary electron，SE）；③部分入射电子经过多次非弹性散射后，其能量损失殆尽，不再产生其他效应，被试样吸收，这部分电子称为吸收电子（Absorbed electron，AE）；④部分入射电子所累积的总散射角小于 90°，并且试样的厚度小于入射电子的最大贯穿深度，则它可以穿透试样而从另一面逸出，这部分电子称为透射电子（Transmitted electron，TE）；⑤当高能电子进入样品后，受到样品原子的非弹性散射，将其能量传递给原子而使其中某个内壳层的电子被电离，并脱离该原子，内壳层上出现一个空位，原子处于不稳定的高能激发态，在激发后的 10^{-12} s 内原子便恢复到最低能量的基态，一系列外层电子向内壳层空位跃迁，产生特征 X 射线（Characteristic X-ray），入射电子与原子相互作用产生特征 X 射线，同时还产生连续谱 X 射线辐射（Continum X-ray）；⑥样品中的原子受到入射电子的激发后经历去激过程，除释放特征 X 射线外，同时还发生另外一种去激过程，即特征 X 射线从样品内射出的过程中，又被原子吸收，释放出某一壳层的另一个低能电子，该电子的能量等于原来特征 X 射线能量减去被发射电子的结合能，这就是俄歇电子（Auger electron）；⑦某种材料，如半导体、磷光体和某些绝缘体在高能电子的轰击下，会在紫外和可见光谱区发射长波光子，这种现象称为阴极荧光（Cathodluminescence）。

电子束与样品相互作用发生散射产生的各种信号是扫描电镜分析和微区成分分析的重要基础，表 7-1 列出了几种常见信号以及与之对应的检测仪器。扫描电子显微镜（scanning electron microscope，SEM）就是利用精细聚焦电子束照射在样品表面，该电子束可以是静止的，也可以在样品表面作光栅扫描。在这个过程中，电子束与样品相互作用产生各种信号，其中包括二次电子、背散射电子、俄歇电子、特征 X 射线和不同能量的光子等，这些信号来自样品中的特定区域，分别利用探测器接收，可以提供样品的各种信息，用于研究材料的微观形貌、晶体学特征和微区化学成分。X 射线能谱仪是扫描电镜附带的附件，通过检测从样品出射的特征 X 射线的波长或能量，测定样品元素的组成、相对含量以及分布。扫描电镜相对于其他电镜具有分辨率高、放大倍率宽、三维立体效果好、样品制备简单、综合分析能力强、操作简单等优点。结合 X 射线能谱仪，可用于金属、陶瓷、矿物、水泥、半导体、纸张、塑料、食品、农作物和化工产品的显微形貌、晶体结构和相组织的观察与分析；各种材料微区化学成分的定性定量检测；粉末、微粒、纳米样品形态观察和粒度测定；机械零件与工业产品的实效分析；镀层厚度、成分与质量评定；刑侦案件物证分析与鉴定；新材料性质的测定和评价等。

表 7-1　电子束与样品相互作用发生散射产生的信号

散射类型	相互作用	产生信号	携带信息	取样范围	检测仪器
弹性	束电子/原子核	背散射电子	成分	1/3 作用区	SEM
非弹性	核外电子	背散射电子	形貌	1/3 作用区	
非弹性	束电子/电离核外电子	二次电子	表面形貌	<10nm	SEM
非弹性	束电子/接地	吸收电子	成分	整个作用区	SEM
非弹性	束电子透过样品	透射电子	形貌	整个作用区	SEM
非弹性	束电子/电离，再复合	阴极荧光	成分	几微米	SEM
非弹性	束电子/电离，再复合	特征 X 射线	成分	几微米	EPMA
非弹性	束电子/电离，再复合	俄歇电子	表面成分	<3nm	AES

说明：EPMA，Electron Probe Microanalysis，电子探针显微分析；AES，Auger Electron Spectrometry，俄歇电子能谱仪。

7.1.2　仪器构造

扫描电镜由电子光学系统、信号收集和图像显示系统、真空系统 3 部分组成，其结构如图 7-2 所示。从图 7-2 可以看出，由电子枪所发射出来的电子束（一般为 $50\mu m$），在加速电压的作用下（$2\sim30kV$），经过多个电磁透镜，汇聚成一个细小到 5nm 以下的电子探针，在末级透镜上部扫描线圈的作用下，使电子探针在试样表面做光栅状扫描。由于高能电子与物质的相互作用，结果在试样上产生各种信息如二次电子、背反射电子、俄歇电子、X 射线、阴极发光、吸收电子和透射电子等。因为从试样中所得到的各种信息的强度和分布与试样表面形貌、成分、晶体取向以及表面状态的一些物理性质（如电性质、磁性质等）等因素有关。因此，通过接收和处理这些信息，就可以获得表征试样形貌的扫描电子像，进行晶体学分析或成分分析。为了获得扫描电子像，通常是用探测器把来自试样表面的信息接收，再经过信号处理系统和放大系统变成信号电压，最后输送到显像管的栅极，用来调制显像管的亮度。因为在显像管中的电子束和镜筒中的电子束是同步扫描的，其亮度是由试样所发回的信息的强度来调制，因而可以得到一个反映试样表面状况的扫描电子像，其放大系数定义为显像管中电子束在荧光屏上扫描振幅和镜筒电子束在试样上扫描振幅的比值。

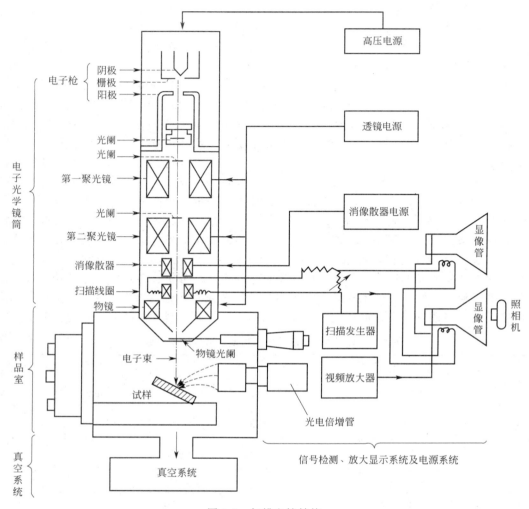

图 7-2　扫描电镜结构

7.1.2.1　电子光学系统

电子光学系统包括电子枪、电磁透镜、扫描线圈和样品室。

（1）电子枪　电子枪的作用是产生电子照明源，它的性能决定了扫描电镜的质量，商业生产扫描电镜的分辨率可以说是受电子枪亮度所限制。目前，应用于电子显微镜的电子枪可以分为直热式发射型电子枪、旁热式发射型电子枪、场致发射型电子枪 3 类，如图 7-3 所示。直热式发射型电子枪的阴极材料是钨丝（直径 0.1～0.15mm），制成发夹式或针尖式形状，并利用电阻直接加热来发射电子；旁热式发射型电子枪的阴极材料是用电子逸出功小的材料如 LaB_6、YB_6、TiC 或 ZrC 等制造，其中 LaB_6 应用最多，它是用旁热式加热阴极来发射电子的；场致发射型电子枪的阴极材料是用（310）位向的钨单晶针尖，针尖的曲率半径大约为 100nm，它是利用场致发射效应来发射电子的。

（2）电磁透镜　扫描电子显微镜中各电磁透镜都不作为成像透镜用，而是作为聚光镜用，它们的功能只是把电子枪的束斑逐级聚焦缩小，使原来直径约为 $50\mu m$ 的束斑缩小成一个只有

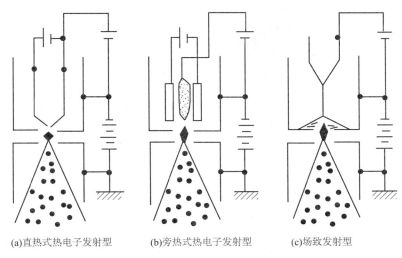

(a)直热式热电子发射型   (b)旁热式热电子发射型   (c)场致发射型

图 7-3   各种类型电子枪原理

数个纳米的细小斑点，要达到这样的缩小倍数，必须用几个透镜来完成。扫描电子显微镜一般都有 3 个聚光镜，前两个聚光镜是强磁透镜，可把电子束光斑缩小，第三个聚光镜是弱磁透镜，具有较长的焦距。布置这个末级透镜（习惯上称为物镜）的目的在于使样品室和透镜之间留有一定空间，以便装入各种信号探测器。扫描电子显微镜中照射到样品上的电子束直径越小，就相当于成像单元的尺寸越小，相应的分辨率就越高。采用普通热阴极电子枪时，扫描电子束的束径可达到 6nm 左右。若采用六硼化镧阴极和场发射电子枪，电子束束径还可进一步缩小。

（3）扫描线圈   扫描线圈的作用是使电子束偏转，并在样品表面作有规则的扫动，电子束在样品上的扫描动作和显像管上的扫描动作保持严格同步，因为它们是由同一扫描发生器控制的。

（4）样品室   样品室内除放置样品外，还放置信号探测器。各种不同信号的收集与相应检测器的安放位置有很大关系，如果安置不当，则有可能收不到信号或收到的信号很弱，从而影响分析精度。样品台本身是一个复杂而精密的组件，它应能夹持一定尺寸的样品，并能使样品作平移、倾斜和转动等运动，以利于对样品上每一特定位置进行各种分析。新式扫描电子显微镜的样品室实际上是一个微型实验室，它带有许多附件，可使样品在样品台上加热、冷却和进行机械性能试验（如拉伸和疲劳）。

7.1.2.2   信号收集和图像显示系统

二次电子、背散射电子和透射电子的信号都可采用闪烁计数器来检测。信号电子进入闪烁体后即引起电离，当离子和自由电子复合后就产生可见光。可见光信号通过光导管送入光电倍增器，光信号放大，即又转化成电流信号输出，电流信号经视频放大器放大后就成为调制信号。如前所述，由于镜筒中的电子束和显像管中电子束是同步扫描的，而荧光屏上每一点的亮度是根据样品上被激发出来的信号强度来调制的，因此样品上各点的状态各不相同，所以接收到的信号也不相同，于是就可以在显像管上看到一幅反映试样各点状态的扫描电子显微图像。

7.1.2.3   真空系统

真空系统在电子光学仪器中十分重要，这是因为电子束只能在真空下产生和操纵。对于扫描电镜来说，通常要求真空度优于 $10^{-3} \sim 10^{-4}$ Pa。任何真空度的下降都会导致电子束散射加大，电子枪灯丝寿命缩短，产生虚假的二次电子效应，使透镜光阑和试样表面受烃类的污染加速等，从而严重地影响成像的质量。因此，真空系统的质量是衡量扫描电镜质量的参考指标之一。常用的高真空系统有如下 3 种：

① 油扩散泵系统。这种真空系统可获得 $10^{-3}\sim10^{-5}$Pa 的真空度，基本能满足扫描电镜的一般要求，其缺点是容易使试样和电子光学系统的内壁受污染。

② 涡轮分子泵系统。这种真空系统可以获得 10^{-4}Pa 以上的真空度，其优点是属于一种无油的真空系统，故污染问题不大，但缺点是噪声和振动较大，因而限制了它在扫描电镜中的应用。

③ 离子泵系统。这种真空系统可以获得 $10^{-7}\sim10^{-8}$Pa 的极高真空度，可满足在扫描电镜中采用六硼化镧电子枪和场致发射电子枪对真空度的要求。

7.1.3 成像原理

由图 7-4 我们可以看出成像的过程，从灯丝发射出来的热电子，受 $2\sim30$kV 电压加速，经两个聚光镜和一个物镜聚焦后，形成一个具有一定能量、强度和斑点直径的入射电子束，在扫描线圈产生的磁场作用下，入射电子束按一定时间、空间顺序做光栅式扫描。由于入射电子与样品之间的相互作用，从样品中激发出的二次电子通过收集极的收集，可将向各个方向发射的二次电子收集起来。这些二次电子经加速并射到闪烁体上，使二次电子信息转变成光信号，经过光导管进入光电倍增管，使光信号再转变成电信号。这个电信号又经视频放大器放大，并将其输入到显像管的栅极中，调制荧光屏的亮度，在荧光屏上就会出现与试样上一一对应的相同图像。入射电子束在样品表面上扫描时，因二次电子发射量随样品表面起伏程度（形貌）变化而变化。

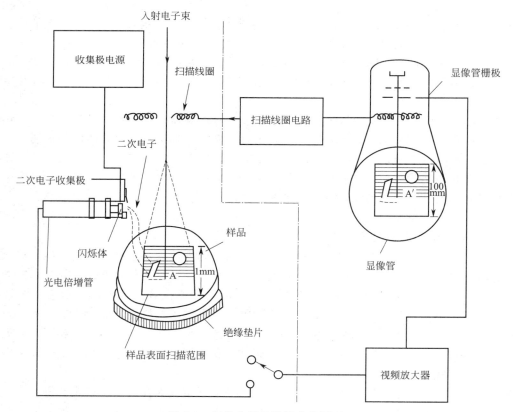

图 7-4　扫描电子显微镜成像原理

故视频放大器放大的二次电子信号是一个交流信号，用这个交流信号调制显像管栅极电位，其结果在显像管荧光屏上呈现的是一幅亮暗程度不同的、反映样品表面起伏程度（形貌）

的二次电子像。应该特别指出的是，入射电子束在样品表面上扫描和在荧光屏上的扫描必须是"同步"，即必须用同一个扫描发生器来控制，这样就能保证样品上任一"物点"样品 A 点，在显像管荧光屏上的电子束恰好在 A′点，即"物点" A 与"像点" A′在时间上和空间上一一对应。通常称"像点" A′为图像单元。显然，一幅图像是由很多图像单元构成的。

扫描电镜除能检测二次电子图像以外，还能检测背散射电子、透射电子、特征 X 射线、阴极发光等信号图像。其成像原理与二次电子像相同。

在进行扫描电镜观察前，要对样品作相应的处理。扫描电镜样品制备的主要要求是尽可能使样品的表面结构保存好，没有变形和污染，样品干燥并且有良好的导电性能。

（1）二次电子像　二次电子是被入射电子轰出的试样原子的核外电子，其主要特点如下：

① 能量小于 50eV，主要反映试样表面 10nm 层内的状态，成像分辨率高。

② 二次电子发射系数与入射束的能量有关，随着入射束能量增加，二次电子发射系数减小。

③ 二次电子发射系数和试样表面倾角有关。

④ 二次电子在试样上方的角分布也服从余弦分布，但与背散射电子不同的是，二次电子在试样倾斜时仍为余弦分布。

根据二次电子的上述特点，二次电子像主要反映试样表面的形貌特征。二次电子像分辨率高、无明显阴影效应、场深大、立体感强，是扫描电镜的主要成像方式，它特别适用于粗糙表面及断口的形貌观察，在材料科学中得到广泛的应用。

（2）背散射电子像　背散射电子是由样品反射出来的初次电子，其主要特点是能量很高，有相当部分接近入射电子能量，在试样中产生的范围大，图像的分辨率低。背散射电子发射系数随原子序数增大而增大，作用体积随入射束能量增加而增大，但发射系数变化不大。当试样表面倾角增大时，作用体积改变，且发射系数显著增加。背散射电子在试样上方有一定的角分布。垂直入射时为余弦分布，当试样表面倾角增大时，由于电子有向前散射的倾向，故峰值前移。因此，电子探测器必须放在适当的位置才能探测到较高强度的电子信号。从上述背散射电子特点可知，背散射电子发射系数与试样表面倾角以及试样的原子序数二者有关。背散射电子能量大，运动方向基本上不受弱电场的影响，沿直线前进。在用单个电子探测器探测时，只能探测到面向探测器的表面发射的背散射电子，所成的像具有较重的阴影效应，使表面形貌不能得到充分显示。加上背散射电子像分辨率低，因此一般不用它来观察表面形貌，而主要用来初步判断试样表面不同原子序数成分的分布状况。采用背散射电子信号分离观察的方法，可分别得到只反映表面形貌的形貌像和只反映成分分布状况的成分像。

（3）衬度　扫描电镜图像的衬度是信号衬度，根据形成的依据，扫描电镜的衬度可分为形貌衬度、原子序数衬度和电压衬度 3 种。

形貌衬度是由于试样表面形貌差异而形成的衬度。利用对试样表面形貌变化敏感的物理信号如二次电子、背散射电子等作为显像管的调制信号，可以得到形貌衬度像。其强度是试样表面倾角的函数。而试样表面微区形貌差别实际上就是各微区表面相对于入射束的倾角不同，因此电子束在试样上扫描时任何两点的形貌差别均表现为信号强度的差别，从而在图像中形成显示形貌的衬度。二次电子像的衬度是最典型的形貌衬度。

原子序数衬度是由于试样表面物质原子序数（或化学成分）差别而形成的衬度。利用对试样表面原子序数（或化学成分）变化敏感的物理信号作为显像管的调制信号，可以得到原子序数衬度图像。背散射电子像、吸收电子像的衬度，都包含原子序数衬度，而特征 X 射线像的衬度是原子序数衬度。

电压衬度是由于试样表面电位差别而形成的衬度。利用对试样表面电位状态敏感的信号，如二次电子作为显像管的调制信号，可得到电压衬度像。

二次电子像的衬度是形貌衬度，衬度形成主要取决于试样表面相对于入射电子束的倾角。试样表面光滑平整（无形貌特征），倾斜放置时的二次电子发射电流比水平放置时大，但仅增加像的亮度而不形成衬度；而对于表面有一定形貌的试样，其形貌可看成由许多不同倾斜程度的面构成的凸尖、台阶、凹坑等细节组成，这些细节的不同部位发射的二次电子数也不同，从而产生衬度。由于二次电子能量小，用闪烁体探测器探测时，只要在收集极上加 250V 正电压，即可把二次电子吸引过来，所以二次电子像没有明显的阴影效应。

背散射电子信号中包含了试样表面形貌和原子序数信息，像的衬度既有形貌衬度，又有原子序数衬度，因此，可利用背散射电子像来研究样品表面形貌和成分分布。例如，对于表面光滑、无形貌特征的厚试样，当试样由单一元素构成时，则电子束扫描到试样上各点时产生的信号强度是一致的，得到的像中不存在衬度。当试样由原子序数不同的元素构成时，则在不同的元素上方产生不同的信号强度，因此也就产生衬度。

7.1.4　试样制备

（1）对试样的要求　试样可以是块状或粉末颗粒，在真空中能保持稳定，含有水分的试样应先烘干除去水分，或使用临界点干燥设备进行处理。表面受到污染的试样，要在不破坏试样表面结构的前提下进行适当清洗，然后烘干。新断开的断口或断面，一般不需要进行处理，以免破坏断口或表面的结构状态。有些试样的表面、断口需要进行适当的侵蚀，才能暴露某些结构细节，则在侵蚀后应将表面或断口清洗干净，然后烘干。对磁性试样，要预先去磁，以免观察时电子束受到磁场的影响。试样大小要适合仪器专用样品座的尺寸，不能过大，样品座尺寸不尽相同，一般小的样品座直径为 3~5mm，大的样品座直径为 30~50mm，以分别用来放置不同大小的试样；样品的高度也有一定的限制，一般为 5~10mm。

（2）扫描电镜的块状试样制备　对于块状导电材料，除了大小要适合仪器样品座尺寸，基本上不需进行什么制备，用导电胶把试样粘接在样品座上，即可放在扫描电镜中观察。对于块状的非导电或导电性较差的材料，要先进行镀膜处理，在材料表面形成一层导电膜，以避免电荷积累，影响图像质量，并可防止试样的热损伤。

（3）粉末试样的制备　先将导电胶或双面胶纸粘接在样品座上，再均匀地把粉末样撒在上面，用洗耳球吹去未粘接的粉末，再镀上一层导电膜，即可上电镜观察。

（4）镀膜　镀膜的方法有两种，一种是真空镀膜，另一种是离子溅射镀膜。离子溅射镀膜的原理是：在低气压系统中，气体分子在相隔一定距离的阳极和阴极之间的强电场作用下电离成正离子和电子，正离子飞向阴极，电子飞向阳极，二电极间形成辉光放电，在辉光放电过程中，具有一定动量的正离子撞击阴极，使阴极表面的原子被逐出，称为溅射。如果阴极表面为用来镀膜的材料（靶材），需要镀膜的样品放在作为阳极的样品台上，则被正离子轰击而溅射出来的靶材原子沉积在试样上，形成一定厚度的镀膜层。离子溅射时常用的气体为惰性气体氩，要求不高时，也可以用空气。离子溅射镀膜与真空镀膜相比，其主要优点是装置结构简单，使用方便，溅射一次只需几分钟，而真空镀膜则要半个小时以上；消耗贵金属少，每次仅约几毫克；对同一种镀膜材料，离子溅射镀膜质量好，能形成颗粒更细、更致密、更均匀、附着力更强的膜。

7.1.5　试样测试与分析

测试与分析是扫描电镜技术中最重要的环节之一，测试出我们想要的图像并做出分析总结是扫描电镜工作的目的。扫描电镜的测试步骤主要如下。

（1）电子束合轴　调整电子束对中（合轴）的方法有机械式和电磁式两种。

① 机械式是调整合轴螺钉，达到合轴的目的。

② 电磁式是调整电磁对中线圈的电流，以此移动电子束相对光路中心位置达到合轴目的。

(2) 放入试样　将试样固定在试样盘上，并进行导电处理，使试样处于导电状态。将试样盘装入样品更换室，预抽 3min，然后将样品更换室阀门打开，将试样盘放在样品台上，再抽出试样盘的拉杆后关闭隔离阀。

(3) 高压选择　扫描电镜的分辨率随加速电压增大而提高，但其衬度随电压增大反而降低，并且加速电压过高污染严重，所以一般在 20kV 下进行初步观察，而后根据不同的目的选择不同的电压值。

(4) 聚光镜电流的选择　聚光镜电流与成像质量有很大关系，聚光镜电流越大，放大倍数越高。同时，聚光镜电流越大，电子束斑越小，相应的分辨率也会越高。

(5) 光阑选择　光阑孔一般是 $400\mu m$、$300\mu m$、$200\mu m$、$100\mu m$ 四挡，光阑孔径越小，景深越大，分辨率也越高，但电子束流会减小。一般在二次电子像观察中选用 $300\mu m$ 或 $200\mu m$ 的光阑。

(6) 聚焦与像散校正　聚焦分粗调、细调两步。由于扫描电镜景深大、焦距长，所以一般采用高于观察倍数二三挡进行聚焦，然后再回过来进行观察和照相。即所谓“高倍聚焦，低倍观察”。像散校正主要是调整消像散器，使其电子束轴对称直至图像不飘移为止。

(7) 亮度与对比度的选择　二次电子像的对比度受试样表面形貌凸凹不平而引起二次电子发射数量不同的影响。反差与亮度的选择则是当试样凸凹严重时，衬度可选择小一些，以求视野明亮、对比清楚，使暗区的细节也能观察清楚。也可以选择适当的倾斜角，以达最佳的反差。

当所有参数都调节到适合样品观察的位置时即可观测，并拍照储存用于日后的分析工作。

7.1.6　材料科学方面的应用

(1) 材料的组织形貌观察　材料剖面的特征、零件内部的结构及损伤的形貌，都可以借助扫描电镜来判断和分析。反射式的光学显微镜直接观察大块试样很方便，但其分辨率、放大倍数和景深都比较低，而扫描电子显微镜的样品制备简单，可以实现试样从低倍到高倍的定位分析，在样品室中的试样不仅可以沿三维空间移动，还能够根据观察需要进行空间转动，以利于使用者对感兴趣的部位进行连续、系统的观察分析；扫描电子显微图像因真实、清晰，并富有立体感，在金属断口和显微组织三维形态的观察研究方面获得了广泛应用。

(2) 镀层表面形貌分析和深度检测　为利于机械加工，有时在工序之间也进行镀膜处理。由于镀膜的表面形貌和深度对使用性能具有重要影响，所以被作为研究用的镀膜的深度很小。由于光学显微镜放大倍数的局限性，使用金相方法检测镀膜的深度和镀层与母材的结合情况比较困难，而扫描电镜却可以很容易地完成使用扫描电镜观察分析镀层表面形貌。样品无需制备，只需直接放入样品室内即可放大观察。

(3) 微区化学成分分析　在样品的处理过程中，有时需要提供包括形貌、成分、晶体结构或位向在内的丰富资料，以便能够更全面、客观地进行判断分析。为此，相继出现了扫描电子显微镜-电子探针多种分析功能的组合型仪器。扫描电子显微镜如配有 X 射线能谱（EDS）和 X 射线波谱成分分析等电子探针附件，可分析样品微区的化学成分等信息。一般而言，常用的 X 射线能谱仪能检测到的成分含量下限为 0.1%（质量分数），可以应用于判定合金中析出相或固溶体的组成、测定金属及合金中各种元素的偏析、研究电镀等工艺过程形成的异种金属的结合状态、研究摩擦和磨损过程中的金属转移现象以及失效件表面的析出物或腐蚀产物的鉴别等方面。

(4) 显微组织及超微尺寸材料的研究　钢铁材料中诸如回火托氏体、下贝氏体等显微组织非常细密，用光学显微镜难以观察组织的细节和特征。在进行材料、工艺试验时，如果出现这类组织，可以将制备好的金相试样深腐蚀后，在扫描电镜中鉴别。下贝氏体与高碳马氏体组织在光学显微镜下的形态均呈针状，且前者的性能优于后者，但由于光学显微镜的分辨率较低，无法显示其组织细节，故不能区分电子显微镜却可以通过对针状组织细节的观察实现对这种相似组织的鉴别。在电子显微镜（SEM）下，可清楚地观察到针叶下贝氏体是由铁素体和呈方向分布的碳化物组成。

7.2　X射线能量分布谱技术

X射线能量分布谱技术（Energy Dispersive Spectrometer，EDS）是用来对材料微区成分元素种类与含量进行分析，配合扫描电子显微镜与透射电子显微镜的使用。

7.2.1　基本原理

每种元素都具有自己的X射线特征波长，特征波长的大小则取决于能级跃迁过程中释放出的特征能量 ΔE，能谱仪就是利用不同元素X射线光子特征能量不同这一特点来进行成分分析的。利用多道脉冲高度分析器把试样所产生的X射线谱按能量的大小顺序排列成特征峰谱，根据每一种特征峰所对应的能量鉴定化学元素。

当X射线光子进入检测器后，在Si(Li)晶体内激发出一定数目的电子空穴对。产生一个空穴对的最低平均能量 ε 是一定的（在低温下平均为 $3.8eV$），而由一个X射线光子造成的空穴对的数目为 $N = \Delta E / \varepsilon$，因此，入射X射线光子的能量越高，$N$ 就越大。利用加在晶体两端的偏压收集电子空穴对，经过前置放大器转换成电流脉冲，电流脉冲的高度取决于 N 的大小。电流脉冲经过主放大器转换成电压脉冲进入多道脉冲高度分析器，脉冲高度分析器按高度把脉冲分类进行计数，这样就可以描出一张X射线按能量大小分布的图谱。

7.2.2　能谱仪的结构和工作原理

X射线能谱仪由探测器、主放大器、多道脉冲分析器、显示系统和计算机构成。图7-5所示为采用锂漂移硅检测器的能谱仪的结构图，电子束与样品相互作用产生X射线，进入探测器后转变成为电脉冲，经过前置和主放大器放大，由多道脉冲处理器分类和累积计数，通过显示器展示X射线能谱图，利用分析软件对能谱进行定性和定量分析。

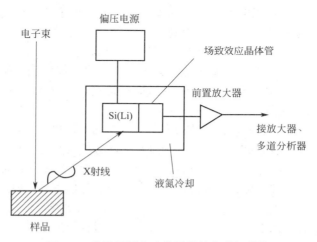

图7-5　采用锂漂移硅检测器的能谱仪结构

锂漂移硅探测器［Lithium-drifted silicon detector，Si（Li）探测器］是能谱仪的关键部件，由超薄窗口、锂漂移硅晶体、场效应晶体管放大器以及液氮罐组成。

主放大器（MA）由三级串联的线性放大器、微分电路和积分电路等组成。

多道分析器（MAC）由预控制系统、分析系统、储存和数据系统等组成。

计算机系统为了使能谱仪适应各种材料的分析，通常在计算机中备有如下分析程序：①定性分析程序，如收集谱、储存分配、单谱、双谱或四谱同时显示窗口设置，以及峰识别等自动分析程序；②半定量分析程序，如对数显示、移动逃逸峰、平滑处理、扣除连续本底以及规一化处理等分析程序；③一般定量分析程序，如全标样定量计算、半标样定量计算和无标样定量计算等分析程序；④各类样品的专用分析程序，如厚样品的 ZAF 修正程序、薄样品的定量分析程序、颗粒（或粗糙表面）样品的定量分析程序和生物样品的定量分析程序。

7.2.3　能谱仪的操作要点

为了保证 X 射线能谱分析系统正常运转以及获得正确的测量数据，应熟悉如下操作要点。

（1）检测系统的正确操作　在检测系统中的晶片场效应晶体管均须保持在低温 100K 左右。必须用液氮来冷冻，如果液氮中断，随着冷冻室内壁的温度上升，会同时放出有害气体，并集中沉积在晶片上，损坏检测器。因此，在使用时应注意以下事项：

① 应定期对冷冻室的杜瓦瓶加液氮，并记录下每次灌入的氮量，以便及时发现杜瓦瓶的保温性能是否下降或失效，采取补救办法。

② 为了保证分析系统的能量分辨率，所使用的液氮要求纯度高，不能含有杂质和冰块。灌液氮的时间要尽可能短，否则在瓶口会产生结晶冰。而且不能灌得过满，以致溢出瓶口，否则会破坏杜瓦瓶夹壁的真空。

③ 发生液氮中断情况时应赶快加液氮。首先把瓶内壁擦干（因在其上可能有冷冻凝结的水汽），再将液氮灌满。灌完液氮后一定要等 10h 后才能恢复工作，因为 Si(Li) 晶片和场子效应管是通过铜棒的热传导而被液氮间接冷冻，它需要经历 10h 后才能恢复到原来的热平衡温度。如果过早使用，由于 Si(Li) 晶片和场效应管还未回到平衡的冷冻温度，就会导致损坏。此外，对 Si(Li) 系统供电时，还应注意以下事项。a. 系统电源包括低压和高压两部分，供电时应先给低压，后加高压。在停止使用时，应先关高压，后关低压。b. 由电源供给低压后，应等 0.5～1h 后再给前置放大器加高压，因为放置在冷冻室中场效应管的正常工作温度应在 100～130K，需要靠调温二极管来加热达到此工作温度，而这个过程要经过 0.5～1h 后才能完成。c. 对 Si(Li) 检测器加高压或关高压时应缓慢进行，调节速度以小于 100V/s 为宜，这样可以延长 Si(Li) 检测器的使用寿命。d. 加 Si(Li) 晶片的高压（负偏压）通常为 −70～2000V，使用一段时间后，如发现工作不正常，可在较低的电压下继续使用，但性能会下降。

（2）道址对能量关系的校正　采用一个标准的能谱源对主放大器的基线零点和放大倍数进行仔细地校正，使两个特征能峰同时准确地落在 X 射线量子（6.4keV 和 14.4keV）的读数位置，说明主放大器的校正已经完成。

（3）能量分辨率的工作条件　影响 X 射线能量分析的分辨率有检测器的滞后、主放大器的电噪声、特征能峰的波型等因素。试验表明，为了获得分析系统的最佳能量分辨率，主放大器应取大的时间常数，并通过控制镜中电子探针的束流使单位时间内进入检测器的光量子的速率在 3^5keps（它可以从多道分析器的数率计上读出），不宜过大，还要仔细调节在主放大器中极零消除电路上的电阻，把所显示的特征能峰进行整形。

（4）最佳检测几何条件的选择　如图 7-6 所示。①调节试样表面的方位，使试样表面的法线相对于光轴成 45° 角倾斜，并面对检测器的激活面。②调节试样的垂直高度位置，使 θ 接近或等于 0°。③调节检测器的水平位置，以不碰到检测器的铍窗口为限度，尽可能减小 L 值。在 X 射线能谱分析中，其检测效率灵敏度与检测几何条件有密切的关系，因此，探讨如何选择最佳的检测几何条件是十分必要的。

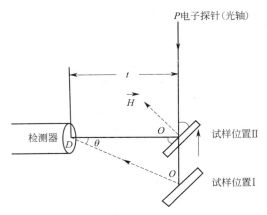

图 7-6   最佳检测几何条件

7.2.4   能谱仪伪峰的识别

能谱分析中常见的几种伪峰及其识别方法如下。

(1) 和峰   如果在能谱分析系统中没有脉冲反堆积电路，或即使有这种电路，但对要甄别的阀电压调节不当，则当输入脉冲的计数率较高（如大于 10keps）时，往往在等于两特征能峰的能量之和的位置上出现意外的能峰，这种伪峰称为和峰。为了从能谱中识别出和峰，可用以下方法来判断。①出现和峰的能量位置较高，约等于两个独立峰能量之和。②和峰的形状很不对称，峰的高能边下降很陡，而低能边被展宽成一个很明显的"尾巴"。③和峰的形状随输入脉冲速率变化而明显地改变，特征能峰则不存在这种现象。

(2) 逃逸峰   进入 Si(Li) 检测器的 X 光量子，有一部分先在硅晶片中激发出硅的 KaX 射线，再在激活区中产生一电子空穴对。由于激发出硅的 KaX 射线后会使原来 X 光量子的能量损失掉 1.74keV（相当于 Si 的 KaX 射线的能量），在激活区中产生电子空穴对的数目就会减少。由于这种现象是一种随机过程，在能谱上除了出现该 X 光量子的能峰外，还会在低于 1.74keV 的能量位置上出现一个新峰，这个新峰称为逃逸峰。由于逃逸峰的存在，也可能把它误认为另一种元素的能峰。从能谱中识别逃逸峰，可以采用如下方法。①逃逸峰的位置永远比主峰低 1.74keV。②逃逸峰高度为主峰高度的 1/100～1/1000。③对于原子序数大于 30 以上的元素，其逃逸峰的影响可以忽略。

(3) 伪硅峰   有时在样品中本来不含有硅元素，但在能谱上却会出现一个硅的 Ka 峰。引起伪硅峰出现的原因有以下几种。①当特征 X 光量子进入检测器的硅死层时，先激发出硅的 KaX 射线，而这个硅的 KaX 射线又在检测器的灵敏区产生电子空穴对，相应产生硅的 Ka 能峰。②含有硅的油脂沾污了样品的表面。③检测器的铍窗口被沾污，产生硅荧光。④样品支架等因素造成硅的 KaX 射线等。

对能谱进行定性分析时，除要注意伪峰的识别外，还必须对工作参数进行仔细的校正，以免在分析过程中任何引起变换增益的改变或零点飘移等因素的影响，造成对特征能峰的错误识别。

7.2.5   能谱 MCS 分析模式

(1) 定性分析   所谓 X 射线能谱的定性分析是指从全元素能谱中标定出每一特征能峰所对应的元素。检测某元素的线分布和面分布，其步骤如下。①在多道分析器的预控系统中设置一个狭窄的能窗，这个窗口的中心能量对准某元素的特征能峰的重心位置，而窗宽取该特征能峰的 0.5 倍或 1.2 倍的能量幅度范围，从主放大器输出的脉冲，只有该元素的 X 光量子才能进到多道分析器中。②采用 MCS 分析模式，并规定每一道址的积存时间，如输入脉冲的速率为 200/s，如果要求每一道址存储器的平均累积存储数为 100，则道址步进电路对每道址的积存时间 $t_0 = 100/2000s = 0.05s$。③选择行扫描周期，使它等于或接近存储周期。例如，道址的数目为 1024，则行扫描周期应等于 $1024 \times 0.05s = 51.2s$，或选取行扫描周期等于 50s。④在 MCS 分析模式中采取一次循环周期，并把存储信息对显像管进行振幅调制，即在纵坐标上所显示的振幅正好是存储脉冲的数目，则在显示系统中将获得元素的线分布。⑤在 MCS 分析模式中采用 m 次循环周期，并把存储信息对显像管进行亮度调制（按高低电平分为两挡）。凡有脉冲进入存储器的道址为高电平，相应在显像管上出现一个亮点，因为在显像管中和在镜筒中电子束是同步扫描的，因而可以得到一个反映该元素在扫描面积上的分布图像，称为该元素的面分布图。由于这种元素分布图只有黑白两色，故只能记录一种元素的面分布，而且只能做定性分析（判断在某位置上是否有该元素存在）。

（2）定量分析　在成分的定量分析中，X 射线能谱分析法可以采用标样法，也可以采用无标样法，可应用于金相表面的试样，也可以应用于粗糙表面试样和不同形状的颗粒试样。其分析方法如下：

① 测量纯净峰值强度。对重叠峰进行剥离，把各个峰彼此分开，其次是本底扣除，将谱峰与本底分开。

② 金相表面试样的定量分析。采用标样法确定相对强度值，其计算方法与波谱分析法相同。

③ 粗糙表面试样和颗粒试样的定量分析。用连续谱分析小颗粒和粗糙表面试样的绝对浓度，误差在 10% 左右。

第8章
透射电子显微镜技术及非金属矿物形貌

矿物的物理、化学性质与其微观结构密切相关。随着纳米技术的发展，越来越多的研究者们将工作重心转移到纳米材料与矿物材料"结构-性能"关系的研究上，这就要求我们能从微观的角度去认识和调整纳米粒子与矿物微结构之间的关系。因此，借助于能够清晰反映材料微结构的透射电子显微技术的作用就显得尤为重要。

8.1 透射电子显微镜的原理和构造

8.1.1 电子光学原理简述

从功能和工作原理上讲，电子显微镜与光学显微镜是相同的。

图 8-1 所示为两种显微镜的主要组成部分和光路示意图，表 8-1 扼要概括了它们的异同。从图 8-1 和表 8-1 可以看出，它们的主要不同点在于：光学显微镜采用普通可见光作为光源，电子显微镜则用电子束作为射线源，这点构成了它不同于光学显微镜的一系列特点。电子束波长很短，其分辨本领高得多。依据布拉格定律，电子波通过物质会产生衍射现象，借此可以对晶体物质进行结构分析；光学显微镜却只能观察试样表面。为减少运动电子能量损失，整个电子显微镜系统必须处在真空下工作；光学显微镜则没有这个要求。此外，电子显微镜成像的衬度机理也不同于光学显微镜，电子射线与物质相互作用时提供的信息也要丰富得多，利用这些信息对物质进行研究，使电子显微镜已发展成为一种完整的分析系统。

表 8-1　电子显微镜与光学显微镜比较

项目	电子显微镜	光学显微镜
射线源	电子束	可见光
波长	0.0251～0.0589Å	3000～75000Å
介质	真空	大气
滤镜	电磁透镜	玻璃透镜
孔径角	约 35′	约 70°
分辨本领	点分辨率 3.5Å，晶格分辨率 1Å	可见光 2000Å，其他 1000Å
放大率	几百倍～100 万倍	10～2000 倍
聚焦方式	电磁控制	机械操作
衬度	散射吸收，衍射和相位衬度	吸收、反射衬度

注：1Å＝0.1nm。

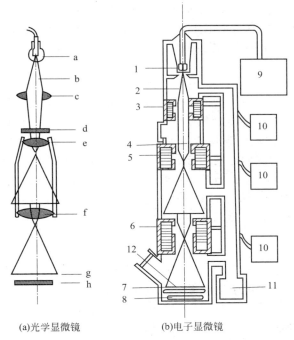

(a)光学显微镜　　　　(b)电子显微镜

图 8-1　电子显微镜和光学显微镜的比较

a—光源；b—光线；c—集光器；d—标本；e—物镜；f—目镜；g—最后物相；h—照相底片；

1—电子源；2—电子流；3—第一电磁场；4—标本；5—第二电磁场；6—第三电磁场；

7—荧光屏上的光学影像；8—照相底片；9—高压电源；10—电磁场电源；11—真空泵；12—观察窗

在任意一个磁场中，电子的运动轨迹是十分复杂的，但经特殊设计的电磁透镜中心的狭小区域，可以视为均匀磁场的情况。电子通过均匀磁场时，一般有以下 3 种情况：

① 电子沿磁场方向入射，沿这个方向作匀速直线运动。

② 电子沿垂直于磁场的方向入射，则电子在一个平面内作圆周运动，图 8-2(a) 中打阴影线的平面垂直于包含入射方向和磁力线方向的平面。设电子运动速度为 v，磁通密度为 B，电子电荷为 e，质量为 m，则作用在电子上的力是 evB，在数值上它正好等于使电子作半径为 r 的圆周运动的向心力 mv^3/r。如果令电子的比电荷为 $\eta = e/m$，那么轨迹圆的半径 r 可以表示为

$$r = \frac{mv}{eB} = \frac{v}{\eta B}$$

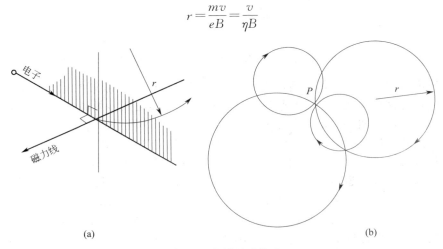

(a)　　　　　　　　　　　　　(b)

图 8-2　电子运动轨迹

在恒磁场 B 下，r 正比于电子运动速度 v，速度快的电子轨迹圆半径大，速度慢的电子半径小，如图 8-2(b) 所示。如有若干电子以不同速度和方向（但都垂直于磁场方向）同时从同一点 P 入射，则各电子运动一周所需的时间是

$$\tau = \frac{2\pi r}{v} = \frac{2\pi}{rB}$$

可见恒磁场下 τ 是一个常数。这就是说速度不同的电子将同时回到出发点 P，它们的角速度是一个常量。这对解释电磁透镜对运动电子具有聚焦作用，是一个十分重要的结论。

③ 电子相对于磁场方向成任意角度入射，这时电子的运动可以看成沿滋场方向的匀速直线运动和垂直于磁场方向的圆周运动的合成。最终轨迹是一螺旋线，称为圆锥螺旋近轴运动，如图 8-3 所示。电子以速度 v 和磁场 B 成 α 角入射，则 v 可以分解为沿 B 方向的分量 v_x 和垂直于 v 方向的分量 v_y。电子一方面以 v_x 匀速直线前进，另一方面以 v_y 作圆周运动，这两种运动合成，形成以 PP' 为轴的螺旋轨迹（PP' 在同一磁力线上）。可知圆形轨迹的半径 r 是

$$r = \frac{v_y}{\eta B} = \frac{v\sin\alpha}{\eta B}$$

在电镜中，通常利用近轴电子束成像，所以 α 很小，故 $v_x = v\cos\alpha \approx v$。可见同时从 P 点出发但夹角 α 不同的两束电子 a 和 b [图 8-3(a)]，由于它们 $v_x = v_y$，因此 a 和 b 将同时到达 P' 点。这就是均匀磁场能使运动电子束聚焦成像的基础。不难看出，PP' 可以表示为

$$PP' = v_x\tau = 2\pi\frac{v}{\eta B} = 2\pi r$$

可知 PP' 正好等于电子以速度 v、方向垂直于磁力线方向入射时作圆周运动的圆周长。如果有许多方向略异的电子束从 P 点出发，则它们的轨迹可以表示如图 8-3(b) 所示的形式。

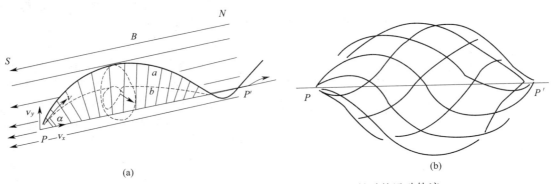

图 8-3　电子相对于磁场方向倾斜一个角度入射时的运动轨迹

由以上讨论可知，均匀磁场对运动电子的聚焦作用与玻璃透镜对可见光的聚焦作用相似。那么怎样设计具有这种性能的电磁透镜呢？当前的电磁透镜是逐步发展完善起来的，最早的也是最简单的一种设计如图 8-4(a) 所示，它实际上只是一个多层绕线空心线包，无法获得均匀的磁场分布。图 8-4(b) 则是对图 8-4(a) 的改进，它将线包封闭在一个内侧开有空隙的软铁壳中，以屏蔽磁力线，减少漏磁，而空隙的作用是使磁感尽可能集中。图 8-4(c) 是近代电子显微镜普遍采用的比较理想的电磁透镜，它除铁壳内侧同样开有空隙外，还在空隙处加入一个由被磁化到接近饱和的高导磁材料制成的极靴。上、下极靴间留有更窄的空隙，使磁力线进一步会聚，获得近似均匀的磁场，从而形成了近似理想的"薄透镜"。总之，有了极靴以后，极大地改善了磁透镜的聚焦性能，提高了电子显微镜的分辨能力。极靴间隙处的磁场分布和电子通过时的运动情况如图 8-5 所示。

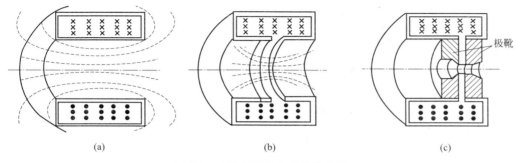

图 8-4 电磁透镜结构的发展过程

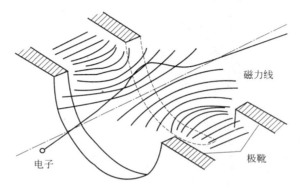

图 8-5 极靴间隙处的磁场分布和电子的运动轨迹

.1.2 电子显微镜的构造

图 8-6 所示为透射电子显微镜的剖面图,图中标出了各组成部分的名称。

透射电子显微镜主要由电子光学系统(又称镜筒)、真空系统和供电系统三大部分组成。

镜筒是透射电子显微镜的主体部分,其内部的电子光学系统自上而下地排列着电子枪、聚光镜、样品室、物镜、中间镜、投影镜、荧光屏和记录系统等。根据它们的功能不同又可将电子光学系统分为照明系统、样品室、成像系统、图像观察及记录系统。

.1.2.1 照明系统

照明系统由电子枪、聚光镜和相应的平移对中、倾斜调节装置组成,其作用是提供一束亮度高、相干性好和束流稳定的照明源。通过聚光镜的控制可以实现从平行照明到大会聚角的照明条件。为满足中心暗场成像的需要,照明电子束可在 2°～30°范围内倾斜。

(1)电子枪 电子枪是透射电子显微镜的光源,要求发射的电子束亮度高、电子束斑的尺寸小、发射稳定度高。电子枪大致可分为热电子发射型和场发射型两种类型。

目前亮度最高的电子枪是场发射电子枪(field emission gun,FEG)。冷阴极 FEG 不依靠热能发射电子,发射的电子能量发散度很小(0.3～0.5eV),故有非常好的能量分辨率。但发射是在室温下进行的,所以在发射极上就会产生残留气体分子的离子吸附而产生发射噪声,同时伴随着吸附分子层的形成而使发射电流逐渐降低,因此,必须定期进行除去吸附分子层的闪光处理,即在发射极尖端上瞬时通过大电流,除去尖端表面吸附分子层的处理。热阴极 FEG 可克服冷阴极 FEG 的上述缺点。在施加强电场的状态下,如果将发射极加热到比热电子发射低的温度(1600～1800K),由于电场的作用,电子越过变低的势垒发射出来,同时电子的能量发散为 0.6～0.8eV,较冷阴极 FEG 稍增大,但发射不产生离子吸附,发射噪声大大降低,而且不需要闪光处理,可以得到稳定的发射电流。

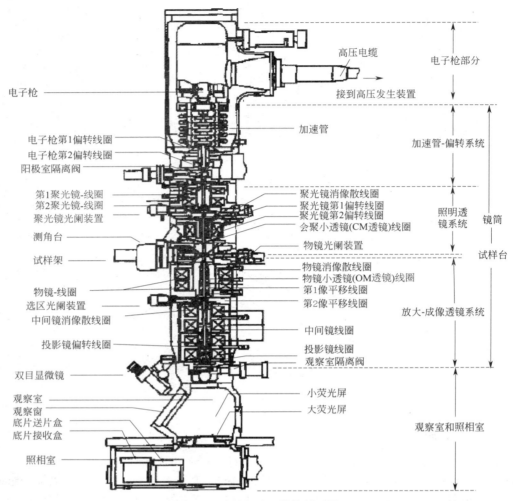

图 8-6 透射电子显微镜剖面图

（2）聚光镜 图 8-7 所示为一个典型的电磁透镜的剖面图。它是由一个软磁铁壳、一个短线圈和一对中间嵌有环形黄铜的极靴组成的。聚光镜的作用是会聚从电子枪发射出来的电子束，控制束斑尺寸和照明孔径角。

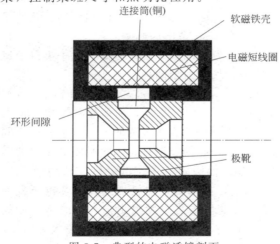

图 8-7 典型的电磁透镜剖面

图 8-8 所示为照明透镜系统的光路图。在图 8-8（a）中，会聚小透镜的激磁电流很强，使电子束会聚在物镜前置场的前焦点的位置，电子束平行照射到试样很宽的区域，由此得到相干性好的电子显微像。在图 8-8（b）中，关闭会聚小透镜的激磁电流，由于物镜前置场的作用，电子束被会聚在试样上，由此得到大的会聚角（α_1）和高强度的电子束，其适用于能谱仪（energy dispersive spectroscopy，EDS）对微小区域的成分分析。图 8-8（c）是通过小的聚光镜光阑和小的会聚角（α_2）来获得照明区域小的、相干性好的电子显微像，也可使用这种照明条件获得纳米束电子衍射（nano-

eam electron diffraction，NBD）花样。对于如图 8-8（b）和（c）模式，适当激发会聚小透镜
的激磁电流，使用不同的第 2 聚光镜光阑，从而获得不同会聚角的入射电子束，这是适用于会
聚束电子衍射（convergent beam electron diffraction，CBED）模式。

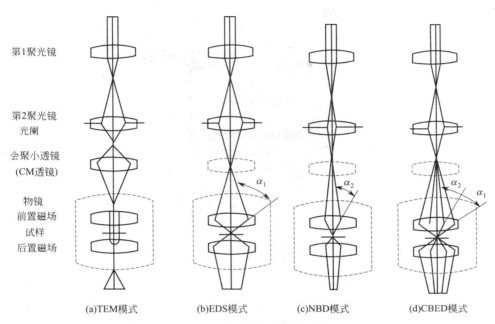

图 8-8　照明透镜系统的光路

8.1.2.2　多功能样品室

多功能样品室的主要作用是通过样品室承载样品台，并能使样品平移，以选择感兴趣的样
品视域，再借助倾斜样品台使样品位于所需的晶体学位向进行观察。样品室内还可以分别装有
加热、冷却或拉伸等各种功能的侧插式样品座，以满足相变、形变等过程的动态观察。

8.1.2.3　成像系统

成像系统由物镜、中间镜和投影镜组成。物镜是成像系统的第一级透镜，由于它是第一次
成像的透镜，因此它的分辨能力决定了透射电子显微镜的分辨率。为了获得高分辨率、高质量
的图像，物镜采用球差系数小的强激磁、短焦距透镜，借助物镜光阑进一步降低球差和提高像
衬度，同时配有消像散器以消除像散。

8.1.2.4　图像观察与记录系统

该系统由荧光屏、照相机和数据显示器等组成。投影镜给出的最终像显示在荧光屏上，通
过观察窗，我们能观察到荧光屏上呈现的电子显微像和电子衍射花样。通常，观察窗外备有
10 倍的双目光学显微镜，用于对图像和衍射花样的聚焦。当需要对观察到的图像和衍射花样
进行记录时，将荧光屏竖起后，它们就被记录在荧光屏下方的照相底片上。

电子显微镜中通常使用慢扫描电荷耦合器（charge-coupled device，CCD）摄像机，其结
构如图 8-9 所示。钇铝石榴石（yttrium aluminum garnet $3Y_2O_3 \cdot 5Al_2O_3$，YGA）闪烁器将
入射电子转换成光信号，并通过纤维光导板到达 CCD 上。CCD 表面的半导体电极将光转换成
与该光的强度成比例的电荷，并暂时积累在各像素的电极上。这种积累的电荷依次从相邻像素
输出端取出，检测其电信号。

8.1.2.5　真空和供电系统

真空系统是为了保证电子的稳定发射和在镜筒内整个狭长的通道中不与空气分子碰撞而改
变电子原有的轨迹。同时，为了保证高压稳定度和防止样品污染，不同的电子枪要求不同的真

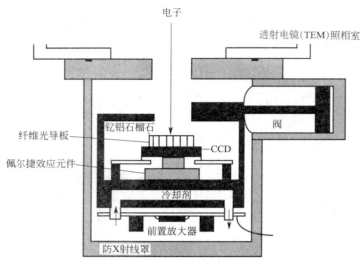

图 8-9　慢扫描 CCD 剖面

空度。在 FEG 分析电子显微镜中，为了保持电子的稳定发射，采用专用的离子溅射泵（sputter ion pump，SIP）来抽电子枪发射体周围的真空。

供电系统主要提供稳定的加速电压和电磁透镜电流。为了有效地减少色差，一般要求加速电压稳定在 $10^{-6}/min$；物镜是决定显微镜分辨能力的关键，对物镜电流稳定度要求更高，一般为 $1\times10^{-6}\sim2\times10^{-6}/min$，对中间镜和投影镜电流稳定度要求可比物镜低，约为 $5\times10^{-6}/min$。

8.1.2.6　仪器的计算机控制和分析数据的计算处理

现代的高性能电子显微镜都实现了计算机的控制。透射电子显微镜的主体和它附属的各种装置的控制，以及获得的数据处理均利用了计算机。获得的实验和分析数据可以记录在随机存储器或硬盘中，然后再转存到光盘中，分析结果可以打印输出。利用慢扫描 CCD 摄像机，可以获得电子显微镜和电子衍射花样的数字图像，因而可以脱机和在线进行数据和图像处理。对于数据分析，已有较多的现成软件用于脱机和在线的分析。

8.2　电子衍射原理及其分析方法

8.2.1　电子衍射原理简介

8.2.1.1　电子和物质的交互作用

电子衍射是电子和试样中物质原子相互作用过程中产生的一种重要现象。衍射图像是电子和物质交互作用产生的重要信息之一，从中可以得到关于物质结构（晶体结构、晶体完整性等）的直接资料。图 8-10 所示为电子和物质相互作用产生各种信息的示意图，从中可以看出，这些信息几乎已全部被人们所利用，制成了相应的结构分析仪器。合理地综合运用这些手段，可以使我们对物质微观结构获得全面了解。这些仪器在应用范围上各有侧重，所能达到的分辨率也是不同的。

电子和物质原子相互作用，改变电子原来运动方向，这个现象称为散射。散射有弹性散射和非弹性散射两种。若只改变方向，能量改变很少以致可以忽略，这种散射称为弹性散射。若除改变方向外，还有能量交换，则称为非弹性散射。

在透射电子像中，有多种衬度形成机制：质厚衬度、衍射衬度（简称衍衬）和相位衬度。

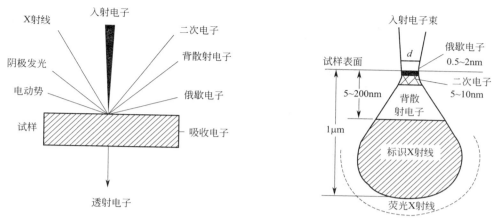

图 8-10　电子和物质相互作用产生的信息以及各种信号的来源深度信息

复型和非晶态物质试样的衬度是质厚衬度，质厚衬度的基础是原子对电子的散射和小孔径角成像。

① 质厚衬度不考虑原子间的交互作用，每单位体积样品的散射截面为

$$Q = N\sigma_A \tag{8-1}$$

式中，σ_A 为原子散射界面；N 为单位体积样品中包含原子个数，可表示为

$$N = N_A \frac{\rho}{A} \tag{8-2}$$

式中，N_A 为阿伏伽德罗常数；ρ 为密度；A 为原子量。于是有

$$Q = N_A \left(\frac{\rho}{A}\right)\sigma_A$$

电子束通过 dt 的散射概率应是

$$Q dt = N_A \left(\frac{\rho}{A}\right)\sigma_A dt \tag{8-3}$$

设 n 个电子有 dn 个被散射，则散射概率为 dn/n。故有

$$\int_{n_0}^{n} \frac{dn}{n} = -\int_0^t Q dt \tag{8-4}$$

式中，n_0 为试样表面处（$t=0$）的入射电子总数；t 为试样厚度。

由式(8-4) 可得

$$\ln \frac{n}{n_0} = -Qtn = n_0 \exp(-Qt)$$

电子的电荷为 e，可见成像电子束强度为

$$I = ne = n_0 e \exp(-Qt) = I_0 \exp\left(-\frac{N_A \rho \sigma_A}{A} t\right) \tag{8-5}$$

由式(8-5) 可知，场像强度不仅与试样厚度有关，而且与原子性质有关。

② 衍射衬度金属薄膜晶体试样，利用透射束或某一衍射束成明场像或暗场像。这种衬度是由于晶体各部分相对于入射电子束的取向不同或它们彼此属于不同结构的晶体，因而满足布拉格条件的程度不同所造成的。形成这种衬度的基础是衍射，故称衍射衬度，简称衍衬。

在衍衬工作中，明暗场成像技术是经常用到的。明场像（记作 BF）是指利用透射束成像；暗场像一般指中心暗场像（记作 CDF），是指在双束条件下，借助于束偏转装置使弱的 $-g$ 移至光轴中心成像。成 CDF 像可获得最大的像亮度，分辨细节清晰，若将明场下本来较强的操作反射 g 移至中心成像，正好是 $g/3g$ 弱束暗场像。成 CDF 像的操作如图 8-11 所示。

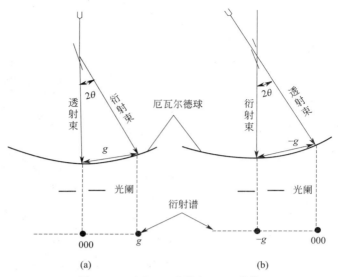

图 8-11 双束 BF 成像和 CDF 成像

③ 相位衬度，如果除透射束外还同时让一束或多束衍射束参加成像，就会由于各束相位相干作用而得到晶格（条纹）像或晶体结构（原子）像。前者是晶体中原子面的投影，后者是晶体中原子或原子基团电势场的二维投影。用来成像的衍射束（透射束可视为零级衍射束）越多，得到的晶体结构细节越丰富。

8.2.1.2 结构因子和消光条件

满足布拉格条件，只提供产生衍射极大的必要条件。当研究 (hkl) 面能否产生具有一定强度的衍射极大时，还须考虑单胞中所有原子在 (hkl) 面的衍射方向上所提供的振幅，按位相叠加后，所合成振幅的大小。这个合成振幅称为"结构因子"或"结构振幅"，它的物理意义是表示 (hkl) 面的反射能力。结构因子常用 F_{hkl} 表示。$F_{hkl}=0$ 表示即使满足布拉格条件，也不会产生衍射极大，故称 $F_{hkl}=0$ 为消光条件。

计算结构振幅的一般公式是

$$F_{hkl} = \sum_j f_j \exp(2\pi i G^*_{hkl} r_j) \tag{8-6}$$

式中，f_j 是单胞中第 j 个原子的散射因子。

$G^*_{hkl} = h a^*_1 + k a^*_2 + l a^*_3$，表示反射面 (hkl) 的倒易矢量。

$r_j = x_j a_1 + y_j a_2 + z_j a_3$，是第 j 个原子的位置矢量，可从有关晶体学手册中查到。

F_{hkl} 还可以写为

$$F_{hkl} = \sum_j f_j \exp[2\pi i(x_j h + y_j k + z_j l)] \tag{8-7}$$

对于具有中心对称的晶胞（如 FCC、BCC），式(8-7) 中的正弦项为零，计算结构振幅可用：

$$F_{hkl} = \sum_j f_j \cos[2\pi(x_j h + y_j k + z_j l)] \tag{8-8}$$

而对于像 HCP、金刚石立方等无中心对称的晶系，计算时仍需采用式(8-7)。

常见晶体结构的衍射消光条件见表 8-2。

表 8-2　常见晶体结构的衍射消光条件

晶体结构	衍射不出现的情况
简单立方	对指数无限制，均产生衍射
FCC	h、k、l 奇偶混合
BCC	$h+k+l=$ 奇数
HCP	$h+2k=3n$，且 l 为奇数
复杂立方（如 ZnS）	h、k、l 奇偶混合

续表

晶体结构	衍射不出现的情况
NaCl 型	h、k、l 奇偶混合（h、k、l 全偶时衍射强度高，全奇时弱）
BCT（体心立方）	$h+k+l=$ 奇数
金刚石、石墨	h、k、l 全偶，同时 $h+k+l$ 不能被 4 整除或 h、k、l 奇偶混合

8.2.2　电子衍射实验方法

8.2.2.1　概述

电子衍射是一种利用电子与晶体中原子碰撞产生干涉而研究晶体内部结构的方法，包括低能电子衍射（LEED）和高能电子衍射（HEED）。前者一般在专门的电子衍射仪上进行，电子的加速电压通常为几百伏，由于能量较低，与试样物质发生作用的仅限于表层几十埃范围内，因此适用于研究表面物质结构。随着电子显微镜技术的改进，高能电子衍射已成为衍衬技术的基础。在电镜上观察显微图像的同时对选定的微小区域进行电子衍射，把形貌观察和结构分析有机地结合起来，这种电子衍射称为选区域电子衍射（SAED）。

本章介绍选区域电子衍射的基本原理及与此有关的实验技术。

8.2.2.2　选区域电子衍射原理

对于电子束照射试样，成像和产生衍射的过程仍然可以借助经典的阿贝（Abbe）衍射成像原理来解释。阿贝原理指出，当平行光束照到光栅上时，除产生一束透射束（即零级衍射束）外，还会产生各级衍射束（图 8-12）。这些衍射束经过透镜（在电镜中为物镜）的聚焦，在后焦面上产生各级衍射束的振幅极大值形成衍射谱。每个衍射极大值又可视为次级光源，它们发出的波在像平面上相干成像。

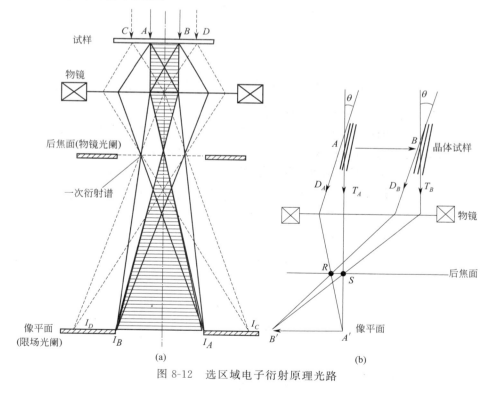

图 8-12　选区域电子衍射原理光路

实际工作中，在物镜像平面处设置限制视场的光阑（简称物镜光阑），将对应于试样上 AB 范围的物像 $I_A I_B$ 围住。只有从 AB 范围内发出的成像电子束（实线）才能通过物镜光阑；

而从 AB 范围以外发出的成像电子束（虚线）均被物镜光阑挡住。因此，这时的一次衍射谱是试样上 AB 范围内的物质贡献的。我们说物体 AB、衍射谱、像 $I_A I_B$ 三者都是对应的〔图8-12(a)〕。图8-12(b) 可以进一步说明电镜中晶体试样产生衍射和成像的过程。入射束照射到试样某一满足布拉格条件的晶面组 (hkl)，从试样上 A、B 两点产生的衍射束 D_A 和 D_B 经物镜的作用在后焦面上会聚于 R 点；从 A、B 两点产生的透射束 T_A、T_B 经物镜的作用在后焦面上会聚于 S 点。而从试样上同一点产生的衍射束和透射束经物镜的作用在物镜像平面上将会聚在同一点，这就是对应于试样上相应点的像。

有时在衍射谱中出现限场光阑以外物质的衍射信息，这就是通常所说的选择区域和衍射谱不对应的问题。由于球差的存在（图8-13）使得透射束 (000) 和衍射束 (hkl) 在像平面处形成的像的位置。相对无球差时应有的位置偏移了一个距离 $M_o C_s \alpha^3$。此处 M_o 为物镜放大倍数，C_s 为物镜球差系数，α 是衍射锥顶角的一半，$\alpha = 2\theta$。这就是说透射束和衍射束在一次像平面处产生的像是不相重的。可以认为透射束产生的像处于理想位置，即落在物镜光阑的准确范围内，而衍射束产生的像却向下错动了距离 $M_o C_s \alpha^3$。

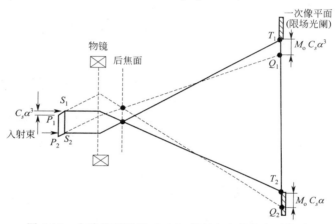

图 8-13　由球差而引起 (hkl) 衍射产生的像向下位移

值得指出的是，除了由于物镜球差所引起的衍射与选区不对应外，物镜聚焦不当也会增加不对应的程度，这一点却往往为实际衍射工作者所忽视。图8-14所示为过聚焦所引起的衍射与选区不对应的情况。由于过聚焦致使选区范围 $S_1 S_2$ 以外的 $P_1 P_2$ 物区的离束光线也可以通过光阑。这时 (000) 透射线仍可视为来自所选物区 $S_1 S_2$，而衍射线则相当于来自 $P_1 P_2$，即位移了 $D\tan\alpha \approx D\alpha$，$D$ 是物面与聚焦平面之间的距离。将聚焦不当和物镜球差引起的偏离合并起来可记作 $\Delta S = C_s \alpha^3 \pm D\alpha$，过聚焦取正号，欠聚焦取负号。

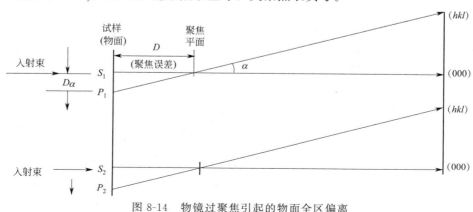

图 8-14　物镜过聚焦引起的物面全区偏离

有人指出，聚焦不当引起的不对应情况可以与球差的影响相当，甚至更为严重。Rieoke 1961 年曾在微小第二相作衍射分析时，对上述两种因素可能导致的不对应情况进行研究，结果见表 8-3。

表 8-3 球差和聚焦不当引起的衍射与选区不对应情况

选区示意图	物镜状态	衍射谱	说明
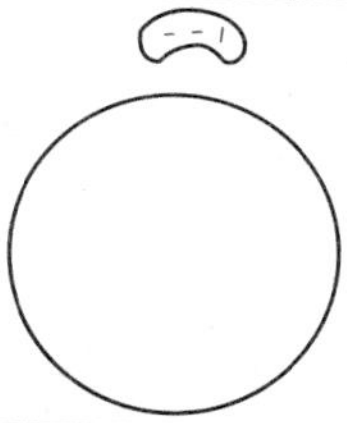	欠聚焦		欠聚焦,使得选区以外的试样在(000)范围内产生低指数及高指数衍射
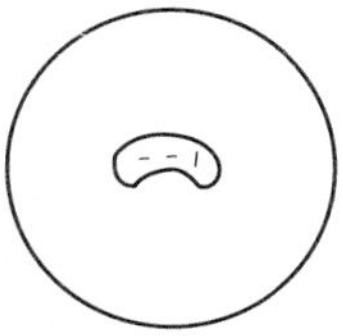	正聚焦	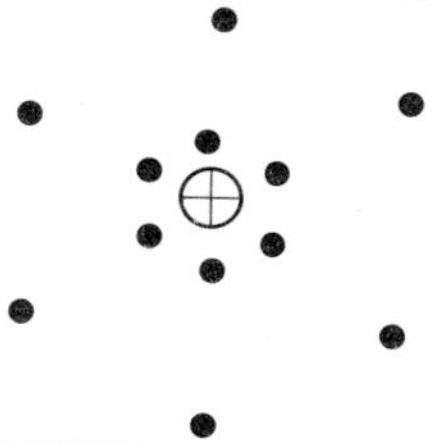	由于球差,高指数斑点不可见,中指数斑点亦很弱,只有低指数斑点可视
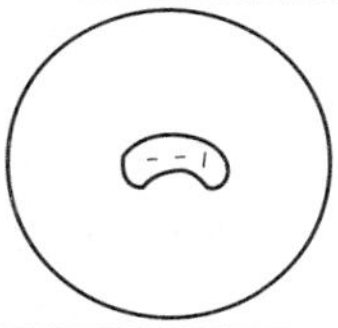	过聚焦		过聚焦,使得仅出现低指数衍射
	欠聚焦	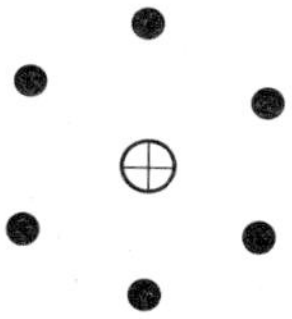	球差加欠聚焦,使高指数及低指数衍射均消失

8.2.2.3 电子衍射基本公式

（1）$L\lambda$ 值的推导及测定 L 常被定义为试样到荧光屏中心的距离，实际上这是不严格的。下面我们从电子光学的角度来建立这个关系式，这样将有助于看出 $L\lambda$ 值的物理意义。

如图 8-15 所示，电子束通过试样在物镜后焦面上得到的相应于反射面（hkl）的衍射振幅极大值 A'，此时因 $\alpha=2\theta$，从 A' 到透射中心 O' 的距离为

$$r=O'A'\tan\alpha=f(0)\tan2\theta \tag{8-9}$$

O' 是后焦面的中心位置，O 是物镜的中心。设在荧光屏上，r 被放大为 R，显然有

$$R=rM_{\mathrm{I}}M_{\mathrm{P}} \tag{8-10}$$

式中，M_{I}、M_{P} 分别为中间镜、投影镜的放大倍数。

由式(8-19) 和式(8-10) 有

$$R=f(0)M_{\mathrm{I}}M_{\mathrm{P}}\tan2\theta \tag{8-11}$$

在电子衍射中，因 θ 很小，易知：

$$\tan2\theta\approx2\theta\approx2\sin\theta=\frac{\lambda}{d}$$

将上式代入式(8-11)，得

$$R=f(0)M_{\mathrm{I}}M_{\mathrm{P}}\frac{\lambda}{d} \tag{8-12}$$

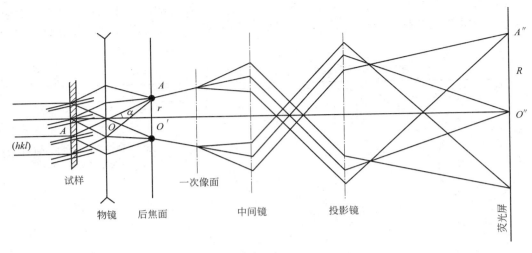

图 8-15　衍射谱的放大：$r \to R$

令 $L = f(0)M_I M_P$，它是物镜参数［焦距 $f(0)$］和工作条件（中间镜、投影镜的放大倍数）的函数，于是式（8-12）可写为

$$R = L \frac{\lambda}{d} \tag{8-13}$$

（2）测定 $L\lambda$ 常数的方法

① 利用标准物质测定。即在实验条件下对一些晶体学参数为已知的物质进行衍射。由于已知这些物质的晶面间距，所以在量出各 (hkl) 的 R 值后就可根据 $Rd = L\lambda$ 计算出 $L\lambda$ 值。一般只需计算三四个 (hkl) 的 $L\lambda$ 并取其平均值即可。用来测定 $L\lambda$ 的标准物质有：Au、Ti、Cl、Al 等。以 Au 为例，在碳支持膜上喷金得到多晶金膜，进行衍射时测得第一、二、三环的半径分别为 7.94mm、9.20mm、13.00mm，则

$$L\lambda_1 = 7.94 \times d_{111} = 7.94 \times 2.3555 = 18.70\text{mm\AA}$$
$$L\lambda_2 = 9.20 \times d_{200} = 9.20 \times 2.039 = 18.76\text{mm\AA}$$
$$L\lambda_3 = 13.00 \times d_{220} = 13.00 \times 1.442 = 18.75\text{mm\AA}$$
$$\overline{L\lambda} = \frac{18.70 + 18.76 + 18.75}{3} = 18.74\text{mm\AA}$$

② 内标法。衍衬工作中对样品薄膜直接观察时，由于此衍射谱中总还包含有基体物质的衍射谱而其晶体学数据是已知的，因此也可利用它来求 $L\lambda$，再据此计算未知相的结构。例如，从 18-Ni 马氏体时效钢的金属薄膜获得呈正四边形分布的衍射谱，不难看出这正是 α-Fe 的 [001] 倒易面，互成直角的两倒易矢，相应于 α-Fe 的 (011) 和 ($0\overline{1}1$)，已知 $d_{(110)} = 2.07\text{\AA}$，所以

$$L\lambda = Rd_{(110)} = 9.00 \times 2.07 = 18.63\text{mm\AA}$$

这种标定方法较标准物质法更为可靠，是衍射工作中经常采用的。

（3）仪器常数 $L\lambda$ 的误差来源　由式（8-13）可知：

$$\frac{\Delta L\lambda}{L\lambda} = \frac{\Delta \lambda}{\lambda} + \frac{\Delta f(0)}{f(0)} + \frac{\Delta M_I}{M_I} + \frac{\Delta M_P}{M_P}$$

可见，$L\lambda$ 的误差是波长 λ、物镜焦距 $f(0)$、中间镜放大倍数和投影镜放大倍数各项误差的总和，这 4 个因素的精度决定了 $L\lambda$ 的精度。试验还证明，同一张底片在不同方位 φ 处［参见图 8-16(a)］$L\lambda$ 值也稍有不同，这是由中间镜和投影镜（特别是中间镜）的像散所造成的。

像散会使衍射环变成椭圆。此外，透镜的径向畸变使不同径向距离 R 处的放大率也不相同。这些都将使 $L\lambda$ 值发生误差。

为了消除不同方位 φ 处 $L\lambda$ 值的不同给分析计算带来的影响，在计算未知物质的衍射谱时，可以用同方位的 $L\lambda$ 值来计算同方位的斑点，而不采用平均值 $\overline{L\lambda}$。消除不同 R 处 $L\lambda$ 值的不同给衍射分析带来的影响则可以这样处理［参见图 8-16(b)］：因 $L\lambda$ 与 R 一般呈线性关系，因此可事先用已知物质绘制一条 $L\lambda$-R 曲线，在分析未知物质的衍射谱时，从低指数到高指数依次选用不同径向距离 R 处的 $L\lambda$ 值来进行计算。

还值得指出的是，通常用来计算衍射谱的式(8-13)，利用了 $\tan2\theta \approx 2\sin\theta$ 这个近似关系，而该式的精确表达式应为

$$d = \frac{L\lambda}{R}\left(1 + \frac{3R^2}{8L}\right) \tag{8-14}$$

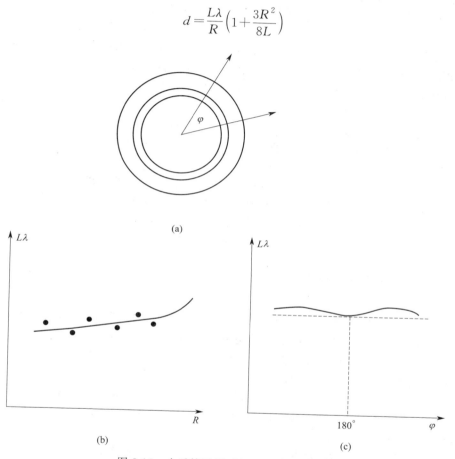

图 8-16　由透镜质量引起的 $L\lambda$ 值的误差

8.2.2.4　试样制备方法

自从电子显微镜问世以来，电镜工作者在探索电镜试样制备方法上付出了辛勤的劳动。可以毫不夸张地说，没有制样技术的进展，即使设计最佳、性能最好的电镜，也是不可能做出高水平工作的。许多衍衬工作者都知道，衍衬工作的第一关就是制备一个合乎要求的薄膜试样。在电镜上对金属薄膜直接进行观察是电镜技术的一次大的飞跃，从而使人们能够利用电镜研究金属的内部结构。金属薄膜的制备方法有沉积法、形变法、化学腐蚀法、离子轰击法和电解减薄法等。

(1) 沉积法　沉积法又包括真空喷镀、电解沉积和从液态金属中结晶出金属薄膜。真空喷镀法就是在真空中加热金属使之蒸发并沉积在支持膜或某种底晶（如新解理的氯化钠、云母片

等）上，然后在溶剂中将支持膜或底晶溶解或用机械方法剥离。电解沉积法是用碳膜或另一种金属作支持膜，通过电解方法将待研究的金属沉积在支持膜上。从熔融的液态金属中获得金属薄膜的方法是 Takahashi 和 Kazato 发现的，他们将小圆形金属环浸入熔融金属液中，迅速从中提起即可在环上得到薄膜。

（2）形变法　　形变法就是用锻压、轧制或其他机械加工方法（包括用金刚砂轮切片），从大块金属上获得薄膜。此法适用于塑性较好的金属，如金、银、铂等。塑性好的金属甚至可以通过锻压制成厚度小于 100Å 的金属箔，也可用超薄切片机切割。但形变法得到的金属膜组织受到严重歪曲，因而必须在真空下进行长时间退火进行恢复。

（3）化学腐蚀法　　化学腐蚀法是指用化学减薄液对经过初步减薄的试样片再进行减薄。常用的化学减薄液，对于铁和合金钢，可以用浓度为 30% 的 HNO_3、浓度为 15% 的 HCl、浓度为 10% 的 HF、浓度为 45% 的 H_2O；对于高温合金和马氏体时效钢，可用浓度为 5% 的 HF、浓度为 85% 的 H_2O_2、浓度为 10% 的 H_2O；对于有色金属，可用浓度为 60% 的 H_3PO_4、浓度为 40% 的 HF 或浓度为 80% 的 HNO_3、浓度为 20% 的 H_2O 或浓度为 40% 的 HNO_3、浓度为 50% 的 H_3PO_4、浓度为 10% 的 HCl；钛合金则可用浓度为 20% 的 HF、浓度为 20% 的 HNO_3、浓度为 60% 的 H_2O_2。

（4）离子轰击法　　离子轰击法是利用高能离子轰击制备金属薄膜的方法，适用于难熔金属和硬质合金的减薄。其困难在于不易掌握轰击后期的离子流速度，而且制膜时间很长，有时甚至长达 $20\sim30h$。

（5）电解减薄法　　电解减薄法是目前应用最广的方法。国内外电镜工作者多年来曾有不少探索，如窗口法、点状电极法等。近年来，根据实践证明，采用双阴极喷射法是颇为成功的。曾用来制备高温合金、合金钢、硅钢等大多数合金，制备一个试样只需 $1\sim2\text{min}$，合格率可达 90% 以上。

8.2.3　标定电子衍射的一般程序

8.2.3.1　概述

制成一个好的样品是重要的第一步，这是获得理想衍射谱的基础。而对衍射谱的分析，往往是十分艰巨的，需要联系内部微观组织结构进行衍衬分析。出色的衍衬研究工作引用的照片并不多，但由于试验设计巧妙，以及作者十分熟悉衍射和衍衬分析原理，并且能综合利用关于合金的多方面知识，由表及里，层层深入，终于获得丰富和有说服力的结果。只要理论概念清楚，实践出真知，分析多了，形形色色的衍射花样见多了，经验也就积累起来了。本书在介绍各种分析方法时，将尽可能提供一些有启发性的实例，以供参考。

8.2.3.2　分析过程综述

在具体介绍分析方法以前，将前面章节中已经引入的重要概念，和尚未介绍的一条重要定律——晶带定律，综述如下。

① 由于高能电子束与 X 射线本质上都是电磁波，通过第 3 章的分析可知，衍射谱是厄瓦尔德球与倒易点阵相截时得到的截面在底片上的投影（图 8-17），是放大了的倒易截面。倒易点与厄瓦尔德球相截，表示相应的倒易矢量满足布拉格条件，倒易点落在厄瓦尔德球上，且结构因子不为 0，即

$$g = k - k_0$$
$$F(g) \neq 0 \tag{8-15}$$

式(8-15)是斑点出现的必要条件。

② 衍射斑点的精细结构是衍射晶体形状效应的反映。电子衍射时，倒易点演变成倒易杆、倒易片或其他复杂形状，已经不是一个几何意义的"点"。而电子射线束的波长极短，因而厄

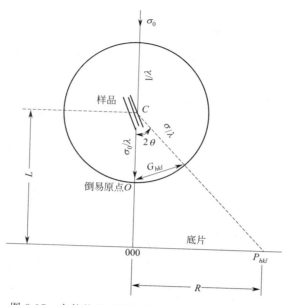

图 8-17　布拉格公式的集合图解——厄瓦尔德图解

瓦尔德球半径很大。

③ 底片上任意斑点到透射点的距离与相应晶面的面间距成反比。一般说来，衍射物质的单胞常数大，斑点密而多；反之，单胞常数小，斑点疏而少。此外，衍射面准确处于布拉格位置时，斑点较强；略偏离布拉格位置，斑点较弱。

④ 计算衍射谱的基本公式 $L\lambda = Rd$ 中，仪器常数 $L\lambda$ 精确与否，直接影响到分析结果的可靠性。

金和氯化铊的低指数晶面间距见表 8-4。由于金属薄膜试样基体点阵常数是已知的，可用基体的衍射斑点直接求出 $L\lambda$，再用此值计算并标定第二相斑点，用这种内标法求 $L\lambda$ 值往往更为可靠。

表 8-4　金和氯化铊的低指数晶面间距

Au		TlCl	
hkl	d/Å	hkl	d/Å
111	2.3546	100	2.840
200	2.0392	110	2.716
220	1.4418	111	2.217
311	1.2295	200	1.920
		210	1.717

⑤ 标定衍射谱不外乎两种情况：一是已知衍射物质及其晶体结构，例如所研究材料的基体（如马氏体、奥氏体等）；二是未知相的标定。

⑥ 电子衍射谱只是一个二维倒易截面，仅凭一张衍射照片确定未知物质的三维晶体结构是不充分的。

⑦ 晶带定律是衍射分析中经常用到的一条定律。晶体中若干晶面族 $\{hkl\}$ 同时与一个晶

向 ［uvw］平行，即这些晶面族有一个共同晶向 ［uvw］［图 8-18(a)］，这些晶面族同属一个晶带，［uvw］称为此晶带的晶带轴。

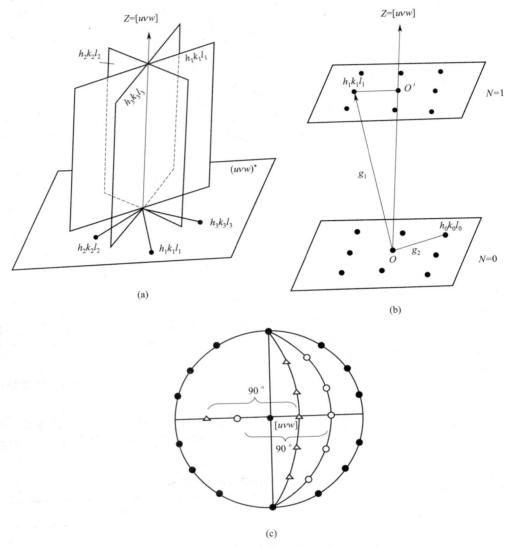

图 8-18   晶带及晶带定律

晶带的各晶面族用倒易矢量 $g_i = h_i a^* + k_i b^* + l_i c^*$ 表示，晶带轴方向是一个正空间矢量，记作 $Z = ua + vb + wc$。显然 $\mathbf{g}_i$ 与 $\mathbf{Z}$ 有正交关系，即

$$g_i Z = 0 \tag{8-16}$$

可得

$$h_i u + k_i v + l_i w = 0 \tag{8-17}$$

式(8-16) 和式(8-17) 是晶带定律的数学表达式，它们反映的正空间与倒空间的关系如下：

［uvw］是正点阵矢量，［$h_i k_i l_i$］* 是倒易矢量，二者正交。（uvw）* 是倒易平面，（$h_i k_i l_i$）是正空间平面，二者正交。

［uvw］是正点阵矢量，（$h_i k_i l_i$）是正空间平面，二者平行。

在极图上，满足晶带定律的各（hkl）面的极点，均落在距极点（uvw）90°的大圆上，如

果 [uvw] 就是某极图的中心极点，则各 (hkl) 极点均落在基圆圆周上 [图 8-18(c)]。

式(8-17) 中，若 u、v、w 为常数，$h_i k_i l_i$ 可变，则方程确定该晶带的所有平面，也就是确定倒易面 $(uvw)^*$ 上所有倒易点的指数。若 h、k、l 为常数，u、v、w 可变，则方程确定 (hkl) 可能同时落在哪些晶带上。用倒空间的语言讲，$[uvw]^*$ 表示以倒矢量为交线的所有可能倒易面。

晶带定律在电子衍射分析中的重要应用，是在标定斑点指数后，求晶带轴（或试样膜面法线）方向的指数。

⑧ 电子衍射谱的对称性见表 8-5。由表 8-5 中可见：在电子衍射谱中出现最多的低对称性斑点配置是平行四边形，其对应的晶系最不确定，几乎七大晶系都可能出现这种排列。而对称性越高的倒易阵点配置，相应晶系的对称性也越高。例如，四方形点列只能属于四方和立方晶系；正三角形或正六角形点列，只能属于六角、三角或立方晶系。对称性较差的矩形和有心矩形的斑点排列，也有多种可能的归属。

表 8-5 电子衍射谱的对称性

衍射谱几何图形	五种二维倒易点阵平面	电子衍射谱及相应的点群	可能的晶系
平行四边形		2mm(180°)	三斜,单斜,正交,四角,六角,三角,立方
矩形		2mm(90°)	单斜,正交,四角,六角,三角,立方
有心矩形		2mm (90°)	单斜,正交,四角,六角,三角,立方
四方形		4mm(90°) 4mm(45°)	四角,立方
正六角形		6mm(120°) 6mm(60°) 6mm(30°)	六角,三角,立方

表 8-6　立方晶系

N	$h_1k_1l_1$	$\sqrt{N_1}$	$h_2k_2l_2$										
			100	110	111	200	210	211	220	300 221	310	311	222
													$\sqrt{N_2}/$
1	100	1.0000	1.0000	1.1412	1.7321	2.000	2.2361	2.4495	2.8284	3.000	3.1623	3.3166	3.4641
2	110	1.4142	0.7071	1.0000	1.2247	1.4142	1.5811	1.7329	2.000	2.1213	2.2361	2.3452	2.4495
3	111	1.7321	0.5773	0.8164	1.0000	1.1546	1.3439	1.4142	1.6329	1.7320	1.8257	1.9147	2.0000
4	200	2.0000	0.5000	0.7071	0.8661	1.0000	1.1181	1.2248	1.4142	1.5000	1.5812	1.6583	1.7322
5	210	2.2361	0.4472	0.6324	0.7746	0.8944	1.0000	1.0954	1.2648	1.3416	1.4142	1.4832	1.5493
6	211	2.4495	0.4082	0.5773	0.7072	0.8164	0.9128	1.0000	1.1546	1.2247	1.29091	1.3599	1.4142
8	220	2.8284	0.3535	0.5000	0.6123	0.7071	0.7905	0.8660	1.0000	1.0606	1.1180	1.1726	1.2247
9	300 211	3.0000	0.3333	0.4714	0.5773	0.6666	0.7453	0.8165	0.9428	1.0000	1.0541	1.1055	1.1547
10	300	3.1623	0.3162	0.4472	0.5477	0.6324	0.7071	0.7745	0.8944	0.9486	1.0000	1.0487	1.0954
11	311	3.3166	0.3015	0.4264	0.5222	0.6030	0.6742	0.7385	0.8528	0.9945	0.9534	1.0000	1.0444
12	222	3.4641	0.2886	0.4082	0.5005	0.5773	0.6455	0.7071	0.8164	0.8660	0.9128	0.9574	1.0000
13	320	3.6056	0.2773	0.3922	0.4803	0.5546	0.6201	0.6793	0.7844	0.8320	0.8770	0.9198	0.9607
14	321	3.7417	0.2672	0.3779	0.4629	0.5345	0.5976	0.6546	0.7559	0.8017	0.8451	0.8863	0.9258
16	400	4.0000	0.2500	0.3535	0.4330	0.5000	0.5590	0.6123	0.7071	0.7500	0.7966	0.8291	0.8660
17	410 222	4.1231	0.2425	0.3429	0.4200	0.4850	0.5423	0.5940	0.6859	0.7276	0.7669	0.8048	0.8401
18	411 330	4.2426	0.2357	0.3333	0.4082	0.4714	0.5270	0.5773	0.6666	0.7071	0.7453	0.7817	0.8165
19	331	4.3589	0.2294	0.3244	0.3973	0.4588	0.5129	0.5619	0.6488	0.6882	0.7254	0.7608	0.7947
20	420	4.4721	0.2236	0.3162	0.3873	0.4472	0.5000	0.5477	0.6324	0.6708	0.7071	0.7416	0.7746
21	421	4.5826	0.2182	0.3086	0.3779	0.4364	0.4879	0.5345	0.6172	0.6546	0.6900	0.7230	0.7559
22	332	4.6904	0.2132	0.3013	0.3692	0.4204	0.4707	0.5222	0.6094	0.6396	0.6742	0.7071	0.7386
24	422	4.8990	0.2041	0.2886	0.3535	0.4082	0.4564	0.5000	0.5770	0.6162	0.6454	0.6769	0.7071
25	500 430	5.0000	0.2000	0.2828	0.3464	0.4000	0.4472	0.4800	0.5050	0.6000	0.6324	0.6633	0.6928
26	510 431	5.0000	0.1961	0.2773	0.3396	0.3922	0.4385	0.4803	0.5448	0.5773	0.6200	0.6504	0.6793
27	511 333	5.1962	0.1924	0.2721	0.3333	0.3843	0.4303	0.4714	0.5440	0.5778	0.6085	0.6382	0.6666
29	520 432	5.3852	0.1856	0.2626	0.3216	0.3713	0.4152	0.4548	0.5272	0.5570	0.5872	0.6158	0.6432

$\sqrt{N_2}/\sqrt{N_1}$ 比值

320	321	400	410 322	411 330	331	420	421	332	422	500 430	510 431	511 333	520 432
$\sqrt{N_1}$													
3.6056	3.7417	4.0000	4.1231	4.2426	4.3589	4.4721	4.5826	4.6904	4.8990	5.0000	5.0990	5.1962	5.3852
2.5495	2.6458	2.8284	2.9154	3.0000	3.0822	3.1622	3.2406	3.3166	3.4641	3.5355	3.6055	3.6485	3.8079
2.0816	2.1602	2.3093	2.3804	2.4493	2.5165	2.5818	2.6456	2.7079	2.8283	2.8868	2.9438	2.9999	3.1090
1.8028	1.8703	2.0000	2.0615	2.1213	2.1795	2.2361	2.2913	2.3452	2.4495	2.5000	2.5495	2.5981	2.6926
1.6124	1.6733	1.7888	1.8433	1.8973	1.9494	1.9999	2.0493	2.0975	2.1908	2.2366	2.2803	2.3237	2.4083
1.4719	1.5275	1.6329	1.6832	1.7320	1.7795	1.8257	1.8709	1.9148	2.0000	2.0412	2.0816	2.1213	2.1984
1.2747	1.3229	1.4142	1.4577	1.5000	1.5411	1.5811	1.6206	1.6583	1.7320	1.7677	1.8027	1.8371	1.9039
1.2018	1.0472	1.3333	1.3473	1.4142	1.4529	1.4907	1.5275	1.5634	1.6330	1.6666	1.6996	1.7320	1.7950
1.1401	1.1832	1.2649	1.3038	1.3416	1.3783	1.4143	1.4491	1.4832	1.5491	1.5811	1.6124	1.6431	1.7029
1.0871	1.1281	1.2066	1.2431	1.2792	1.3142	1.3483	1.3817	1.4142	1.4771	1.5075	1.5374	1.5667	1.6237
1.0408	1.0801	1.1547	1.1902	1.2247	1.2583	1.2909	1.3228	1.3540	1.4142	1.4433	1.4719	1.5000	1.5545
1.0000	1.0377	1.1094	1.1435	1.1766	1.2089	1.2403	1.2709	1.3008	1.3587	1.3867	1.4142	1.4411	1.4935
0.9636	1.0000	1.0690	1.1019	1.1338	1.1649	1.1952	1.2247	1.2535	1.3092	1.3362	1.3621	1.3887	1.4392
0.9014	0.9358	1.0000	1.0307	1.0606	1.0897	1.1180	1.1456	1.1726	1.2247	1.2500	1.2747	1.2990	1.3463
0.8744	0.9074	0.971	1.0000	1.0289	1.0571	1.0846	1.1114	1.1375	1.1881	1.2126	1.2366	1.2602	1.3061
0.8498	0.8819	0.9428	0.9718	1.0000	1.0274	1.0540	1.0801	1.1055	1.1547	1.1785	1.2018	1.2247	1.2693
0.8271	0.8584	0.9176	0.9459	0.9733	1.0000	1.0274	1.0513	1.0760	1.1239	1.1470	1.1697	1.1920	1.2354
0.8062	0.8366	0.8944	0.9219	0.9486	0.9746	1.0000	1.0247	1.0488	1.0954	1.1180	1.1401	1.1619	1.2041
0.7868	0.8165	0.8728	0.8997	0.9258	0.9511	0.9758	1.0000	1.0233	1.0690	1.0910	1.1126	1.1338	1.1751
0.7687	0.7976	0.8528	0.8790	0.9045	0.9293	0.9534	0.9770	1.0000	1.0444	1.0660	1.0871	1.1078	1.1481
0.7359	0.7637	0.8164	0.8416	0.8660	0.8897	0.9128	0.9354	0.9574	1.0000	1.0206	1.0408	1.0606	1.0992
0.7211	0.7483	0.8000	0.8246	0.8485	0.8717	0.8944	0.9165	0.9380	0.9798	1.0000	1.0198	1.0392	1.0770
0.7071	0.7338	0.7844	0.8086	0.8320	0.8548	0.8770	0.8987	0.9198	0.9607	0.9805	1.0000	1.0190	1.0561
0.6938	0.7200	0.7697	0.7934	0.8164	0.8388	0.8606	0.8819	0.9026	0.9428	0.9622	0.9812	1.0000	1.0190
0.6695	0.6948	0.7427	0.7656	0.7878	0.8094	0.8304	0.8509	0.8709	0.9097	0.9284	0.9468	0.9649	1.0000

8.2.3.3 立方晶系衍射谱的标定

本节介绍立方晶系衍射谱的标定程序，其基本步骤也适用于其他晶系衍射谱的标定。

（1）查 $\sqrt{N}$ 比值表法   立方晶系的晶体学特点是三轴基矢长度相等且正交，只有一个单胞常数 a，其晶面间距和晶面夹角的公式分别为

$$\frac{1}{d_{hkl}^2}=\frac{h^2+k^2+l^2}{a^2}=\frac{N}{a^2} \tag{8-18}$$

$$\cos\varphi=\frac{h_1h_2+k_1k_2+l_1l_2}{\left[(h_1^2+k_1^2+l_1^2)(h_2^2+k_2^2+l_2^2)\right]^{\frac{1}{2}}} \tag{8-19}$$

透射斑点到任意衍射斑点的矢量长度：

$$g_{hkl}=\sqrt{N}a^*$$

式中，N 为三指数平方和。三种立方晶系点阵，N 可分别取下列数列：

简单立方　1、2、3、4、5、6、8、9、10、11、12、13、14、16、17…
面心立方　2、4、6、8、10、12、14、16、19、24、27…
金刚石立方　3、8、11、16、19、24、27…

上述数列可用图 8-19 表示。

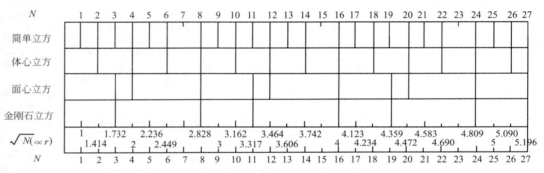

图 8-19　立方晶系的 N 值数列

如果是多晶试样的衍射环，其谱线的排列也符合如图 8-19 所示分布。

设透射点（000）到两个斑点（$h_1k_1l_1$）和（$h_2k_2l_2$）的距离分别为 r_1 和 r_2，则根据 $L\lambda=R_{hkl}d_{hkl}$，有 $r_1d_1=L\lambda$ 和 $r_2d_2=L\lambda$。代入式(8-19)，取比值得

$$\frac{r_1}{r_2}=\frac{\sqrt{N_1}}{\sqrt{N_2}} \tag{8-20}$$

同样，$r_1:r_2:r_3\cdots=\sqrt{N_1}:\sqrt{N_2}:\sqrt{N_3}\cdots$

根据式(8-20)计算的结果见表 8-6。指标化时，先从底片上测量低指数的两个斑点到透射点的距离 r_1 和 r_2，并求出比值 r_1/r_2，测量它们的夹角 φ。然后从表 8-6 中找出与 r_1/r_2 值接近的比值，及相应的几组（$h_1k_1l_1$）、（$h_2k_2l_2$）指数，最后利用立方晶系晶面夹角表，在这几组晶面指数中，确定与所测量 φ 角相符或接近的一对面指数，作为合理的标定方式。

（2）特征平行四边形的标定方法   单晶电子衍射谱，可以视为由某一特征平行四边形（斑点占有平行四边形的 4 个顶点）按一定周期扩展而成。如图 8-20 所示，可以找出许多平行四边形，作为这个衍射谱的基本单元。但是我们定义具有如下性质的平行四边形为特征平行四边形：这个平行四边形是由最短的两个邻边组成的。若以 r_1 表示它的短邻边长度，r_2 表示它的长邻边长度，r_3 表示它的短对角线长度，r_4 表示它的长对角线长度，且规定：

$$r_1 \leqslant r_2 \leqslant r_3 \leqslant r_4$$

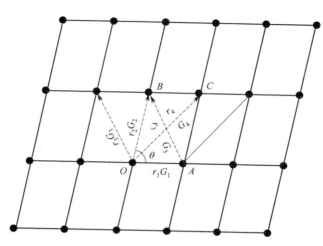

图 8-20　特征基本平行四边形的定义（$60° \leqslant \theta \leqslant 90°$）

在实际工作中，可以简单地以 $r_2 \leqslant r_3$ 作为判据，并且 r_1 与 r_2 之间的夹角 θ 是锐角，即 $60° \leqslant \theta \leqslant 90°$。

对于任何晶系，都可以找出组成其衍射谱的特征基本平行四边形。对于立方晶系，透射斑点附近最邻近两倒易矢的长度之比 r_1/r_2 与点阵常数 a 无关，而只与相应的指数有关。因此，可以计算通用于任意常数 a 的，由比值 r_2/r_1、r_3/r_1 求 $h_1k_1l_1$、$h_2k_2l_2$ 和膜面法线指数 $[uvw]$ 的数表。其中，面心立方的部分数表见表 8-7。

表 8-7　面心立方特征基本平行四边形数表

序号	r_2/r_1	r_3/r_1	d_{r_1}	$[uvw]$	$h_1k_1l_1$	$h_2k_2l_2$
1	1.000	1.000	$a/2.828$	$[111]$	$20\bar{2}$	$02\bar{2}$
2	1.000	1.026	$a/4.359$	$[356]$	$13\bar{3}$	$\bar{5}3\bar{1}$
3	1.000	1.038	$a/7.211$	$[469]$	$6\bar{4}0$	$06\bar{4}$
4	1.000	1.054	$a/6.000$	$[256]$	$\bar{4}4\bar{2}$	$24\bar{4}$
5	1.000	1.095	$a/4.472$	$[124]$	$04\bar{2}$	$\bar{4}20$
6	1.000	1.155	$a/1.732$	$[011]$	$11\bar{1}$	$\bar{1}1\bar{1}$
7	1.000	1.183	$a/6.324$	$[139]$	$6\bar{2}0$	$06\bar{2}$
8	1.000	1.291	$a/4.899$	$[135]$	$42\bar{2}$	$\bar{2}4\bar{2}$

注：表中 d_{r_1} 表示对应于 r_1 的 $(h_1k_1l_1)$ 的面间距。

（3）利用标准衍射图谱进行标定　立方晶系有这样的特点：不同衍射点到透射点的距离之比，等于相应衍射点指数平方和的平方根之比，且与点阵常数 a 无关。这正好可以利用计算尺的下述性质：A、B 尺的刻度，等于 C、D 尺刻度相应数值的平方。故可使从底片上测得的 r_1、r_2 数值分别落在 C、D 尺上，移动滑尺，使两者正好对准，这相当于在此两尺上的某处有 $\sqrt{N_1}$ 正好对准 $\sqrt{N_2}$，而在它相对的 B、A 尺上，即可找到与 r_1、r_2 相应的 N_1、N_2，如图 8-21(a) 所示。然后利用表 8-7，便可找到相应于 N_1、N_2 的晶面指数。但是，这时往往在 A、B 尺上还能找到几个对准的 $N_1:N_2$ 对，这是由于单晶电子衍射谱的精度不高所造成的。

如何从其中选择正确的一对，可以利用第三个斑点 $G_3 = G_6 - G_1$ 对应的 r_3，在 C、D 尺上使 r_1、r_3 对准，按照上述步骤找到 $N_1 : N_3$。这样，就可以确定 $N_1 : N_2 : N_3$。

采用上述方法标定电子衍射谱，需进行多次运算，颇为不便，为此可将式(8-18)写成如下形式：

$$\frac{d_1}{\frac{1}{\sqrt{N_1}}} = \frac{d_2}{\frac{1}{\sqrt{N_2}}} = \frac{d_3}{\frac{1}{\sqrt{N_3}}} = \cdots = a$$

这时，先通过公式 $rd = L\lambda$，求出一系列 d 值 d_1、d_2、$d_3 \cdots$，然后将 B-C 尺倒置插入 [图 8-21(b)]，并在 D 尺上找到一系列 d 值 d_1、d_2、$d_3 \cdots$。移动已经倒置的 B 尺，使 D 尺上的 d_1、d_2、$d_3 \cdots$ 对准 B 尺上的一系列整数值，它们就是对应于 d_1、d_2、$d_3 \cdots$ 的 N_1、N_2、$N_3 \cdots$。在 C 尺上对应的就是 $\sqrt{N_1}$、$\sqrt{N_2}$、$\sqrt{N_3} \cdots$。并且在 B 尺端部对准的 D 尺处，直接读出点阵常数 a。有了这些 N_1、N_2、$N_3 \cdots$ 数列，同样可借助于表 8-7，确定各斑点的指数。

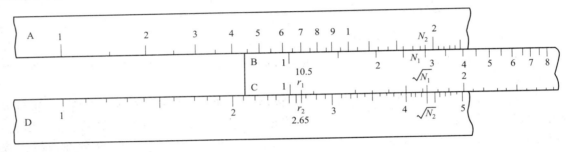

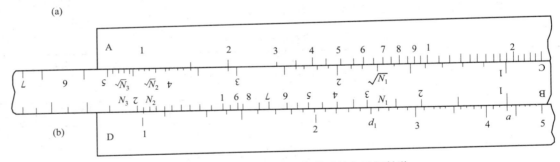

图 8-21　利用计算尺标定立方晶系的电子衍射谱

(4) 指数标定注意事项　上面介绍了立方晶系衍射谱的常规标定方法，下面简要归纳一下标定时应注意的问题。

① 各斑点指数应该互洽。各斑点指数不能相互矛盾，必须满足矢量合成关系：$G_3 = G_6 - G_1$。例如，图 8-22 中的 C 点指数应该是

$$h_3 = -2 - (-3) = 1, k_3 = 2 - (-1) = 3, l_3 = 0 - 1 = -1$$

即 C 为 $13\bar{1}$。此外，A 或 B 点的指数一经确定，则另一点 B 或 A 的指数也就相应地确定了。例如，制定 A 为 $\bar{3}1\bar{1}$，则根据公式(8-19)，应有

$$\cos 64.76° = \frac{-3h_2 - k_2 + l_2}{(8 \times 11)^{\frac{1}{2}}} = 0.4264$$

可见 B 点有 3 种标法：$(\bar{2}20)$、$(0\bar{2}2)$ 和 $(\bar{2}0\bar{2})$，夹角都满足上述关系。这是 B 点指数中有两个指数绝对值相同的情况，如果 h、k、l 三者绝对值互不相同，则满足上述关系的标法将更多。若 A 点指数不标为 $\bar{3}1\bar{1}$，而是 311 或其他，则 A、B 指数的组合也将更多。最一

般的情况，$\{hkl\}$ 有 48 种标法，三指数全同者有 8 种标法，两指数相同者有 24 种标法。伴随 A、B 指数的不同搭配，C 指数也应与它们互洽，其结果是晶带轴指数也不是唯一的。

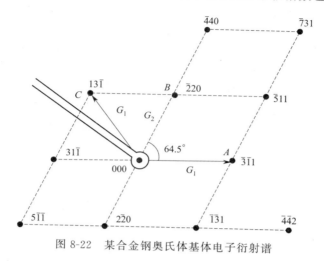

图 8-22　某合金钢奥氏体基体电子衍射谱

② 180°不唯一性问题。如图 8-23 所示，采用右手逆时针旋转法则，如图 8-23(c)、(d)，有两种互相倒转 180°的标定方式，它们具有同一晶带轴指数 $[10\bar{1}]$，而实际上图 8-23(c)、(d) 两种标法对应着实际晶体的两种不同取向图 8-23(a)、(b)。

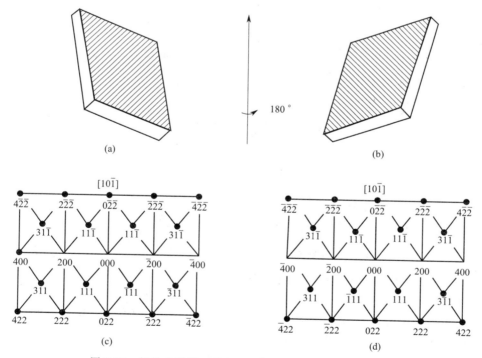

图 8-23　倒易点阵平面的二次旋转对称性与 180°不唯一性

出现这种 180°不唯一性，是由于倒易点阵平面（即电子衍射谱）显示二次旋转对称性所引起的，因此无法区别 $(\bar{h}\bar{k}\bar{l})$ 与 (hkl)。如果 $[uvw]$ 本身就是二次旋转对称轴，则对 hkl 与 $\bar{h}\bar{k}\bar{l}$ 没有必要区别。一般情况下，hkl 与 $\bar{h}\bar{k}\bar{l}$ 两套指数所代表的是两种不同取向，在作衍衬分析时必须加以区别。例如，测定第二相与基体取向的关系，以及测定布氏矢量和位错环等，就不能不予以考虑。

如何解决 180°不唯一性问题唯一地标定一张衍射底片，可以借助双晶带电子衍射谱和倾斜技术。现分述如下：

a. 利用双晶带电子衍射谱。由于反射球具有一定的曲率，电镜中的试样在沿电子束方向很薄，倒易点变成倒易杆以致有可能在一张衍射底片上同时出现相邻两个晶带的衍射谱，如图 8-24(a)。由于 [311] 和 [411] 之间仅有 5.77°夹角，倒易点拉长，使底片上同时获得这两个晶带的衍射谱如图 8-24(b)。令 g_1、g_2 分别表示两个晶带 I_1 和 I_2 中满足布拉格条件的倒易矢量，则应有 $g_2 \cdot I_1 > 0$，$g_1 \cdot I_2 > 0$，即 g_2 与 I_1、g_1 与 I_2 的夹角均应小于 90°。利用这个性质，可以唯一地标定这两个晶带的衍射谱。

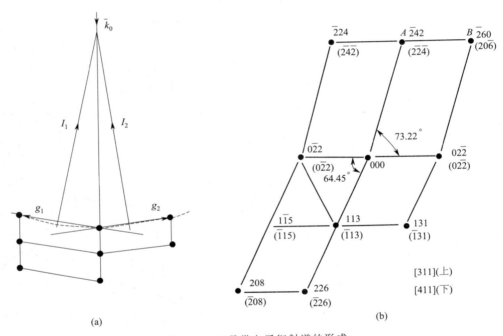

图 8-24　双晶带电子衍射谱的形成

这两个晶带的衍射谱可以有两种标法，其指数分别用 hkl 和（hkl）表示。但后者满足 $g_2 \cdot I_1 > 0$ 和 $g_1 \cdot I_2 > 0$ 的条件，而且当 [311] 的 A 点标为（$2\bar{2}4$）时，在其反方向 180°处有与（$\bar{2}24$）接近的 C 点（$2\bar{2}6$）；同样 [311] 的 B 点（$20\bar{6}$），在其反方向 180°的 [411] 晶带也有与（$\bar{2}06$）接近的 D 点（$\bar{2}08$）。由此可以肯定，图 8-24 中加括号的一套指数的标定是正确的，排除了 180°的不唯一性。

b. 利用倾斜技术唯一标定衍射谱。设对某镍基合金奥氏体进行电子衍射，得到如图 8-25(a) 所示的衍射谱。对此，可以有两种指标化方式，分别记为 hkl 和（hkl）。这两种标法，晶带轴均为 [$\bar{1}23$]，那么哪一种标法是正确的呢？

以倒易矢 P 为轴倾斜 19°，得到了新的 [$0\bar{1}1$] 衍射谱，这是第一套 hkl 标法，以 [111] 为轴顺时针方向倾斜 19°的必然结果。

如果是第二套（hkl）标法，即令 P 轴为 [$\bar{1}\bar{1}\bar{1}$]，则根据计算，以它为轴倾斜 19°应得到类似原衍射谱那样的斑点排列，如图 8-25(c)，晶带轴为 [$\bar{2}1\bar{3}$]。但是实际上以 P 轴顺时针方向倾斜 19°后，得到的是图 8-25(b) 而不是图 8-25(c)，可见第一套 hkl 标法是正确的，排除了后一种 (hkl) 标法的可能性。

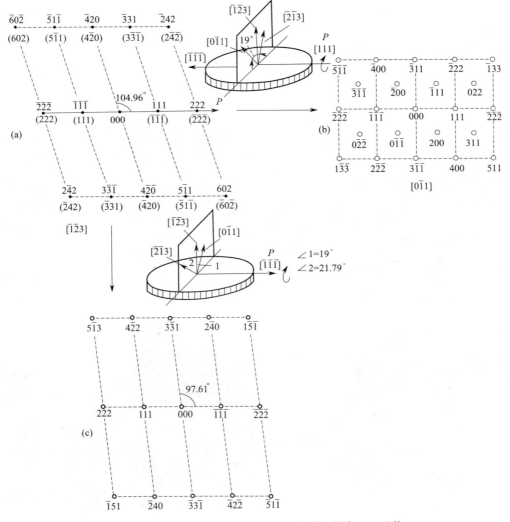

图 8-25　利用倾斜技术唯一标定电子衍射谱、镍合金和基体 FCC

此外，利用菊池线，也可以帮助排除 $180°$ 任意性。

c. 高指数不唯一性。高对称性的立方结构中，其衍射花样可能在某些高指数取向下出现下述情况：一套斑点可以有两种完全不同的标定方式，而它们的晶带轴指数并非属于同一晶向族。说明这两种标定方式只有一种是正确的，要求我们加以鉴别。

d. 利用反射出现规律和对称性特征进行分析。相对来说，立方晶系电子衍射谱的标定比较简单。尤其在用金属薄膜进行衍衬工作时，有些低指数倒易面是常见的，如立方晶系中的 $(100)^*$、$(110)^*$、$(111)^*$、$(210)^*$、$(211)^*$、$(221)^*$、$(311)^*$ 等。因此，记住这些常见倒易面的斑点分布规律（例如基本重复单元的边长比和夹角）有助于较快标定指数。在现场进行衍衬观察时，快速判断倒易面指数是十分重要的。

8.2.3.4　多晶电子衍射谱的标定

多晶电子衍射谱的标定程序与 X 射线衍射德拜相同，其程序如下：

① 由标准样品（如 Au，Al 等）计算出实验条件下的仪器常数 $L\lambda$，测量各衍射环的半径，

利用公式 $Rd = L\lambda$ 计算出对应的一系列 d 值。

　　② 查对 ASTM 卡片。ASTM 卡片上的数据虽来自 X 射线德拜相，但完全可以用来核对多晶电子衍射环的 d 值和相对强度。如果已知该合金中可能存在哪些相，查对工作将大为简化。

8.3　典型非金属矿物的 TEM 分析

　　典型的非金属矿物 TEM 分析如图 8-26、图 8-27 所示。

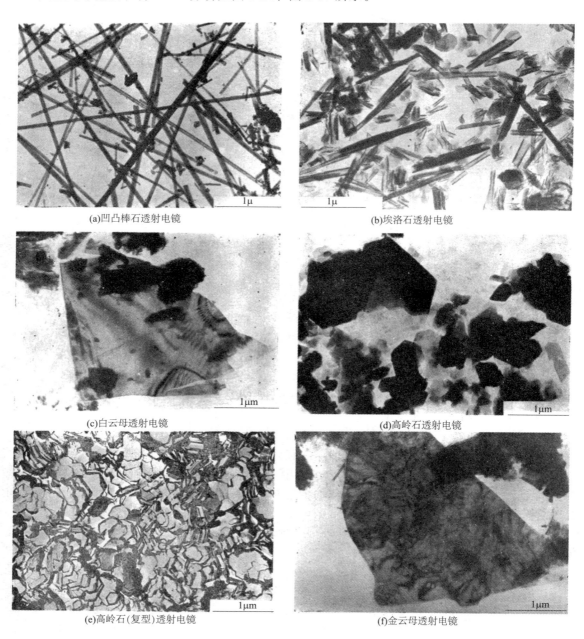

(a)凹凸棒石透射电镜　　　　　　　　　(b)埃洛石透射电镜

(c)白云母透射电镜　　　　　　　　　(d)高岭石透射电镜

(e)高岭石(复型)透射电镜　　　　　　　(f)金云母透射电镜

图 8-26　非金属矿物 TEM 分析（一）

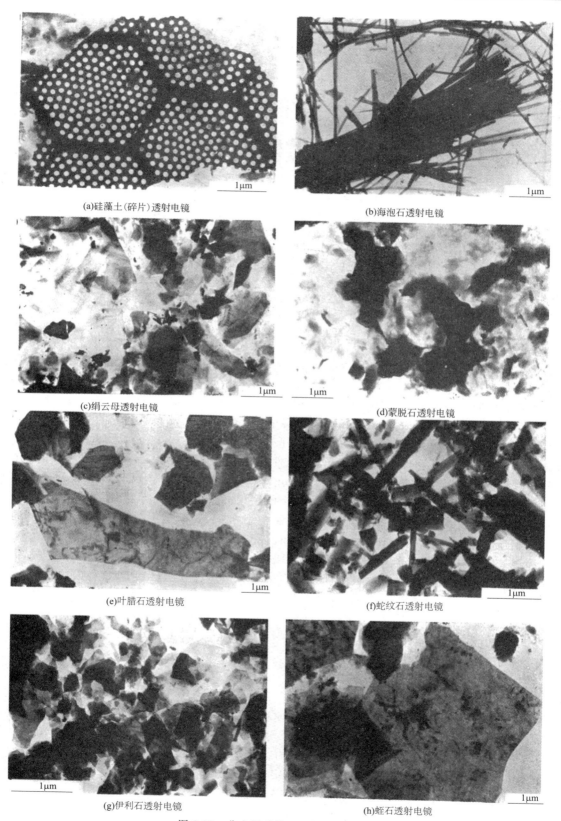

(a)硅藻土(碎片)透射电镜

(b)海泡石透射电镜

(c)绢云母透射电镜

(d)蒙脱石透射电镜

(e)叶腊石透射电镜

(f)蛇纹石透射电镜

(g)伊利石透射电镜

(h)蛭石透射电镜

图 8-27　非金属矿物 TEM 分析（二）

第 9 章
原子力显微镜及在矿物中的应用

9.1 前言

在近代仪器发展史上，显微技术一直随着人类科技进步而不断地快速发展，科学研究及材料发展也随着新的显微技术的发明，而推至前所未有的微小世界。自从 1982 年 Binning 与 Robher 等共同发明扫描穿隧显微镜（scanning tunneling microscope，STM）之后，人类在探讨原子尺度的欲望上，更向前跨出了一大步，对于材料表面现象的研究也能更加地深入了解。在这之前，能直接看到原子尺寸的仪器只有场离子显微镜（field ionic microscope，FIM）与电子显微镜（electron microscope，EM）。但碍于试片制备条件及操作环境的限制，对于原子尺寸的研究极为有限，而 STM 的发明则克服了这些问题。由于 STM 的原理主要是利用电子穿隧的效应来得到原子影像，材料须具备导电性，应用上有所限制，而在 1986 年 Binning 等人利用探针的观念又发展出原子力显微镜（atomic force microscope，AFM），AFM 不但具有原子尺寸解析的能力，亦解决了 STM 在导体上的限制，应用上更为方便。

自扫描式穿隧显微镜问世以来，更有几十种类型的探针显微镜不断地被开发出来，以探针方式的扫描探针显微镜（scanning probe microscope，SPM）是个大家族，其中较熟识的有扫描式穿隧显微镜（STM）、近场光学显微镜（NSOM）、磁力显微镜（MFM）、化学力显微镜（CFM）、扫描式热电探针显微镜（SThM）、相位式探针显微镜（PDM）、静电力显微镜（EFM）、侧向摩擦力显微镜（LFM）、原子力显微镜（AFM）等。

9.2 成像原理和仪器学

9.2.1 结构和成像原理

图 9-1 所示为原子力显微镜的结构和工作原理简图。一个对微弱力很敏感的弹性微悬臂一端固定于压电陶瓷扫描器上，另一端附有端头十分尖锐的针尖。针尖与试样表面相接触时，针尖端头原子与试样表面存在的微弱作用力（吸引力与排斥力）将使微悬臂发生相应的微小弹性变形。作用力 F 与形变 Δz 之间的关系遵循胡克定律：

$$F = k \Delta z$$

式中，k 为微悬臂的弹性常数。据此，测定微悬臂形变量的大小，可获得针尖与试样之间作用力的大小。

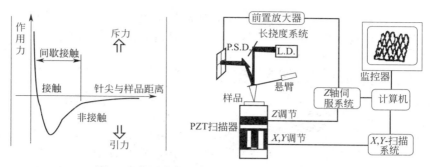

图 9-1 作用力与距离的关系和 AFM 工作原理

AFM 是在 STM 基础上发展起来的，是通过测量样品表面分子（原子）与 AFM 微悬臂探针之间的相互作用力，来观测样品表面的形貌。AFM 与 STM 的主要区别是以一个一端固定而另一端装在弹性微悬臂上的尖锐针尖代替隧道探针，以探测微悬臂受力产生的微小形变代替探测微小的隧道电流。具体的工作原理：将一个对极微弱力极敏感的微悬臂一端固定，另一端有一微小的针尖，针尖与样品表面轻轻接触。由于针尖尖端原子与样品表面原子间存在极微弱的排斥力，通过在扫描时控制这种作用力恒定，带有针尖的微悬臂将对应于原子间的作用力的等位面，在垂直于样品表面方向上起伏运动。利用光学检测法或隧道电流检测法，可测得对应于扫描各点的位置变化，将信号放大与转换从而得到样品表面原子级的三维立体形貌图像。AFM 主要是由执行光栅扫描和 Z 定位的压电扫描器、反馈电子线路、光学反射系统、探针、防震系统以及计算机控制系统构成。压电陶瓷管（PZT）控制样品在 X、Y、Z 方向的移动，当样品相对针尖沿着 XY 方向扫描时，由于表面的高低起伏使得针尖、样品之间的距离发生改变。当激光束照射到微悬臂的背面，再反射位置灵敏的光电检测器时，检测器不同象限收到的激光强度差值，同微悬臂的形变量形成一定的比例关系。反馈回路根据检测器信号与预置值的差值，不断调整针尖与样品之间的距离，并且保持针尖、样品之间的作用力不变，就可以得到表面形貌像。这种测量模式称为恒力模式。当已知样品表面非常平滑时，可以采用恒高模式进行扫描，即针尖、样品之间距离保持恒定。这时针尖、样品之间的作用力大小直接反映了表面的形貌图像。

9.2.2　AFM 探针

9.2.2.1　针尖的几何形状

针尖形状的合适与否是能否获得高质量正确反映试样信息的 AFM 图像的重要因素。选择何种针尖形状主要取决于试样的性质。市场上提供的各种式样的针尖，它们都有其特定的适用场合，大致可以分为两类：高长宽比针尖和低长宽比针尖。选择何种类型的针尖在某种程度上类似于显微镜技术中选用何种场深的透镜。例如，在大场深时，亦即试样表面粗糙时，需要选用高长宽比的针尖。对于具有很深沟纹或凹凸的表面形貌，如几百纳米的宽度和深达几微米的深度，需要使用特别制备的针尖。针尖尖端的形状最常见的呈金字塔形或圆锥形，高度为几微米。常见的针尖尖端的张角在 30°～90°范围内，尖端半径可小至 5nm，常见的约为 30nm。

9.2.2.2　功能化针尖

为了某些特殊研究的需要，可以对针尖作某种特定的改性，如化学改性。不同方式的化学改性可使针尖具有不同的化学官能性和不同的物理化学性质。利用这类探针可以检测改性探针与具有不同化学特性的表面局部区域之间的特殊力相互作用行为，据此可推断材料不同局部区域的化学特性。这种改性处理亦称针尖功能化（tip functionality）。常用的功能化方法是在针尖上覆盖某种特定的材料，使得针尖与试样间的相互作用发生改变。功能化处理除可以使得针尖具有某种特定的化学敏感性外，也可赋予针尖其他特定的物理性能或者生物学特性。功能化针尖已经在生物学研究中发挥了突出作用，其基本方式是在针尖上附着生物分子。功能化比较简单的做法是在针尖上黏附亲水或疏水覆盖物。比较复杂的方式是覆盖以抗体或抗原、配位体或受体。最近的发展是碳纳米管功能化针尖，在生物膜研究领域有重要作用。

9.3　原子力显微镜成像模式

9.3.1　动态模式原子力显微术

为了克服接触模式的不足，Martin 等首先提出了激励探针在垂直样品表面方向上的振动，通过检测探针振动参数的变化实现对样品表面成像。他们的工作给原子力显微镜的发展带来了重大的变革，在此基础上发展出的成像模式统称为动态模式。根据检测信号的不同，又可以分为幅度调制模式（AM-AFM）、频率调制模式（FMAFM）和相位调制模式（PM-AFM）。动态模式原子力显微镜中，探针在样品表面振动，受到的作用力发生变化后其振动参数（如振幅、频率和相位）都会发生变化，图 9-2 给出了探针受力前后幅频特性的变化。探针在不受样品作用力的自由状态下，共振频率为 ω_0，激励频率 ω_d 略高于共振频率，探针受到来自样品的引力作用后共振频率变化为 ω_0'，达到稳态后探针振幅下降了 ΔA，同时振动信号与激励信号之间的相位差也会发生相应的变化。

幅度调制模式是由 Zhong 等通过选取弹性常数约等于 40N/m 的微悬臂探针，并使其在大振幅（100nm）下进行振动，以其振幅作为反馈实现成像。他们称这种方法为轻敲模式（tapping mode），也称为幅度调制模式（amplitude modulation mode）。自幅度调制模式提出之后，关于其机理和特性的研究就从未停止。早期研究探针运动所采用的弹簧振子模型无法对实验中的双稳态现象和探针运动的混沌状态给出合理的解释。后来，Wang 等和 San Paulo 等从不同的角度推导出了探针振幅与探针样品相互作用间的较为准确的模型。通过在幅度调制模式扫描成像过程中记录探针振动与激励信号之间的相位差成像被称为相位成像模式。实际上，相位成像模式只是幅度调制模式的一种扩展功能，但由于其在区分样品表面物理、化学性质方面突出的能力，通常将其单独列为一种成像模式。大量的实验和理论研究结果表明，相位成像模式可以灵敏地感知样品表面黏滞性、弹性和塑性等的变化。然而，相位改变起源于探针样品相互作用过程中的能量耗散，能量耗散越多，相位差越大，且也不能反映样品表面能等保守势能的变化。因此，相位模式下样品表面的起伏、探针自由振幅和反馈回路的控制参数等容易致使图像出现衬度假象。图 9-3 所示为由于设置点设置不同造成的相位衬度翻转的现象。图中上下两部分的设置点设定值为 80%，中间部分的设置点设定值为 30%。

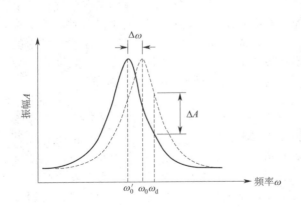

图 9-2　探针受力前后其振幅和共振频率变化

图 9-3　由于设置点设置不同造成的相位衬度翻转现象

频率调制模式（frequency modulation mode）最早是由 Albrecht 等提出。在该模式下，工作在频率调制模式的探针处于自激振荡状态，由于探针样品间的相互作用导致探针振动频率发生改变，利用探针振动频率信息作为反馈参量，控制探针稳定地停留在样品表面恒高的区域。频率调制模式的原理如图 9-4 所示。与幅度调制模式相比，频率调制模式下探针处于自激振荡状态，但与通常意义下自激振荡不同的是，需要利用幅度反馈控制电路（AGC）使探针的振幅可控并工作在相对于幅度调制模式更小的振幅状态；而且在频率调制模式下，探针的品质因数 Q 与系统的带宽 B 是相对独立的，通过选取高 Q 值的探针可以有效提高系统检测的灵敏度。特别是在高真空（UHV）的环境中，探针 Q 值的提高不会影响到工作带宽，使得该模式有更多的应用，也更容易得到原子级图像。

2006 年 Takeshi 等首次提出相位调制模式原子力显微镜。其中，探针工作于其共振频率下，目的是确保针尖与样品相互作用过程中成像的稳定。相位调制模式原理如图 9-5 所示，图中经锁相放大器检测得到的相位差信号 $\Delta\phi$ 被用作反馈信号。用管状扫描器的控制信号来调整针尖与样品间的相互作用距离，进而实现样品的成像。该模式的优势是可以有效地避免微悬臂的品质因数 Q 对成像的影响，且相对幅度调制和频率调制模式更适用于高速成像。

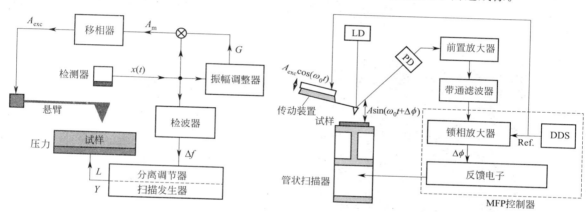

图 9-4　频率调制模式（FM-AFM）原理　　　　图 9-5　相位调制模式（PM-AFM）原理

9.3.2　多频激励模式原子力显微术

对样品中不同区域微观组分差异分辨的需求引发了人们对探针样品系统动力学特性的深入研究。2000 年德国科学家 Stark 和 Heckel 等首先对微悬臂探针在受到周期性外力作用时的运动形式进行了详细解析，并指出探针与样品之间的非线性相互作用会激发微悬臂探针的高次振动模式，其具体表现为所检测悬臂探针信号的频谱中出现的各种倍频分量，通常又称为高次谐波分量。这些高次谐波分量涵盖了探针与样品之间相互作用的更为丰富的信息，可以更加灵敏地、精确地反映样品表面力学性能的变化，如样品的精细结构、硬度、弹性、黏性及能量耗散响应等物理性质。

基于上述理论，2004 年 Rodriguez 和 Garcia 等首先从理论上提出多频激励成像模式（又称 dual frequency 成像模式），他们通过同时激发微悬臂探针振动的两个共振模式，并像传统的幅度调制模式原子力显微镜一样，利用第一个共振模式的振幅作为反馈控制参量，通过检测第二个共振模式下微悬臂探针的相位变化，可以更灵敏地反映样品表面力学性质的变化，并获取一些基频情况下所不能检测得到的精细结构。而且，Martinez 和 Garcia 等在 2006 年研制出了多频激励成像模式原子力显微镜系统，系统原理如图 9-6 所示。之后，他们又利用所搭建的系统开展了 TTF（tetrathiafulvalene）材料特性的研究工作，分别获得了以硅为衬底的 TTF

基频形貌像、基频相位像和倍频相位像，如图
9-7 所示。图中经对比分析基频与倍频的相位
像可以发现倍频的相位像对 TTF 材料有约
1.3°的相位跳变，即倍频的相位信号较基频相
位信号对材料性质差异有更高的灵敏度，该节
证实了其先前提出的理论。

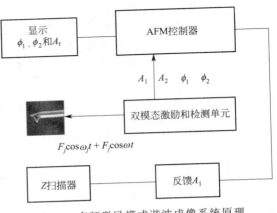

图 9-6 多频激励模式谐波成像系统原理

9.3.3 多次谐波模式原子力显微术

深入的研究工作表明，探针样品间相互作
用的完整信息被探针样品体系转换成了高次谐
波分量保留下来，只有完整地获得各个高次谐
波分量，才能重构出探针样品相互作用的真实
信息。而多频激励成像模式结合高次频率对样
品表面微观组分差异敏感的特性，通过提取高次谐波中某一单次频率的振幅或相位信息实现成
像的方式，有效地提高了原子力显微镜成像的分辨率。然而，该模式在完整地呈现样品表面力
学信息的能力上却存在着很大不足。

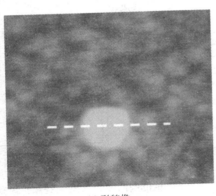

(a) 形貌像

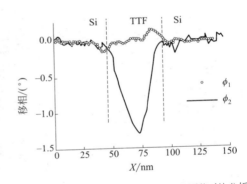

(b) 图(a)中标示处基频与倍频相位漂移对比分析

图 9-7 硅衬底 TTF 材料多频激励谐波成像图

于是，另一种利用高次谐波信号实现力曲线的完整重建并利用该力曲线获取样品表面多种
力学性质信息的新技术逐渐走进人们的视野，称为多次谐波成像技术。多次谐波成像技术的提
出旨在利用完整获取的各个频率的谐波分量重建力-距离曲线，由此获取样品表面更丰富的信
息（如弹性、黏性、峰值力和能量耗散等），其原理如图 9-8 所示。

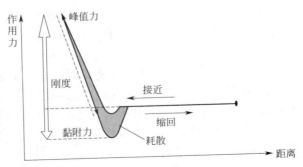

图 9-8 力-距离曲线中多种力学性能信息分布

该技术在 2007 年有了革命性的进展，Sahin 等设计出了一种专门针对力曲线测量的探针——扭矩高次谐波探针（torsional harmonic cantilever，THC）。传统矩形探针在多次谐波成像方面存在两大难题：一是其产生的谐波信噪比较低，不利于实际应用中检测；二是用于将谐波振动信号转换成谐波力信号的悬臂频率响应不够完整。该探针弥补了传统矩形探针的不足，使得多次谐波成像技术在实践中真正得到应用和发展，图 9-9 给出了 THC 探针的实物及工作示意图，它的针尖位置距离悬臂梁中轴有一定的偏移，当工作在幅度调制模式时，针尖样品作用力使探针产生了扭矩，激发了扭转模式。这使得经探针反射的激光点不仅产生垂直方向的偏移量（对应于激励力的方向），还产生了水平方向的偏移。垂直方向的偏移量用来作为反馈信号测量样品的形貌，而水平方向的偏移量则用来计算针尖样品作用力。图中，$(Q_1+Q_2)-(Q_3+Q_4)$ 表示探针垂直方向的偏转，$(Q_1+Q_3)-(Q_2+Q_4)$ 表示探针水平方向的偏转。

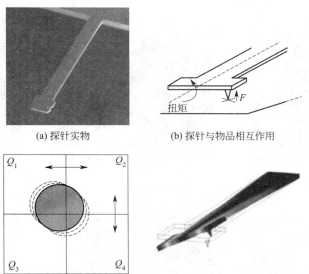

(a) 探针实物　　　　　　　　(b) 探针与物品相互作用

(c) 四象限探测器检测的激光斑点图　　(d) THC探针工作的模拟效果

图 9-9　THC 探针实物及工作模式

THC 探针扭振过程中仅存在单一的共振频率，这也就意味着它有更大的带宽和更高的频率响应。对比扭矩探针与聚苯乙烯样品相互作用所得到的频谱图（图 9-10），可明显看出水平方向的扭振信号具有更好的信噪比，更适用于对高次谐波信号的提取。而且，将探针检测的信号独立成垂直方向 S_x 和水平方向 S_y，分别可表示为

$$S_x = C_x G_x^{-1}(f_{\text{drive}} + f_{\text{s-t}}) \tag{9-1}$$

$$S_y = C_y G_y^{-1} f_{\text{ts}} = H f_{\text{s-t}} \tag{9-2}$$

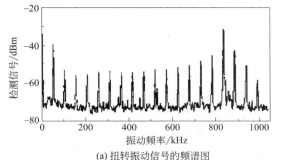

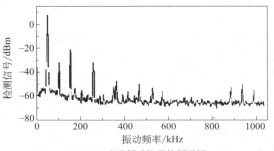

(a) 扭转振动信号的频谱图　　　　　　(b) 弯曲振动信号的频谱图

图 9-10　THC 探针与聚苯乙烯样品相互作用时振动的频谱分析

同时，Sahin 等也给出了关于转换函数的表达式：

$$H(\omega)=c_{\text{optical}}\frac{\omega_T^2/K_T}{\omega_T^2-\omega^2+i\omega\omega_T/Q_T} \tag{9-3}$$

式中，ω 为角频率；ω_T 为扭转共振频率；Q_T 和 K_T 分别是品质因数和有效弹性常数。将此传递函数进行校准，并用数据采集卡采集水平方向的扭转信号，就可以计算得到针尖与样品作用力。

2009 年，Veeco 公司结合 THC 探针开发出了 HamoniX 功能，通过重建力曲线得到样品的各种性质信息，真正实现了多次谐波成像。2011 年，波兰的 Andrzej Sikora 和 Lukasz Bednarz 等也利用 THC 探针成功搭建了多次谐波成像系统，在获得样品形貌像的同时也得到了样品的峰值力、黏滞力、弹性和能量耗散等多种性质的图像，如图 9-11 所示。

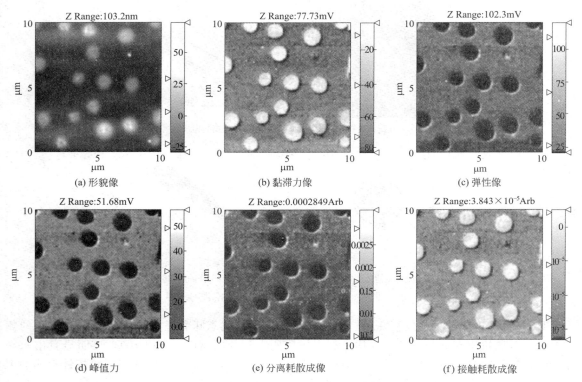

图 9-11　聚苯乙烯硬胶与聚烯烃弹性纤维（乙烯和辛烯聚合物）的混合物样品多次谐波成像

9.4　原子力显微镜在矿物材料中的应用

非金属矿物材料是指以非金属矿物和岩石为基本或主要原料，通过物理、化学方法制备的功能性材料或制品，如机械工业和航空航天工业用的石墨密封材料和石墨润滑剂、石棉摩擦材料、高温和防辐射涂料等；微电子工业用的石墨导电涂料、显像管石墨乳、熔炼水晶等；以硅藻土、膨润土、海泡石、凹凸棒石、沸石等制备的吸附、助滤和环保材料；以高岭土（石）为原料制备的煅烧高岭土、铝尖晶石、莫来石、赛隆、分子筛和催化剂；以珍珠岩、硅藻土、石膏、石灰石、蛭石、石棉等制备的隔热保温防火和节能材料及轻质高强建筑装饰材料；以碎云母为原料生产的超细云母填料、颜料以及云母纸和云母板等；以膨润土为原料制备的凝胶及有机膨润土等。

9.4.1 天然黏土矿物表面组成和表面结构

黏土矿物是由硅氧四面体以 3 个角顶彼此相连，同时又分布在一个平面内的含水层状硅酸盐矿物。由于黏土矿物都具有沿 {001} 的完全解理面，且结构层彼此堆垛相连，因此特别适合用 AFM 研究。

9.4.1.1 1∶1 型黏土矿物八面体片表面和四面体片表面原子分辨图像观察

蛇纹石是 1∶1 型结构的层状硅酸盐矿物，基本结构单元包含一个硅氧四面体片和一个镁氧八面体片，化学式为 $Mg_3Si_2O_5(OH)_4$。任何一个利蛇纹石的解理片或单晶体都有一个朝外的表面由八面体片的羟基面组成，另外一个朝外的表面由四面体片的氧原子组成。因此，当用 AFM 研究蛇纹石或其他的 1∶1 型结构的层状硅酸盐矿物时，都可以调转解理片的方向而观察到两种不同的表面结构。Wicks 等研究了捷克斯洛伐克 Moravia 西部蛇纹石矿中利蛇纹石样品。从利蛇纹石硅氧四面体片中的六方氧原子环的分子级分辨图像中大致可以看出六方氧原子环的轮廓，但无法分辨出单个氧原子。利蛇纹石八面体片 OH 面的 AFM 原子级分辨图像是用二维快速傅里叶变换去除了原始图中的噪声后获得的。从图中测量的 OH—OH 距离、Mg 原子占位位置与 Mellini 计算的 1T 型利蛇纹石的结果相一致。

利蛇纹石与纤蛇纹石晶体结构之间有紧密的联系。利蛇纹石具片状结构，纤蛇纹石则具螺旋卷曲结构，而它们的化学成分和结构层中的原子配位关系却很相似，纤蛇纹石很容易形成石棉。近年来人们比较关注纤蛇纹石石棉的表面改性以减少其对环境的化学活性污染，但又不降低其强度和柔韧性，通常与 $POCl_3$ 或有机硅反应在表面形成化合物。在纤蛇纹石晶体结构中，四面体片朝内，八面体片朝外，因此，外表面由八面体片的羟基面组成。可以用 AFM 观察纤蛇纹石与 $POCl_3$ 或有机硅反应的表面反应点的特征图像，从而发现其表面反应的细节。

9.4.1.2 用 AFM 研究黏土矿物结构弛豫

黏土矿物一般可以分为 1∶1 型和 2∶1 型，层状硅酸盐矿物存在 3 个不同的 {001} 表面，即八面体片表面、四面体片表面及氢氧化物夹层表面。绿泥石族矿物是一类特殊结构的 2∶1 型黏土矿物，其结构型由似滑石层及似水镁石层相间排列而成。

Gordon 等研究了加拿大 Ontario 的 Ⅱb 型斜绿泥石样品的结构弛豫 (structural relaxation)。该斜绿泥石样品的化学式为 $(Mg_{4.4}Fe_{0.6}Al)(S_{2.9}Al_{1.1})O_{10}(OH)_8$。由绿泥石矿物中似滑石层 {001} 面硅氧四面体六方环的 AFM 图像观测到的单元晶胞参数与 X 射线结构分析测定的晶胞参数相一致。硅氧四面体在 {001} 面上的旋转，导致硅氧四面体六方环由六方对称畸变为复三方对称。Gordon 等还用 AFM 测定了在空气中、水中、油中的斜绿泥石似滑石层的晶胞参数，通过回归分析得出在水中的 a、b 值比在空气中的值大。这种 a、b 值在水中轻微增大说明似滑石层在水溶液中水化，水分子进入硅氧四面体六方环而使晶体结构膨胀。这种 a、b 值发生的变化，便称为结构弛豫。

斜绿泥石的似水镁石层呈三方对称。在低接触力时，不能观察到 a—b 平面的相对旋转，但在高接触力时能观察到旋转。似水镁石层的 a 值变化是随机的，而似滑石层的 a 值却呈现一种系统的变化。因此，似滑石层的结构弛豫与似水镁石层具有不同的性质，这种结构弛豫可能是由于斜绿泥石矿物解理以后表面的压强减小及由于缺少上覆似水镁石层的电荷而使似滑石层表面的负电荷层重新调整所致。这种机制可导致斜绿泥石矿物表面产生六方手风琴状的收缩，引起表面沿 a、b 方向的收缩与扩张。

黏土矿物层间的大多数键力均起因于弱的范德华力或氢键。用高接触力的针尖扫描黏土矿物表面可以获得高分辨的图像，而易损坏微悬臂针尖。但这样能使 AFM 获得黏土矿物的结构深度轮廓而直接确定其类型。

9.4.1.3 层状硅酸盐矿物吸附重金属离子的表面形貌研究

Huaming 用 AFM 研究了云母、蒙皂石等黏土矿物吸附 Cr、Pb 等重金属元素后的表面结构与形貌变化。用 $Cr(NO_3)_3$ 和 $Pb(NO_3)_2$ 溶液与云母反应，经过适当的处理，云母层间的 K 离子便被 Cr^{3+} 或 Pb^{2+} 交换。把产物置于不同的 pH 值下陈化，清洗干净后在空气中阴干。反应产物的 AFM 图像表明，当铅饱和云母的 pH 值小于 6.1 时，其表面没有沉淀物产生。当 pH 值从 6.1 增大到 12.4 时，表面沉淀物的竖直高度从 0.70nm 增大到 5.30nm，分维从 2.03 增大到 3.05。而铬饱和云母的 pH 值小于 6.8 时，其表面没有沉淀物产生。当 pH 值从 6.8 增大到 10.8 时，表面沉淀物的垂直高度从 0.90nm 增大到 4.30nm，分维为 2.0 没有发生变化。铅或铬饱和云母的 AFM 图像非常相似，但也存在差别。在低 pH 值条件下，两者表面的 AFM 图像都代表着未发生反应的云母表面，而云母表面 K 离子却未被观察到，这是由于 AFM 的针尖与 K^+ 之间存在着较强的作用力而使 K^+ 被针尖推动着在表面运动。在高 pH 值条件下，铬饱和的云母不仅在表面形成沉淀物，还在表面形成复层的形貌。蒙皂石吸附 Cr(Ⅵ) 后，会在其表面发生氧化还原反应，使 Cr(Ⅵ) 还原为 Cr(Ⅲ)，在其表面形成新的矿物，还原态的表面呈紧缩的结构，而氧化态的表面呈扩张的结构。

9.4.2 在矿物改性中的应用

黏土的科学奥秘和经济价值在于黏土矿物具有活性，但一般原土的活性较低，所以黏土矿物的开发应用都须经过一个活化的过程。通常采用的活化方式有热处理和酸处理两种形式。活化可以增加黏土矿物的比表面积，改变黏土矿物的表面酸性，增强其吸附性、脱色性和催化性能。但活化的过程常常会引起黏土矿物的有序度降低，用通常的手段去研究其表面结构的变化比较困难。而 AFM 正适合这一领域的研究。

吴平霄等用 AFM 研究了广东省和平、南海蒙脱石矿的酸处理、热处理及阳离子交换柱撑蒙脱石产物的表面结构变化。AFM 图像表明，蒙脱石原土样品表面比较完整、平坦；与不同浓度的 H_2SO_4 作用后，其表面有不同程度的溶蚀和结构重组，这种溶蚀和结构重组分布比较规则，与硅、铝原子的溶解有关；经不同温度加热后，表面变得粗糙起来，且出现不同程度的弯曲；柱撑蒙脱石的表面则出现层状的台阶，这是由于 Keggin 离子的柱撑作用，使蒙脱石层与层之间的间距增大，因而使层与层之间的分界易于辨认。

9.4.3 纳米材料与粉体材料的分析

在材料科学中，无论无机材料或有机材料，在研究中都要分析材料是晶态还是非晶态、分子或原子的存在状态、中间化物及各种相的变化等，以便找出结构与性质之间的规律。在这些研究中 AFM 可以使研究者，从分子或原子水平直接观察晶体或非晶体的形貌、缺陷、空位能、聚集能及各种力的相互作用。这些对掌握结构与性能之间的关系有非常重要的作用。原子力显微镜的横向分辨率为 0.1~0.2nm，纵向为 0.01nm，能够有效的表征纳米材料。纳米科学和技术是在纳米尺度上（0.1~100nm）研究物质（包括原子、分子）的特性和相互作用，并且利用这些特性的一门新兴科学。其最终目标是直接以物质在纳米尺度上表现出来的特性，制造具有特定功能的产品，实现生产力方式的飞跃。纳米科学包括纳米电子学、纳米机械学、纳米材料学、纳米生物学、纳米光学、纳米化学等多个研究领域。纳米科学的不断成长和发展是与以扫描探针显微术（SPM）为代表的多种纳米尺度的研究手段密不可分的。可以说，SPM 的相继问世对纳米科技的诞生与发展起到了根本性的推动作用，而纳米科技的发展又为 SPM 的应用提供了广阔的天地。SPM 是一个包括扫描隧道显微术（STM）、原子力显微术（AFM）等在内的多种显微技术的大家族。SPM 不仅能够以纳米级甚至是原子级空间分辨率在真空、大气或液体中来观测物质表面原子或分子的几何分布和密度分布，确定物体局域光、电、磁、热和机械特性，而且具有广泛的应用性，如刻划纳米级微细线条，甚至实现原子和分子的操纵。这一集观察、分析及操作原子分子等功能于一体的技术已成为纳米科学研究中的主要工具。

图 9-12 所示为涂覆一层氧化锡红外反射薄膜的样品表面三维形貌图。从图中可以看出：因膜的层数较少，薄膜的厚度较薄，表现出表面较平整。一层薄膜的样品表面颗粒较密集，凹凸波动较小，颗粒排列较整齐。做几组对比可得掺杂锑的浓度较大，则颗粒的粒度较小。从图上可以看出，颗粒并不是彼此独立的，而是已经交织连成一片。可以得出用溶胶-凝胶法镀膜得到的薄膜厚度较薄且颗粒度小，且工艺和所配制的溶胶对薄膜的影响很大，可以采用多次提拉、多次镀膜的方法取得较厚的薄膜，如果控制得恰当，可以得到较理想的薄膜。

9.4.4　成分分析

在电子显微镜中，用于成分分析的信号是 X 射线和背散射电子。X 射线是通过 SEM 系统中的能谱仪（EDS）和波谱仪（WDS）来提供元素分析的。在 SEM 中利用背散射电子所呈的背散射像又称为成分像。而在 AFM 中不能进行元素分析，但它在 Phase Image 模式下可以根据材料的某些物理性能的不同来提供成分的信息。图 9-13 所示为利用 Tapping 模式下得到的原子力显微镜相位图像，它可以研究橡胶中填充 SiO_2 颗粒的微分布，并可以对 SiO_2 颗粒的微分布进行统计分析。

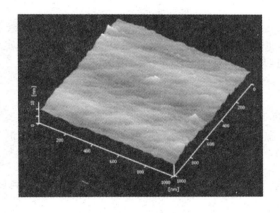

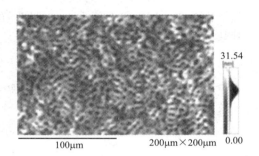

图 9-12　氧化锡红外反射薄膜的 AFM 立体图　　　图 9-13　橡胶中的填充颗粒分布情况（相位图）

第 10 章
热分析技术及在非金属矿中的应用

10.1 热分析技术原理与分类

10.1.1 热分析技术原理

10.1.1.1 热分析技术定义与发展概况

1977 年在日本京都召开的国际热分析协会（ICTA）第七次会议，给热分析下了如下定义：热分析是在程序控制温度下，测量物质的物理性质与温度的关系的一类技术。

其数学表达式为

$$P = f(T) \tag{10-1}$$

式中，P 为物质的某种物理量；T 为物质的温度。所谓程序控制温度就是把温度看作时间的函数：

$$T = \varphi(t) \tag{10-2}$$

其中，t 是时间，则

$$P = f(T \text{ 或 } t) \tag{10-3}$$

物质是不断运动、变化的。变化的原因很多，其中一个重要原因就是温度的变化。一种物质在不同温度下有不同的状态和性质，就状态来讲有气、液、固 3 种状态，作为固体又有晶态、非晶态，晶态又有各种晶型等。不同物质的性质在不同温度下差异就更大。这就形成了丰富多彩、变化无穷的物质世界。物质状态与性质的变化无一例外地伴随着物质的物理性质的变化，这包括物质的质量（重量）、能量以及力、声、光、电、磁、热等性质中的一种或几种性质的变化。不同物质在同一温度下，它们的状态和性质一般是不同的，如在室温下有的是固体，有的是液体，有的是气体，各有自己特定的熔点与沸点。即使两种固体的熔点一样（指在一定测温精度下），它们的沸点也不一定一样。即使它们的沸点也一样，但在目前热分析可以达到的温度范围，从−150℃到 1500℃（或 2400℃）这两种物质的所有物理、化学性质是不会完全相同的。因此，热分析的各种曲线具有物质"指纹图"的性质，这是热分析存在的客观物质基础。

通俗讲，热分析是通过测定物质加热或冷却过程中物理性质（目前主要是重量和能量）的变化来研究物质比热容及其变化，或者对物质进行分析鉴别的一种技术。

热分析的起源可以追溯到 19 世纪末。1887 年法国勒·撒特尔第一次用热电偶测温的方法研究了黏土矿物在升温过程中热性质的变化。

1899 年英国罗伯特·奥斯汀（Roberts Austen）第一次使用了差示热电偶和参比物，大大提高了测定的灵敏度，正式发明了差热分析（DTA）技术。1915 年日本东北大学本多光太郎，在分析天平的基础上研制了"热天平"即热重法（TG），后来法国人也研制了热天平技术。

20 世纪 40 年代中期到 60 年代中期的 20 年间，热分析仪向着自动化、定量化、微型化、商品化方向发展。热分析研究领域不断扩展，研究队伍不断扩大，资料日渐积累，技术日臻完善。逐步形成一门独立的学科，一门跨越许多领域的边缘学科。

1964 年美国瓦特逊（Watson）和奥涅尔（O'Neill），在 DTA 技术的基础上发明了差示扫描量热法（DSC），美国 PE 公司最先生产了差示扫描量热仪，为热分析热量的定量做出了贡献。

我国有关热分析的学术活动也很活跃。1979 年中国化学会在昆明成立了"热力学、热化学、热分析专业组（CTTT）"，1981 年中国化学会在北京召开了热分析中文名词讨论会，初步统一了热分析名词。1980 年中国化学会在西安召开了全国第一届溶液化学、热力学、热化学、热分析学术报告会。1984 年在武汉、1986 年在杭州、1988 年在沈阳分别召开了第二届、第三届和第四届全国溶液化学、化学热力学、热化学、热分析论文报告会。1986 年中国化学会和日本热测定协会联合召开了中日量热学、热分析联合论文报告会。

10.1.1.2　热分析技术分类

根据所测物质的性质，热分析技术的分类见表 10-1。

表 10-1　热分析技术的分类

测定的物理量	方法名称	简称	测定的物理量	方法名称	简称
质量	热重法 等压质量变化测定 逸出气检测 逸出气分析 放射热分析 热微粒分析	TG EGD EGA	尺寸	热膨胀法	
			力学量	热机械分析 动态热机械法	TMA
温度	升温曲线测定 差热分析	DTA	声学量	热发声法 热传声法	
			光学量	热光学法	
热量	差示扫描量热法 调制式差示扫描量热法	DSC MDSC	电学量	热电学法	
			磁学量	热磁学法	

10.1.2　热分析仪器

热分析仪器通常是由物理性质检测器、可控制气氛的炉子、温度程序器和记录装置等各部分构成。现代热分析仪器通常是连接到监控仪器操作的一台计算机（工作站）上，来控制温度范围、升（降）温速率、气流和数据的累积、存储，并由计算机进行各类数据分析。仍可使用不带计算机的热分析仪，将输出信号记载到记录器的记录纸上，凭手工计算。测得的数据质量并无任何降低，只要合理地使用仪器并对数据进行正确的分析，仍可获得同样精确的结果，只不过须耗费更长的时间。

表 10-2 列出了各类常用商品热分析仪，诸如热天平（TG）、差热分析仪（DTA）、差示扫描量热计（DSC），以及热机械测量中的热机械分析仪（TMA）、动态热机械分析仪（DMA）等黏弹测量仪。表 10-2 中列出了它们通常使用的温度范围。

表 10-2　热分析仪工作温度范围

热分析仪		使用的温度范围/℃
TG（高温型）		室温～1500
TG-DTA（标准型）		室温～1000
DTA（高温型）		室温～1600
热流式 DSC	标准型	−150～750
	高温型	−120～1500
功率补偿式 DSC		−150～750
TMA		−150～700
DMA		−150～500
黏弹测量仪		−150～500

表 10-3 列出了非标准型热分析仪器。热分析仪与其他分析仪器，诸如质谱仪、傅里叶变换红外光谱仪、X 射线衍射分析仪和气相色谱仪等的联用型仪器也在广泛使用。

表 10-3　非标准型商品热分析仪器

高压 DTA	热释电分析仪（TSC）
TG-气相色谱仪（TG-GC）	交变量热计（ACC）
TG-傅里叶变换红外光谱仪（TG-FTIR）	热释光分析仪（TL）
TG-质谱仪（TG-MS）	傅里叶变换介电谱仪
TG-MS-GC	恒湿黏弹测量分析仪
DTA-X 射线衍射仪	介电测量分析仪（与黏弹测量联用）
DTA-偏光显微镜（DTA-POL）	交变热扩散测量分析仪
高灵敏 DSC	

在特殊条件下使用的热分析仪器，诸如高压（10MPa 以上）、高温（1700℃以上）和大试样量（几克以上），有时尚需使用者自行组装。

10.2　差热分析原理与应用

差热分析是指在相同条件下加热（或冷却）试样和参比物并记录下它们之间所产生的温度差别的一种分析技术。差示温度用来对时间作图，或者对固定仪器操作条件时的显示温度作图。试样发生任何物理和化学变化时释放出来的热量使试样温度暂时升高并超过参比物的温度，从而在 DTA 曲线上产生一个放热峰。相反地，一个吸热的过程将使试样温度下降，而且低于参比物的温度，因此，在 DTA 曲线上产生一个吸热峰。

一般来说，试样即使不发生物理变化，也不发生化学变化，试样和参比物之间也存在一个小的而且是稳定的温度差，主要是由于这两种物质的热容和热传导性不同造成的。当然，也会受到其他许多因素的影响，诸如试样的数量和填充密度。由此可见，DTA 可以用来研究既不释放热量也不吸收热量情况下的转变，如某些固-固相转变。转变前后试样在热容上所产生的差异将由试样和参比物之间形成一个新的稳定的温差上反映出来。差热曲线的基线在转变温度上将相应出现一个突然中断。同时，在该温度上、下区域的曲线斜率一般有明显的不同。

10.2.1　差热分析的原理

差热分析（DTA）是在温度程序控制下，测量物质的温度 T_s 和参比物的温度 T_r 温度差和温度关系的一种技术。其数学表达式为

$$\Delta T = T_s - T_r = f(T \text{ 或 } t) \tag{10-4}$$

式中，T 为程序温度；t 为时间。

记录时间叫差热曲线或 DTA 曲线。ΔT 是试样和参比物的温度差。一般 DTA 曲线的峰向

上表示放热，向下表示吸热。图 10-1 所示为典型的 DTA 曲线。

在实际工作中需要对 DTA 分析的一些术语做些了解。根据国际热分析协会所作的定义，主要有以下术语。

① DTA 参比物：通常在实验的温度范围内没有热活性的已知物质。

② DTA 试样：实际要测定的材料。

③ DTA 样品：试样与参比物的总称。

④ DTA 试样支持器：放试样的容器或支架。

⑤ DTA 参比物支持器：放参比物的容器或支架。

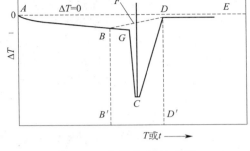

图 10-1　典型的 DTA 曲线

⑥ 样品支持器组合：放置样品器具的整套组合。当热源或冷源与支持器合为一体时，则此热源或冷源视为组合的一部分。

⑦ 均温块：样品或样品支持器同质量较大的材料紧密接触的一种样品支持器组合。

⑧ 差示热电偶（ΔT 热电偶）：测量温度差用的热电偶系统。

⑨ 测温热电偶（T 热电偶）：测量温度用的热电偶系统。

通过图 10-1，我们可以对 DTA 曲线的各个部分作相应的定义。

① 基线 AB 和 DE：DTA 曲线上 ΔT 近似于零位部分。

② 峰（BCD）：DTA 曲线先离开而后又回到基线的部分。

③ 吸热峰或吸热：试样温度低于参比物温度的峰，即 ΔT 为负值。

④ 放热峰或放热：试样温度高于参比物温度的峰，即 ΔT 为正值。

⑤ 峰宽（$B'D'$）：离开基线点至回到基线点的温度或时间间隔。

⑥ 峰高（CF）：垂直温度轴或时间轴的峰顶（C）至内插基线的距离。

⑦ 峰面积（$BGCD$）：峰和内插基线间所包围的面积。

⑧ 外推起始点（G 点）：在峰的前沿最大斜率点的切线与外推基线的交点。

在对 DTA 曲线的各个部分作定义后，可对差热曲线提供的信息作分析。归结起来，主要有峰的位置、峰的面积、峰的形状和个数。通过这些信息，可以对物质进行定性和定量分析，并研究变化过程的动力学。

首先是峰位。DTA 曲线峰的位置主要由两个因素决定：一是热效应变化的温度；二是热效应的种类。对于热效应的温度主要体现在峰的起始温度上，而对于热效应种类则主要体现在峰的方向上（向上一般是放热效应，向下一般是吸热效应）。由于不同物质在程序温度控制下，受热后的行为不一样，实验得到的差热曲线上的峰位、峰的形状和个数也不一样，这就为对物质进行定性分析提供了依据。根据前面对外推起始温度的定义，即峰的起始温度应是峰的前缘斜率最大处的切线与外推基线的交点所对应的温度。由于试样受热过程存在温度梯度，从测量角度看，要测准试样变化时的实际温度有一定难度。对于大多数变化，起始外推温度与热力学平衡温度有一定差别。若不考虑仪器灵敏度等因素，外推起始温度比峰顶温度更接近于热力学平衡温度。一般来说，实验测定 DTA 峰顶温度比较容易，但峰顶温度并不能反映变化速率达到最大值时的温度，也不能代表放热或吸热结束时的温度。所以，在标定温度的检定参样的转变温度数据时，往往同时列出了外推起始温度和峰顶温度两个数值。这两个数值有的相差 10℃左右。

其次是峰的面积。DTA 曲线峰面积与试样焓有关。在 DTA 测定中，DTA 曲线上峰的面积与热效应或反应物的质量之间并不是简单的正比关系。因此，在某种意义上讲，DTA 的实验技术的难度是比较大的。要能获得重复性好的结果，必须注意正确选取 DTA 实验条件和参数。

10.2.2　差热法的应用

差热分析发展的历史在热分析方法中最长，它的应用领域也最广，已从早先研究的矿物、陶瓷等材料和 20 世纪 50 年代兴起的高聚物，发展到对液晶、药物、络合物、考古、催化以及动力学的研究。虽然 20 世纪 60 年代中期出现了差热扫描量热仪（DSC），但是差热分析在高温和高压方面取得了较大进展，可用于高达 1600℃ 的高温和几百大气压以上的研究工作，对物质在高温或高压下的热性质提供了有价值的资料。因此，它在高温、高压和抗腐蚀的研究领域占独特的优势。

10.2.2.1　物质的鉴别

应用差热分析对物质进行鉴别主要是根据物质的相变（包括熔融、升华和晶型转变等）和化学反应（包括脱水、分解和氧化还原等）所产生的特征吸热峰或放热峰。复杂的无机和有机的化合物通常具有比较复杂的 DTA 曲线，虽然不能对 DTA 曲线上所有的峰作出解释，但是它们具有"指纹"一样表征物质的特性。例如，根据石英相态转变的 DTA 峰温、DTA 曲线的形状推断石英的形成过程以及石英矿床、天然石英的种类，也可用于检测天然石英和人造石英之间的差别。

利用 DTA（或 DSC）可以对醛、酮、醇、酚和卤代烷等衍生物进行检测，DTA 曲线上峰可表示出下列几种情况：

① 反应物蒸发所产生的相变吸热峰。

② 反应过程产生的吸热或放热峰。

③ 反应产物的相变峰（如熔融峰等）。

热分析法的优点是不仅可鉴别有机反应的产物即衍生物，而且可了解反应的转变过程。

20 世纪 50 年代以来，随着高聚物的兴起，热分析法也取得了惊人发展，目前许多热分析法已广泛应用于高聚物的分析和研究之中。

有关高聚物的玻璃化转变、熔融、结晶、降解和氧化等过程所产生的热效应，即使很微小的热效应，现代差热分析仪都可加以检测，并且明显地反映于 DTA 曲线上。例如，DTA 测定聚甲基丙烯酸甲酯中单体含量对玻璃化转变温度 T_g 的影响，如图 10-2 所示。随着单体含量的下降，聚甲基丙烯酸甲酯的 T_g 是升高的。

差热分析法可用于纤维的拉伸和取向度的研究。例如，拉伸和未拉伸的尼龙 66 的 DTA 曲线有明显的差别，如图 10-3 所示。拉伸过的尼龙 66 有两个吸热峰，其中第一个峰为取向吸热峰，因此根据第一个峰的大小能判断纤维的取向度。

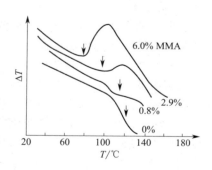

图 10-2　聚甲基丙烯酸甲酯中单体含量对 T 的影响

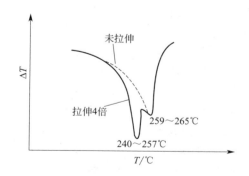

图 10-3　尼龙 66 的 DTA 曲线

10.2.2.2　水泥和陶瓷材料

水泥和陶瓷材料在工业中的应用极其广泛，对这些材料的鉴别、成分分析、相态结构的变化以及反应过程（如水化、脱水、高温烧结等）的研究都具有重要的意义。由于研究这些材料涉及的温度比较高，所以在热分析技术中热重法和差热分析是主要的研究工具，其中 DTA 应用得更为普遍。

（1）水泥　普通水泥的主要成分为 $3CaO \cdot SiO_2$。研究内容大致包括水泥原料的成分分析、水泥的烧结过程以及水泥的凝结过程等。

① 水泥原料的成分分析。在普通水泥中通常添加石膏（$CaSO_4 \cdot 2H_2O$）来控制凝结过程，在一定条件下所加石膏能分解成 $CaSO_4 \cdot 1/2H_2O$。利用 DTA 检测 $CaSO_4 \cdot 2H_2O$ 和 $CaSO_4 \cdot 1/2H_2O$ 这两种水化物在有孔盖的试样盘（开口试样盘）中 $CaSO_4 \cdot 1/2H_2O$ 的分解温度比 $CaSO_4 \cdot 2H_2O$ 低。而在密封的试样盘中得到两步脱水过程：第一步为 $CaSO_4 \cdot 2H_2O$ 的脱水；第二步为 $CaSO_4 \cdot 1/2H_2O$ 的脱水。在开口和密封试样盘中得到不同的 DTA 曲线，主要由于在这两种实验条件下水蒸气的分压不相同。

水泥中所含有的 $Ca(OH)_2$ 可通过 DTA 测定游离的氧化钙进行检测，因为在 $450℃$ 左右有一个明显的 $Ca(OH)_2$ 脱水吸热峰。这种检测方法可以容易地检测出水泥中大约 0.1% 的 $Ca(OH)_2$。

水泥中高炉炉渣的测定是基于粒化过程中炉渣存在无定形玻璃态。高于 $800℃$ 玻璃态发生结晶，这样就可利用 DTA 测定从玻璃态产生结晶的放热峰。不同的炉渣结晶过程所释放出的热量和结晶温度是不相同的。

制造水泥熟料是把磨细的石灰石和黏土的混合物在转炉中进行脱水、脱 CO_2 和烧结。为了获得好的熟料和水泥，必须精确控制原料中 CaO、SiO_2、Al_2O_3 和 Fe_2O_3 的含量。DTA 和 TG 可以测定窑料的灰硅钙石（$4CaO \cdot SiO_2 \cdot CaCO_3$）的含量、熔点和挥发性。根据所测得数据，再结合 X 射线衍射分析、化学分析和电子显微镜，可了解普通水泥熟料煅烧的机理以及生产过程中所发生的问题，排除煅烧过程中的故障。通常热分析方法能解决这方面的实际问题。

② 外加剂在水泥中作用的研究。近年来，DTA 已开始应用于化学外加剂在水泥中作用的研究。这些化学外加剂包括速凝剂、缓凝剂、减水剂和超塑性剂等。例如，速凝剂对水化 $3CaO \cdot SiO_2$ 中的 $Ca(OH)_2$ 形成的影响，如图 10-4 所示。实验结果表明，速凝剂氯化钙比甲酸钙对 $Ca(OH)_2$ 形成的影响更大。

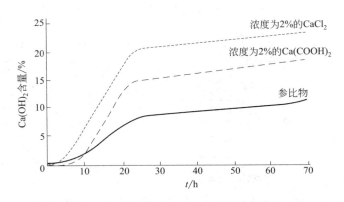

图 10-4　速凝剂对 $Ca(OH)_2$ 形成的影响

张冠伦等用 DTA 测定了复合铝酸盐速凝剂对水泥水化各时期的影响，研究结果表明，掺有 6% 速凝剂的水泥在水泥水化初期已形成含有大量结合水的结晶矿物，并且硅酸盐组分的水化进行得又早又快。在水泥中添加复合铝酸盐型速凝剂可加速水泥浆体的凝结和硬化，其主要原因在于水化初期加速了钙矾石结晶网络结构的形成和发展以及水泥中硅酸盐组分的水化。

在水化 $3CaO \cdot SiO_2$ 中添加三乙醇胺（TEA）可使 DTA 曲线上原本 3h 左右出现的 $480 \sim$ $500℃$ 的 $Ca(OH)_2$ 的吸热分解峰推迟大约 10h 还不明显。在含有 TEA 的水化水泥中大约在 $400℃$ 附近有个放热峰。研究认为，这是由于水化 $3CaO \cdot SiO_2$ 表面与 TEA 形成络合物所致，这种络合物具有缓凝作用。

通常可根据水化水泥在 $450 \sim 500℃$ 的 $Ca(OH)_2$ 分解脱水 DTA 吸热峰的峰面积大小来选择缓凝剂。例如，在水化水泥中添加木质磺酸盐，水化水泥可缓凝，由 DTA 检测证明相应的 $Ca(OH)_2$ 脱水吸热峰的峰面积也减小。因此，这种吸热峰的强度可表示 $3CaO \cdot SiO_2$ 的水化程度。

③ 水泥凝固过程的研究。虽然水泥原料的成分分析和水泥的烧结过程的研究很重要，但是更受重视的是水泥凝固过程的研究。近年来，热分析方法已作为一种重要手段用于水泥硬化机理的研究。

Mascolo 提出用定量 DTA 来估算水泥的水化程度。其依据是以 $925℃$ 处的吸热峰为未水化 $3CaO \cdot SiO_2$ 的标志。吸热峰的大小与 $3CaO \cdot SiO_2$ 含量成正比。研究表明，1d 后水化为 35%，7d 后到达 71%，30d 后略超过 80%。

在水化水泥的特征 DTA 曲线上主要有 3 个吸热峰，如图 10-5 所示。其中，第一个吸热峰处在 $120 \sim 165℃$，为水化的硅酸钙凝胶的脱水反应；第二个峰在 $500 \sim 540℃$，为氢氧化钙的分解反应；第三个峰在 $800℃$ 附近，为剩余硅酸钙的脱水过程和固—固相变过程。

随着工业的发展和人们生活水平的提高，世界各国对水泥的需求量迅速增长。目前，已广泛使用各种类型的烟灰水泥来弥补水泥供应量的不足。Pako 曾对烟灰水泥的水化过程作了研究，并分别测定了水化 28d 的各种烟灰含量水泥的 DTA 曲线。测定结果表明，烟灰含量为 $30\% \sim 50\%$ 的 DTA 曲线与普通水泥相类似，并且水化相随着烟灰含量的增大而下降。实验结果还表明，烟灰水泥的水化作用比普通水泥缓慢。有关这类水泥水化过程的研究对烟灰水泥的使用和生产是十分重要的。

（2）陶瓷材料 近 10 年来，对黏土技术特性和矿物组成之间的关系已作了广泛研究。研究表明，各种原材料都显示出典型的 DTA 曲线，并且这些曲线与各种原材料的矿物组成和地质成因有关，如不同地质成因的红火黏土所具有的 DTA 曲线各不相同，因此 DTA 可作为研究陶瓷土的重要手段之一，用它可以很快地判明某种陶瓷土对所需用途是否适用，还可用于确定某些地层的原材料是否能更换，并且可对矿物组成和性质之间的关系加以阐述。

目前，陶瓷材料的发展是非常迅速的，已研制出各种不含硅的陶瓷材料，它们不仅用于电气和电子工业，而且广泛应用于机械工业和宇航工业。对于研制新型的陶瓷材料以及制造过程中工艺条件的控制，陶瓷材料的相变温度和相图的测定提供了极为有用的数据。以下述实例加以说明：$BaO\text{-}TiO_2\text{-}Al_2O_3\text{-}SiO_2$ 玻璃陶瓷材料的 DTA 曲线如图 10-6 所示，通过 DTA 曲线发现该材料在铁电结晶放热峰和熔融峰之间另有一个结晶相。实验表明，这种结晶相是这类玻璃陶瓷材料的最佳状态。

10.2.2.3 催化剂活性的研究

在化学工业中催化剂的应用是很广泛的。在许多重要的化学反应如合成氨、制备硫酸、合成苯乙烯和高分子聚合反应中等都采用了催化剂。催化剂已成为化学工业革新中的一个重要手段，如 20 世纪 60 年代研制出磷-钼-铋催化剂，使用丙烯氨氧化法一步合成丙烯腈，大大简化了反应步骤。

在催化剂的研究工作中，催化剂的组成、相态结构、活性和选择性等是主要的研究内容，研究方法和所用技术也是多样的。近年来，DTA 应用于催化剂的研究已取得较大进展。

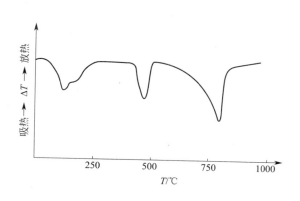

图 10-5　水化水泥的 DTA 曲线

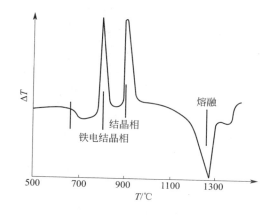

图 10-6　BaO-TiO$_2$-Al$_2$O$_3$-SiO$_2$ 玻璃的 DTA 曲线

DTA 研究催化剂主要是根据在催化剂表面上所发生的化学吸附和脱附过程以及反应过程的热效应。催化剂的活性与化学吸附过程密切相关。在不均相反应中催化剂表面的化学吸附过程是放热反应，因为在恒温恒压下化学吸附过程是自发进行的，即自由能 $\Delta G < 0$。由于在吸附前气体分子处于混乱状态，而吸附后的气体分子则有规律地排列在催化剂的活性表面上，因此化学吸附过程是熵值变小的过程，即 $\Delta S < 0$。根据 Gibbs-Helmholtz 方程式：

$$\Delta G = \Delta H - T\Delta S \tag{10-5}$$

当 $\Delta G < 0$ 和 $\Delta S < 0$ 时，ΔH 必定为负值，即化学吸附过程为放热反应。于是在相应的 DTA 曲线上应出现吸附放热峰。放热峰的大小通常标志着催化剂活性的强弱。在催化剂的研究中 DTA 的主要应用如下：

① 研究范围很广的不同物质对某一化学反应的催化效应。DTA 为选择哪些化合物值得进行详细研究提供了一个快速而且简单的方法。

② 研究如何用不同的方法制备催化剂和哪个物质或哪些物质的性质对制备是有利的。

③ 在使用一段时间后，测定催化剂的老化或去活化情况，这种测定的目的是决定是否需要替换催化剂，或者是研究延长催化剂寿命的方法。

④ 将微量物质加入到反应物气流中研究哪些物质对某个催化剂有毒性。

10.3　热重分析原理与应用

热重法是在程序控制温度下，测量物质质量与温度关系的一种技术。在热分析技术中热重法使用得最多、最广泛，这说明它在热分析技术中的重要性。

热重法通常有等温热重法和非等温热重法两种。等温（或静态）热重法是在恒温下测定物质质量变化与温度的关系。非等温（或动态）热重法是在程序升温下测定物质质量变化与温度的关系。

10.3.1　热重分析的原理

将热重法定义为质量的变化而不是重量变化是基于在磁场作用下，强磁性材料达到居里点时，虽然无质量变化，却有表观失重。而热重法则指测试试样在受热过程中实质上的质量变化。

热重法的数学表达式为

$$M = f(T) \tag{10-6}$$

热重法得到的是在温度程序控制下物质质量与温度关系的曲线，即热重曲线（TG 曲线）。

如图 10-7 所示。曲线的纵坐标 m 为质量，横坐标 T 为温度。m 单位为 mg 或百分数％。温度单位为热力学温度（K）或摄氏温度（℃）。T_i 表示起始温度，即累积质量变化到达热天平可以检测时的温变。

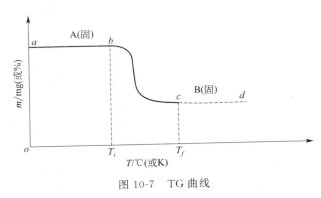

图 10-7   TG 曲线

T_f 表示终止温度，即累积质量变化到达最大值时的温度。$T_f \sim T_i$ 表示反应区间，即起始温度与终止温度的温度间隔。曲线 ab 和 cd，即质量保持基本不变的部分叫作平台，bc 部分可称为台阶。

10.3.2   热重法的应用

10.3.2.1   在分析化学中的应用

① 物质的成分分析。Duval 利用热重法测定钙和镁离子的二元混合物，主要从钙、镁两种离子的草酸盐沉淀的热重曲线求算出钙、镁离子的含量。设 x、y 分别为钙和镁的重量，m 和 n 分别为 500℃时 $MgO+CaCO_3$ 的量和 900℃时 $MgO+CaO$ 的量。由热重曲线上测得的重量，通过下列联立方程式可解得 x 和 y 值，从而求算出钙和镁的含量：

$$\frac{M_{CaCO_3}}{M_{Ca}}x + \frac{M_{MgO}}{M_{Mg}}y = m \tag{10-7}$$

$$\frac{M_{CaO}}{M_{Ca}}x + \frac{M_{MgO}}{M_{Mg}}y = n \tag{10-8}$$

式中，M_{CaCO_3}、M_{MgO}、M_{CaO} 分别为 $CaCO_3$、MgO 和 CaO 的分子量；M_{Ca}、M_{Mg} 分别为钙和镁的原子量，得

$$\frac{100}{40}x + \frac{40.32}{24.32}y = m \tag{10-9}$$

$$\frac{56}{40}x + \frac{40.32}{24.32}y = n \tag{10-10}$$

$$x = \frac{m-n}{1.1} \tag{10-11}$$

② 沉淀物的评价。对沉淀物的评价是热重法最早和最典型的应用之一。自第二次世界大战以来，Duval 和 Wendlandt 在这方面的工作促进了热重法的发展。

许多专著对沉淀条件，如试剂浓度、试剂体积、溶液 pH 值以及沉淀物老化时间等都作了明确规定，唯独谈到干燥温度或燃烧温度，则相当含糊，以至于从事沉淀剂干燥过程分析的工作者，往往根据"烧至恒重"或"加热到深红"等提法进行干燥处理，结果很难判断干燥程度。Duval 在研究沉淀物的干燥过程中曾指出：在热电偶已经发明了八十多年的今天，这类事（指上述含糊的措辞）是难以原谅的。Duval 工作的贡献之一就是建立了一套氢氧化铝的 TG 曲线（图 10-8），并发现温度从 130℃到 1050℃，样品出现恒重。Duval 为了研究无机物的重

量分析，在 17 位同事的帮助下，制备和研究了 1200 种沉淀物，而根据沉淀的难易和干燥温度来判断，结果发现只有少部分适用于金属离子的重量测定。

许多学者，尤其是 Simons 和 Newkirk 还详细研究了 TG 曲线不出现水平区的问题和这类沉淀剂的干燥温度。

应当指出，上述分析结果都与样品纯度有关。作为一种分析工具，热天平是测量物质纯度的有用辅助手段。这里之所以使用"辅助"一词是因为我们不应该过分强调热重法的作用，要想得到一个研究体系的重要技术资料，热重分析只是许多方法当中的一种，却不是唯一的方法，不了解这一点，会阻碍我们对所研究体系的全面而正确的认识。对多阶段的热分解反应，这是多数沉淀物可能发生的情况，可以概括出如下结论：

① 一种化合物在 TG 曲线上出现平台不一定意味着化合物在出现平台的温度是热力学稳定状态或有实际意义。

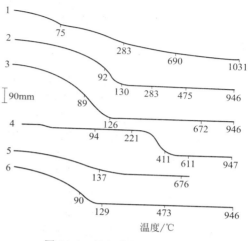

图 10-8　氢氧化铝的 TG 曲线
1—氨水溶液；2—气体氨；3—脲；
4—脲/琥珀酸；5—氯胺汞；6—六胺

② 若从多阶段反应得到的 TG 曲线没有在一定温度范围内保持恒定重量的中间产物，则有理由认为生成中间产物的反应及紧跟着发生的中间产物的分解是无法分开的，至少是部分重叠的。

③ TG 曲线没有平台区，就无法从连续反应的曲线精确确定各反应阶段的初始温度 T_i 及反应的终止温度 T_f，也不能精确地确定出各反应阶段的化学计算重量，因而只能进行粗略的推断。

10.3.2.2　热重法在矿物学中的应用

① 在石棉型矿物中的应用。Hodgson 等发现，青石棉（一种纤维状碱闪石和钠闪石）在惰性气氛中，50~400℃ 的温度范围内失去非结合水；在 500~700℃（根据试验条件不同有所不同）是吸热的羟基化作用，得到的产物经 X 射线衍射分析证明是一种结构与原来的材料极其相似的无水化合物。红外光谱分析结果证明了这个结论。

这种无水化合物在约 800℃ 温度时吸热分解，产生锥辉石（$NaFeSi_2O_6$）和几种其他产物，而锥辉石在温度 900~1000℃ 分解。

Hodgson 等还发现，在空气或氧气中加热青石棉，低于 300℃ 就失去非结合水，温度在 300~600℃ 失重特别小，这是由于电子和质子的放热迁移，导致 3/4 的两价铁再被氧化而生成锥辉石与赤铁矿、方英石和尖晶石。尖晶石在温度 950℃ 时分解，锥辉石则在 950~1000℃ 分解。

对青石棉的进一步研究是想了解风化和化学成分对于热分解的影响。结果发现，天然风化只能使 1/4 的羟基基团除去并调节两价铁和三价铁的含量，使二者的比例为 1∶1，而对青石棉的纤维特性只有微小的改变。

Hodgson 在对长纤维石棉热分解的研究中，也讨论了长纤维石棉及其他有类似成分的矿物中的化学结合水的问题。由于许多物理结合水在温度 110℃ 以上仍然存在，因而任何企图在这个温度下通过失重来计算原子比必定会引起较大误差。长纤维石棉的化学结合水的含量可通过在氧气中进行热重分析而得到的热重曲线来确定。应当指出，在惰性气氛中测得的热重曲线所确定的结果偏低，这是因为长纤维石棉中的氢在惰性气氛中容易以氢分子的形式逸出，而不是以水的形式逸出。水往往存在于含有 Fe^{2+} 或其他还原性阳离子的各种矿物中，或者与能在足够高的温度下才失重的羟基水一起存在。

② 在其他矿物中的应用。热重法在其他矿物分析中同样起着重要作用，下面略举几例。

联合使用热重法、差热分析和红外光谱分析研究不同来源的硅孔雀石（二水硅酸铜），发现有 3 个峰。第一个峰在 50～175℃时出现，是脱去吸附水；第二个峰是在 350～650℃时出现，是脱羟基的结果；第三个峰在 980～1100℃时出现，是 CuO 转变成 Cu_2O。3 个峰都是放热的。红外光谱分析证明，这是由于 Si—O 键的改变形成了方英石（二氧化硅晶体）的结果。Martinez 认为，在这方面热分析是一种比 X 射线衍射、红外光谱及其他光学方法更灵敏、更可靠的检测方法。

文献介绍了用热重法和红外光谱分析研究天然及合成的孔雀石 $[CuCO_3 \cdot Cu(OH)_2]$ 样品，实验是在真空和空气气氛中进行的。在温度 200℃时开始放出二氧化碳和水；在 420～700℃时生成 CuO；在 800℃时生成 Cu_2O。为了利用红外光谱的优点，制备了 $CuCO_3 \cdot Cu(OD)_2$ 以便使羟基和碳酸盐中的基团能在红外光谱的频带中辨别出来。孔雀石中羟基基团比氢氧化铜中的羟基基团键合得更牢固。

已经发现，美国加利福尼亚 Crest More 的岩层中含有一种新型矿物——黑柱石，分子式为 $Na_2Ca_8S_{15}O_{30}H_{22}$。化学分析结果表明，这个分子式没有考虑黑柱石中尚存在着 15% 的 CO_2。通过热重法、红外光谱分析和 X 射线衍射分析，结果发现黑柱石在温度为 90℃时放出水，生成偏黑柱石，分子式为 $Na_2Ca_8S_5O_{26}H_{14}$，实验温度继续升高时，该矿物分解成 β-CaSiO_3$ 和 $β-Ca_2SiO_4$。X 射线衍射证明，这些分解产物的结晶性很差。

10.4   差示扫描量热技术原理与分析

10.4.1   差示扫描量热法的特点

差热分析虽能用于热量定量检测，但其准确度不高，只能得到近似值，且由于使用较多试样，使试样温度在产生热效应期间与程序温度间有着明显的偏离，试样内的温度梯度也较大。因此，难以获得变化过程中准确的试样温度和反应的动力学数据。差示扫描量热法就是为克服 DTA 在定量测定上存在的这些不足而发展起来的一种新技术。

根据 ICTA 的定义，差示扫描量热法是在程序控制温度下测量输入到物质（试样）和参比物的能量差与温度（或时间）关系的一种技术。根据测量方法，又分为两种基本类型：功率补偿型和热流型。两者分别测量输入试样和参比物的功率差及试样和参比物的温度差。测得的曲线称为差示扫描量热曲线或 DSC 曲线，如图 10-9 所示。功率补偿型 DSC 曲线上的纵坐标以 dQ/dT 或 dQ/dt 表示，后者的单位是 $mJ \cdot s^{-1}$。纵坐标上热效应的正负号还没有统一的规定。按照热化学，吸热为正，峰应向上，恰与 DTA 规定的吸热方向相反。对于热流型 DSC，其曲线的表示法与 DTA 曲线相同。

由于差示扫描量热法是在差热分析的基础上发展起来的，因而这两种技术没有绝对的界限，图 10-10 表示了这两种技术在设计原理上的联系。在 DTA 系统中，测量的是温度差 $(T_S - T_R)$ 和温度（或时间）的关系，如图 10-10 所示。而功率补偿 DSC 通过自动改变试样侧和参比侧各自独立的加热器的功率，以保持它们的温度在测定过程中始终相同，它的输出信号是功率差和平均温度或时间。如果试样周围用热电堆围绕 [图 10-10(e)]，并将试样和参比物的热电堆反向相连（差接），也能测得试样和参比物间自发热流量的差。更为简单的热流型 DSC 如图 10-10(d) 所示，自发热流量的差由试样侧所有的热接点和参比侧所有的冷接点组成的热电堆来测定。图 10-10(c) 既可看作 DTA 系统，又可看作热流型 DSC 系统，是两种技术的交叉。功率补偿型 DSC 仪的加热方式有外热式和内热式，而热流型 DSC 仪的加热方式只有外热式。

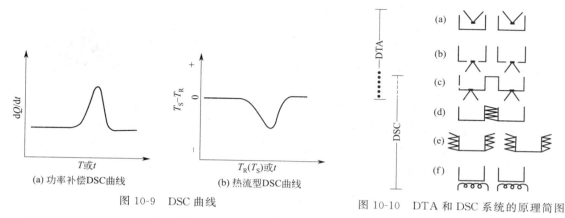

图 10-9　DSC 曲线　　　　　　　　　图 10-10　DTA 和 DSC 系统的原理简图

(a) 功率补偿DSC曲线　　(b) 热流型DSC曲线

用 DSC 测量时，试样质量一般不超过 10mg。试样微量化后降低了其温度梯度，样品支持器也做到了小型化，且装置的热容量也随之减小了，这对热量传递和仪器分辨率的提高都是有利的，仪器的定量性能也随之大大改善了。

为了获得可靠的定性和定量的结果，DSC 与 DTA 一样，也需校正温度轴和标定热定量校正系数 K。而且校正温度轴的方法、使用的温度标准物、热定量校正的原理和热量校正的标准物，均与 DTA 相同或类似。标定校正系数 K 时，与 DTA 的不同之处在于功率补偿型的热量校正系数一般不随温度而变化，因而只需测定一个值。用测得的 K 代入 $Q_p = A/K$ 就能获得热效应（Q_p 为待测物质的热效应；A 为差热曲线上的峰面积）；对于重叠曲线峰也不必像 DTA 那样分段计算热效应后再相加。在研究反应动力学时，研究方法和原理与 TG 和 DTA 的方法和原理是相似的。若将 TG 和 DTA 的反应动力学计算式中的有关特性量作对应变换，许多方法可用于 DSC 的动力学研究。此外，功率补偿型 DSC 曲线的峰顶温度与最大反应速率相对应，因此与 Kissinger 法的基本假设条件相符。关于 DSC 研究反应动力学的原理、方法和影响因素，本章不作专门介绍。

DSC 的工作温度，目前大多还只能到达中温（1100℃以下）而明显低于 DTA。内热式功率补偿型 DSC 仪受结构限制，正常工作温度仅在 600℃以下。超过 600℃时，因基线漂移严重已不能使用仪器的最高灵敏度档。在外热式功率补偿型 DSC 仪中，Setaram 公司的 DSC-111 型仪器的正常工作温度可达 827℃。另一种 DSC 2000K 型仪器的最高工作温度可达 1750℃，是当前各种 DSC 仪中使用温度最高的。某些 DSC 仪还存在起始温度高的缺点。例如，由室温慢速升至 50℃、快速升至 60～70℃，基线才能稳定。基线稳定前出的峰通常是不能用于测量的，如要进行测量，需将仪器的起始工作温度降到室温以下。

从试样产生热效应释出的热量向周围散失的情况来看，功率补偿型 DSC 仪的热量损失较多。如 Perkin-Elmer 公司的 DSC-Ⅱ 型仪器损失热量高达 70%以上，通常只能测得总热量的 20%～30%；而热流型 DSC 仪的热量损失较少，一般在 10%左右，Setaram 公司的 DSC-111 型仪器的热量损失仅 2%，热量损失少，使仪器的测量灵敏度得到了提高。如 DSC-111 型能够在恒温时分辨 $15\mu W$、升温中分辨 $30\mu W$ 的热量。

现在，DSC 已是应用最广的三大热分析技术（TG、DTA 和 DSC）之一。在 DSC 中，功率补偿型 DSC 仪比热流型 DSC 仪应用得更多些。

10.4.2　差示扫描量热技术的基本原理及理论

10.4.2.1　差示扫描量热仪的工作原理

功率补偿型 DSC 由两个交替工作的控制回路组成。平均温度控制回路用于控制样品以预定程序改变温度，它是通过温度程序控制器发出一个与预期的试样温度 T_p 成比例的信号，这一电信号先与平均温度计算器输出的平均温度 T_P' 的电信号比较后再由放大器输出一个平均电压。这一电压同时加到设在试样和参比物支持器中的两个独立的加热器上。随着加热电压的改变，加热器中的加热电流也随之改变，消除了 T_P 与 T_P' 之差。于是，试样和参比物均按预定的速率线性升温或降温。这种不用外部炉子加热的方式称为内热式。温度程序控制器的电信号，同时输入到记录仪中，作为 DSC 曲线的横坐标信号。平均温度计算器输出电信号的大小取决于反映试样和参比物温度的电信号，它的功能是计算和输出与参比物和试样平均温度相对应的电信号，供与温度程序电信号相比较。样品的电信号由设在支持器里的铂电阻测得。

差示温度控制回路的作用是维持两个样品支持器的温度始终相等。当试样和参比物间的温差电信号经变压器耦合输入前置放大器放大后，再由双管调制电路依据参比物和试样间的温度差改变电流，以调整差示功率增量，保持试样和参比物支持器的温度差为零。与差示功率成正比的电信号同时输入记录仪，得到 DSC 曲线的纵坐标。

平均温度控制回路与差示温度控制回路交替工作受时基同步控制电路所控制。

上述使试样和参比物温度差始终保持为零的工作原理称为动态零位平衡原理。这样得到的 DSC 曲线，反映了输入试样和参比物的功率差与试样和参比物的平均温度即程序温度（或时间）的关系。其峰面积与热效应成正比。

除以上功率补偿方式外，还有一些其他的补偿方式。例如，通过调节试样侧的加热功率消除试样和参比物间的温度差。这种方式有利于参比物以预定的升温程序改变温度。还有一类是当试样放热时只给参比侧通电，试样吸热时只给试样侧通电，以实现 ΔT 接近零。这种补偿加热方式对程序升温影响较大。

10.4.2.2　差示扫描量热曲线方程

Gray 推导了描述热流型 DSC 的曲线方程。他假设样品温度是均匀的，而且等于容器温度；样品和容器的总热容 C 和传热阻力（简称热限）R 在所研究的温度范围内是常量，且 $C_S \neq C_R$，而 $R = R_S = R_R$；样品的升温速率 β 是常量。并规定试样放热 Q 的符号为正、吸热为负（与热化学符号相反）。依据热量平衡原理可以得到

$$R\left(\frac{\mathrm{d}q_S}{\mathrm{d}t}\right) = (T_S - T_R) + R(C_S + C_R)\left(\frac{\mathrm{d}T_R}{\mathrm{d}t}\right) + RC_S\frac{\mathrm{d}(T_S - T_R)}{\mathrm{d}t} \qquad (10\text{-}12)$$

$$\qquad\qquad （Ⅰ）\qquad\qquad\qquad （Ⅱ）\qquad\qquad\qquad （Ⅲ）$$

或

$$(T_S - T_R) = R\left(\frac{\mathrm{d}q_S}{\mathrm{d}t}\right) - R(C_S - C_R)\left(\frac{\mathrm{d}T_R}{\mathrm{d}t}\right) - RC_S\frac{\mathrm{d}(T_S - T_R)}{\mathrm{d}t} \qquad (10\text{-}13)$$

式中，C_S、C_R 分别为试样侧和参比侧的热容；T_S、T_R 分别为试样和参比物的温度；$\mathrm{d}q_S/\mathrm{d}t$ 是试样在任一时刻吸收或传递出热量的速率；R 为热阻；$\mathrm{d}T_R$ 为升温速率。式(10-12) 中等式右边的第Ⅰ项是 ΔT，相当于曲线上的纵坐标；第Ⅱ项表示无热效应时基线从零水平线的偏移量；第Ⅲ项是系统的时间常数（RC_S）和曲线上任一点的斜率（$\mathrm{d}\Delta T/\mathrm{d}t$）的乘积。这样，与任一时间 t 对应的曲线上点的 $R(\mathrm{d}q_S/\mathrm{d}t)$ 可以看作上述 3 项之和：

$$R\left(\frac{\mathrm{d}q_S}{\mathrm{d}t}\right) = Ⅰ + Ⅱ + Ⅲ \qquad (10\text{-}14)$$

因此，当 RC_S 已知时，将 $\Delta T\text{-}t$ 曲线转换成 $\mathrm{d}q_S/\mathrm{d}t$ 曲线。定压下，$\mathrm{d}q_S$ 等于试样的熔变 $\mathrm{d}H$。因此式(10-12) 直接反映了试样瞬间的热行为。式(10-13) 既是差热曲线方程又是热流型 DSC 的曲线方程，它表达了试样和参比物间的温度差与有关量的关系。

10.4.2.3　差示扫描量热法的影响因素

由于 DSC 和 DTA 都是以测量试样熔变为基础的，而且两者在仪器原理和结构上又有许多相同或相似处，因此影响 DTA 的各种因素同样会以相同或相近规律对 DSC 产生影响。但是，由于 DSC 试样用量少，试样内的温度梯度较小且气体的扩散阻力下降，对于功率补偿型 DSC，

还有热阻影响小的特点，因而某些因素对 DSC 的影响程度与对 DTA 的影响程度不同。

影响 DSC 的因素主要是样品、实验条件及仪器因素。样品因素中主要是试样性质、粒度以及参比物的性质。有些试样（如聚合物）和液晶的热历史对 DSC 曲线也有较大影响。在实验因素中，主要是升温速率，它影响 DSC 曲线的峰温 T_p 和峰形。升温速率越大，一般峰温越高、峰面积越大和峰形越尖锐。但是这种影响在很大程度上还与试样种类和受热转变的类型密切相关。升温速率对有些试样相变熔的测定值也有影响。其次是炉内气氛类型和气体性质。气体性质不同，峰的起始温度和峰温甚至过程的熔变都会不同。试样量和稀释情况对 DSC 曲线也有一定影响。

10.5　热分析动力学

10.5.1　热分析动力学基础

热分析动力学（thermal analysis kinetic，TAK）的研究目的在于定量表征反应（或相变）过程，确定其遵循的最概然机理函数 $f(a)$，求出动力学参数 E 和 A，算出速率常数 k，提出模拟曲线的反应速率 da/dt 表达式，为新型材料稳定性和配伍性的评定、有效使用寿命和最佳生产工艺条件的确定、反应过程速率的定量描述和机理的推断、石油和含能材料等易燃易爆物质危险性的评定以及自发火温度、热爆炸临界温度的计算和燃烧初始阶段的定量描述等提供科学依据。

热分析方法研究物质反应动力学的工作最早可以追溯到 20 世纪 20 年代（Kujirai，1925 年；Akahira，1928 年），但是作为一种系统的方法，它的真正建立和发展主要还是在 50 年代。一方面，为了满足当时应用方面的需要，如随着科学技术的迅速发展，尤其是航天技术的兴起，需要一种有效的方法评估高分子材料的热稳定性和使用寿命等；另一方面，热分析技术的日臻成熟和热分析仪的商品化为实验的开展创造了条件，再加上计算机技术的发展，使繁复的数据处理成为可能。热分析技术的出现使人们可以在变温（或定温）、通常是线性升温条件下对固体物质的反应（包括物理变化等）动力学进行研究，形成了非定温动力学（non-isothermal kinetics）的分支。由于较之传统的定温法（isothermal）它有许多优点：如一条非定温的热分析曲线即可包含并代替多条定温曲线的信息和作用，使分析快速简便；再加上严格的定温实验实际上也很难实现（尤其是反应开始时），因此它已逐渐成为热分析动力学（TAK）的核心，40 多年来在各个方面均有很大发展，被广泛地应用于多个领域，如研究无机物质的脱水、分解、降解（如氧化降解）和配合物的解离；金属的相变和金属玻璃的晶化；石油的高温裂解和煤的热裂解；高聚物的聚合、固化、结晶、降解等诸多过程的机理和变化速率，从而能确定如高聚物等材料的使用寿命和热稳定性、药物的稳定性；评定石油和含能材料等易爆易燃物质的危险性等；热分析动力学获得的结果还可以作为工业生产中反应器的设计和最佳工艺条件评定的重要参数。

非定温动力学的基本动力学方程式为

$$\frac{dc}{dt} = k(T)f(c) \tag{10-15}$$

$$\frac{da}{dT} = \frac{Af(a)}{\beta}\exp\left(-\frac{E}{RT}\right) \tag{10-16}$$

$$f(a) = (1-a)^n \tag{10-17}$$

式(10-15) 是专用于定温法的表达式。式中，t 为时间；T 为热力学温度；c 为产物的浓度；$f(c)$ 为反应机理函数；$k(T)$ 为速率常数的温度关系式。

式(10-16) 和式(10-17) 为非等温条件下的表达式。式中，a 为反应物向产物转化的百分数，表示在非均相体系中反应进行的程度；β 为非定温过程的温度升高速率；R 为普适气体常数，取 $8.314J \cdot mol^{-1} \cdot K^{-1}$；$n$ 为反应级数，表示反应物浓度对反应的影响程度，反应级数越大，反应物浓度对反应速率的影响就越大；活化能 E 和 Arrhenius 指前因子 A 和最概然机理函数 $f(a)$ 是所谓的"动力学三因子"（kinetic triplet）；$f(a)$ 为机理函数的微分表达式，表示了物质反应速率与 a 之间所遵循的某种函数关系，代表了反应的机理，直接决定了热动力曲线的形状，它相应的积分形式被定义为

$$G(a) = \int_0^a \frac{da}{f(a)} \tag{10-18}$$

10.5.2　热分析动力学分析方法

热分析动力学的方法有基于微分方程的计算和基于积分方程的计算两类，而且两类方法的分支都非常多。根据胡荣祖和陆振荣等人的理论，基于微分方程的计算至少包括 21 种，基于微分方程的计算可分为定温法、单个扫描速率的不定温法以及多重扫描速度法。

定温法是在温度一定的条件下测量物质反应热量的方法。对于一简单反应而言，温度一定时其速率常数 $k(T)$ 也为一定值，所以它与 $f(a)$ 或 $G(a)$ 是可以分离的，于是可以分别通过两步配合求得动力学三因子：

① 在一条定温的 $a\text{-}t$ 曲线上选取一组 a、t 值代入用来尝试的 $G(a)$ 式中，则 $G(a)\text{-}t$ 图为一直线，斜率为 k，以能令直线线性最佳的 $G(a)$ 为合适的机理函数。

② 用同样的方法在一组不同温度下测得的定温 $G(a)\text{-}t$ 曲线上得到一组 k 值，由 $\ln k = -E/RT + \ln A$ 式可知，作 $\ln k\text{-}1/T$ 图可获一直线，由其斜率和截距分别可获得 E 和 A 值。

单个扫描速率法是通过在同一扫描速率下，对反应测得的一条热分析曲线上的数据点进行动力学分析的方法。这是长期以来热分析动力学的主要数据处理方法。该方法通过将动力学方程的微分表达式（10-16）和积分表达式（10-18）进行各种重排或组合，最后得到不同形式的线性方程。然后采用同样的"模式配合法"尝试将各种动力学模式函数的微分式 $f(a)$ 或积分式 $G(a)$ 代入，所得直线的斜率和截距能求解动力学参数（E、A），而在代入方程计算时，选择能使方程获得最佳线性者为最概然机理函数。

多重扫描速率法是指用不同加热速率下所测得的多条热分析曲线来进行动力学分析的方法。其典型代表就是我们较为熟悉的 Flynn-Wall-Ozawa（FWO）法、Kissinger-Akahira-Sunose（KAS）法和 Friedman 法。由于其中的一些方法常用到在几条曲线上同一 a 处的数据，故又称等转化率法（iso-conversional method），用这种方法能在不涉及动力学模式函数的前提下（故又称为无模式函数法 model-free method）获得较为可行的活化能 E 值，可以用来对单个扫描速率法的结果进行验证。而且还可以通过比较不同 a 下的 E 值来核实反应机理在整个过程中的一致性。此外，当出现几种彼此独立的竞争反应时，其反应本质可以用提高或降低 β 的方法来揭示。

10.5.2.1　动力学方程的导出

在描述如下反应：

$$A(s) \xrightarrow{\triangle} B(s) + C(g) \tag{10-19}$$

的动力学问题时可用两种不同形式的方程：

$$\frac{da}{dt} = kf(a) \tag{10-20}$$

和

$$G(a) = kt \tag{10-21}$$

此即机理函数的微分式和积分式的表达形式，两者的关系式为

$$f(a) = \frac{1}{G(a)} = \frac{1}{d[G(a)]/da} \tag{10-22}$$

因为

$$k = A\exp(-E/RT) \tag{10-23}$$

而对于非等温情形，即

$$T = T_0 + \beta t \tag{10-24}$$

假定式（10-20）～式（10-23）也适用，则可得动力学方程式：

$$\frac{da}{dt} = \frac{A}{\beta} f(a) \exp\left(-\frac{E}{RT}\right) \qquad （微分式）\tag{10-25}$$

$$G(a) = \int_0^a \frac{da}{f(a)} = \frac{A}{\beta} \int_{T_0}^T \exp\left(-\frac{E}{RT}\right) dT \approx \frac{A}{\beta} \int_0^T \exp\left(-\frac{E}{RT}\right) dT \qquad （积分式）\tag{10-26}$$

10.5.2.2　KAS 法

1957 年，Kissinger 等提出从微分法形式方程求解动力学参数的方法。他们将式（10-17）、式（10-20）和式（10-23）经过一系列变换得到

$$\frac{da}{dt} = A e^{-E/RT} (1-a)^n \tag{10-27}$$

对式（10-27）两边微分，得

$$\frac{d}{dt}\left[\frac{da}{dt}\right] = \left[A(1-a)^n \frac{de^{-E/RT}}{dt} + A e^{-E/RT} \frac{d(1-a)^n}{dt}\right]$$

$$= A(1-a)^n e^{-E/RT} \frac{(-E)}{RT^2}(-1)\frac{dT}{dt} - A e^{-E/RT} n(1-a)^{n-1} \frac{da}{dt}$$

$$= \frac{da}{dt} \times \frac{E}{RT^2} \times \frac{dT}{dt} - A e^{-E/RT} n(1-a)^{n-1} \frac{da}{dt}$$

$$= \frac{da}{dt}\left[\frac{E \frac{dT}{dt}}{RT^2} - An(1-a)^{n-1} e^{-E/RT}\right] \tag{10-28}$$

当 $T = T_p$ 时，从 $\dfrac{d}{dt}\left[\dfrac{da}{dt}\right] = 0$，得

$$\frac{E \frac{dT}{dt}}{RT_p^2} = An(1-a_p)^{n-1} e^{-E/RT_p} \tag{10-29}$$

Kissinger 认为，$n(1-a_p)^{n-1}$ 与 β 无关，其值近似等于 1，因此，从式（10-29）可知：

$$\frac{E\beta}{RT_p^2} = A e^{-E/RT_p} \tag{10-30}$$

对式（10-30）两边取对数，即得到 Kissinger 方程：

$$\ln\left(\frac{\beta_i}{T_{pi}^2}\right) = \ln\frac{A_K R}{E_k} - \frac{E_k}{R}\frac{1}{T_{pi}} \qquad i = 1, 2, \cdots, 4（或 5 和 6）\tag{10-31}$$

由 $\ln\left(\dfrac{\beta_i}{T_{pi}^2}\right)$ 对 $\dfrac{1}{T_{pi}^2}$ 作图，便可得到一条直线，从直线斜率求 E_k，从截距求 A_k。

10.5.2.3　Flynn-Wall-Ozawa 法

1965 年和 1966 年，由 Ozawa 及 Flynn 各自推导并提出了另一种由积分形式方程求解热动力学方程活化能的方法，其表达式为

$$\lg\beta = \lg\left[\frac{AE}{RG(a)}\right] - 2.315 - 0.4567\frac{E}{RT} \tag{10-32}$$

式（10-32）中的 E 可用以下两种方法求得。

（1）方法 1　由于不同 β_i 下各热谱峰顶温度 T_{pi} 处各 a 值近似相等，因此可用 $\lg\beta$-$\dfrac{1}{T}$ 呈线

性关系来确定 E 值。

令

$$Z_i = \lg\beta_i \tag{10-33}$$

$$y_i = 1/T_{pi} \quad (i=1,2,\cdots,L) \tag{10-34}$$

$$a = -0.4567\frac{E}{R} \tag{10-35}$$

$$b = \lg\frac{AE}{RG(a)} - 2.315 \tag{10-36}$$

由式(10-32)得线性方程组：

$$Z_i = ay_i + b \quad (i=1,2,\cdots,L) \tag{10-37}$$

解此方程组求出 a，从而得 E 值。

（2）方法 2   由于在不同 β_i 下选择相同 a，则 $G(a)$ 是一个恒定值，这样 $\lg\beta$ 与 $\frac{1}{T}$ 就呈线性关系，从斜率可求出 E 值。

从实验得到以下原始数据方程式：

$$\left.\begin{array}{l}\beta_1:T_{11},T_{12},\cdots,T_{1k_1}\\ a_{11},a_{12},\cdots,a_{1k_1}\\ \beta_2:T_{21},T_{22},\cdots,T_{1k_2}\\ a_{21},a_{22},\cdots,a_{2k_2}\\ \cdots\\ \beta_L:T_{L1},T_{L2},\cdots,T_{Lk_L}\\ a_{L1},a_{L2},\cdots,a_{Lk_L}\end{array}\right\} \tag{10-38}$$

其中，T_{ij} 和 a_{ij}（$i=1,2,\cdots,L$；$j=1,2,\cdots,k_i$）是互相对应的反应温度和反应深度，而 k_i 是升温速率为 β_i 时的实验中所取的数据点个数。

实际计算中 a 分别取 0.10、0.15、0.20、$\cdots$、0.80，利用原始数据表和抛物线插入方法可计算出这些 a 值所对应的 T 值。因此，对任一固定的 a 值，我们可得一组数据 (β_i,T_i)（$i=1,2,\cdots,L$），代入式(10-38)就得到一个线性方程组，从而算出 E 值。具体求解过程和方法相同。对每一个 a 都可求出一个 E 值，对所有这些值作逻辑分析，就可确定出合理的活化能值。

FWO 法避开了反应机理函数的选择而直接求出 E 值。与其他方法相比，它避免了因反应机理函数的假设不同而可能带来的误差。因此，往往被其他学者用来检验由他们假设反应机理函数的方法求出的活化能值，这是 FWO 法的一个突出优点。

10.6   典型非金属矿的热分析结果

10.6.1   硅酸盐矿物的热特性

硅酸盐矿物的热特性主要表现为含水硅酸盐的脱水、分解和多晶型转变，脱水物质的重结晶，含变价元素物质低价变为高价和矿物熔化等。脱水、分解、熔化等为吸热效应，物质重结晶、低价变为高价为放热效应，氧化伴随增重。

（1）叶蜡石和滑石

① 试样名称   叶蜡石：Pyrophyllite，$Al_2[Si_4O_{10}](OH)_2$，（Al_2O_3 28.3%，SiO_2 66.7%，H_2O 5.0%）。滑石：Talc，$Mg_3[Si_4O_{10}](OH)_2$，（MgO 31.72%，SiO_2 63.12%，

H_2O 4.76％）。

② 测试结果　叶蜡石：773℃吸热效应，叶蜡石脱出结构水，生成硅线石和石英。滑石：1010℃吸热效应，滑石脱出结构水，生成顽火辉石和石英。

叶蜡石、滑石的 DTA、TG、DTG 曲线如图 10-11 所示。

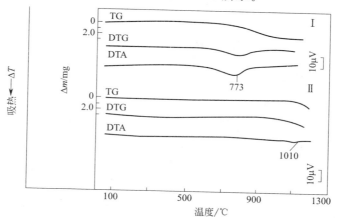

图 10-11　叶蜡石和滑石的 DTA、TG、DTG 曲线

（2）埃洛石、高岭石和迪开石

① 试样名称　埃洛石：Halloysite，$Al_4(H_2O)_4[Si_4O_{10}](OH)_8$，（$Al_2O_3$ 34.66％，SiO_2 40.85％，H_2O 24.49％）。高岭石：Kaolinite，$Al_4[Si_4O_{10}](OH)_8$，（Al_2O_3 39.40％，SiO_2 46.55％，H_2O 13.96％）。迪开石：Dickite，$Al_4[Si_4O_{10}](OH)_8$。

② 测试结果　埃洛石：110℃吸热效应，埃洛石脱出结晶水，伴随失重，形成变埃洛石；560℃吸热效应，变埃洛石脱出结构水，结构破坏；995℃放热效应，脱水物质结晶成 γ-Al_2O_3 和石英。高岭石：560℃吸热效应，高岭石脱出结构水，晶格破坏；998℃放热效应，脱水物质结晶成莫来石和方石英。迪开石：700℃吸热效应，迪开石脱出结构水，晶格破坏；1000℃放热效应，脱水物质结晶成莫来石和方石英。

埃洛石、高岭石和迪开石的 DTA、TG、DTG 曲线如图 10-12 所示。

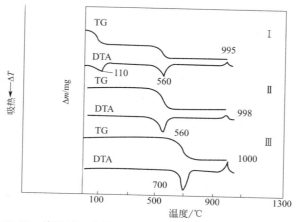

图 10-12　埃洛石、高岭石和迪开石的 DTA、TG、DTG 曲线

（3）蒙脱石

① 试样名称　蒙脱石：Montmorillonite，$(Na, Ca)_{0.33}(Al, Mg)_2[Si_4O_{10}](OH)_2 \cdot nH_2O$。

② 测试结果　钠蒙脱石（Ⅰ）：132℃吸热效应，脱出层间水，伴随失重；682℃吸热效

应，脱出结构水，伴随失重，晶格破坏；910℃吸热效应，脱水物质重结晶。钙蒙脱石（Ⅱ）：140℃和206℃吸热效应，钙蒙脱石分阶段脱出层间水；690℃吸热效应，钙蒙脱石脱出结构水，晶格破坏；915℃吸热效应，脱水物质转化成堇青石、顽火辉石和石英。

蒙脱石的 DTA、TG、DTG 曲线如图 10-13 所示。

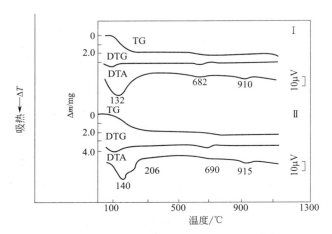

图 10-13   蒙脱石的 DTA、TG、DTG 曲线

（4）蛭石和海泡石

① 试样名称   蛭石：Vermiculite，$(Mg, Fe^{3+}, Al)_3(Al, Si)_4O_{10}(OH)_2 \cdot nH_2O$。海泡石：Sepiolite，$Mg_8(H_2O)_4[Si_6O_{16}]_2(OH)_4 \cdot 8H_2O$。

② 测试结果   蛭石：130℃、175℃、540℃吸热效应，蛭石分阶段脱出层间水；810℃吸热效应，蛭石脱出结构水，结构破坏；850℃以后，生成顽火辉石、Al_2O_3 等。海泡石：130℃吸热效应，海泡石脱出沸石水；330℃和550℃吸热效应，海泡石分阶段脱出结合水；830℃吸热效应，海泡石脱出结构水，晶格破坏；880℃放热效应，脱水物质生成顽火辉石和 SiO_2。硅铋矿：735℃吸热效应，硅铋矿发生多晶型转变；871℃吸热效应，硅铋矿转变成另一晶型。

蛭石和海泡石的 DTA、TG、DTG 曲线如图 10-14 所示。

10.6.2   硫酸盐矿物的热特性

硫酸盐矿物有以下类型：无水硫酸盐、含结晶水的硫酸盐、含结构水的硫酸盐和含结晶水与结构水的硫酸盐。无水硫酸盐的热特性是结构转变与物体熔化，熔化物质有的分解放出 SO_3；含结晶水的硫酸盐在低温脱出结晶水，一般是分阶段脱水，脱水物质发生结构转变、物质熔化及分解放出 SO_3；含结构水的硫酸盐一般在 400℃以上一次脱出结构水，但也有的分两步脱水，脱水物质又可分解；含结晶水和结构水的硫酸盐低温脱出结晶水，300℃以上脱出结构水，脱水物质一次或两次分解放出 SO_3。

（1）钙芒硝和水钾镁矾

① 试样名称   钙芒硝：Glauberite，$Na_2Ca(SO_4)_2$（NaO 22.28%，CaO 20.16% SO_3 57.56%）；水钾镁矾：Langbeinite，$K_2Mg_2(SO_4)_3$（K_2O 22.70%，MgO 19.43%，S 57.97%）。

② 测试结果   钙芒硝：270℃吸热效应，混入钙芒硝的无水芒硝发生多晶型转变；910℃吸热效应，钙芒硝熔化。水钾镁矾：640℃吸热效应，水钾镁矾发生多晶转变；950℃吸热效应，水钾镁矾熔化。

钙芒硝和水钾镁矾的 DTA、TG、DTG 曲线如图 10-15 所示。

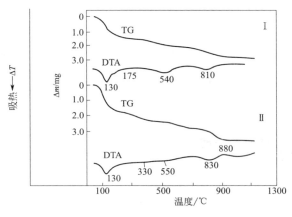

图 10-14　蛭石和海泡石的 DTA、TG、DTG 曲线

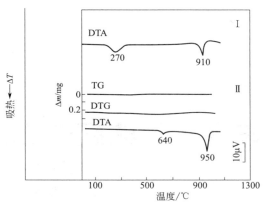

图 10-15　钙芒硝和水钾镁矾的
DTA、TG、DTG 曲线

（2）水绿矾、碧矾、皓矾和泻利盐

① 试样名称　水绿矾：Melanterite，$FeSO_4 \cdot 7H_2O$，（FeO 25.84%，SO_3 28.80%，H_2O 45.36%）。碧矾：Morenosite，$NiSO_4 \cdot 7H_2O$，（NiO 26.59%，SO_3 28.51%，H_2O 44.90%）。皓矾：Goslarite，$ZnSO_4 \cdot 7H_2O$（ZnO 28.29%，SO_3 27.83%，H_2O 43.84%）。泻利盐：Epsomite，$MgSO_4 \cdot 7H_2O$，（MgO 16.3%，SO_3 32.5%，H_2O 51.2%）。

② 测试结果　水绿矾：160℃吸热效应，1 mol 水绿矾脱出 6 mol H_2O，伴随失重；240℃吸热效应，1mol 水绿矾脱出 1mol H_2O，Fe^{2+} 氧化成 Fe^{3+}，生成 $Fe_2O(SO_4)_2$，伴随失重；660℃吸热效应，$Fe_2O(SO_4)_2$ 分解，生成 $Fe_2O(SO_4)_3$ 和 Fe_2O_3，放出 SO_3，伴随失重；760℃吸热效应，$Fe_2O(SO_4)_3$ 分解，生成 Fe_2O_3，放出 SO_3，伴随失重。碧矾：200℃吸热效应，1mol 碧矾脱出 6mol H_2O，伴随失重；430℃吸热效应，1mol 碧矾脱出 1mol H_2O，伴随失重，生成 $NiSO_4$；900℃吸热效应，$NiSO_4$ 分解，生成 NiO，放出 SO_3，伴随失重。皓矾：120℃吸热效应，1mol 皓矾脱出 5mol H_2O，伴随失重；320℃吸热效应，1mol 皓矾脱出 2mol H_2O，伴随失重；730℃吸热效应，$ZnSO_4$ 开始分解；880℃吸热效应，部分 $ZnSO_4$ 分解，生成 ZnO，放出 SO_3，伴随失重；950℃吸热效应，剩余的 $ZnSO_4$ 分解，生成 ZnO，放出 SO_3，伴随失重。泻利盐：150℃、190℃、210℃吸热效应，1mol 泻利盐脱出 6mol H_2O，伴随失重；360℃吸热效应，1mol 泻利盐脱出 1mol H_2O，生成 $MgSO_4$；910℃吸热效应，$MgSO_4$ 熔化；1120℃吸热效应 $MgSO_4$ 分解，生成 MgO，放出 SO_3，伴随失重。

水绿矾、碧矾、皓矾和泻利盐的 DTA、TG、DTG 曲线如图 10-16 所示。

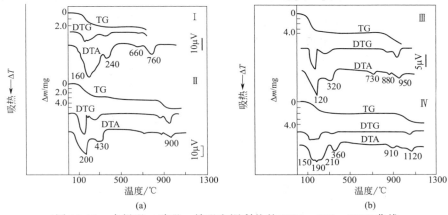

(a)　　　　　　　　　　　　　　　(b)

图 10-16　水绿矾、碧矾、皓矾和泻利盐的 DTA、TG、DTG 曲线

第 11 章
非金属矿的红外光谱分析技术

11.1 红外线的性质

早在 1800 年，英国的物理学家赫谢耳（W. Herschel）用玻璃棱镜把太阳光色散，研究了太阳光谱各部分的热效应，发现在红色光外侧有最大的热功率。这一现象向我们揭示出太阳光谱不仅包括人的肉眼所能看到的红、橙、黄、绿、青、蓝、紫的可见光线，而且也包括人的肉眼看不见的光线。由于它处在红色光的外侧，故被命名为"红外线"，亦称"热线"。研究表明，红外线和可见光线一样都是电磁波，只不过波长、折射率不同而已，它是介于可见光区和微波区之间的电磁波谱。我们现在已经知道，电磁波谱包括波长从毫米的极小分数（10^{-12} cm）到很多千米（10^6 cm）之间的多种波。没有一个单一的辐射源或单一的探测机构可适用于整个电磁波谱。因而这个波谱被分成很多个不太严格确定的波段（或谱区）。这些波段的区分，一般是根据产生、分离及探测这些辐射所采用的方法来划分的。

红外线的波长是 0.75～1000 μm。又根据产生、分离和探测这些辐射所采用的方法以及它的用途，又将其分成近红外、中红外、远红外 3 个波区。其界限位置见表 11-1。

表 11-1　3 个典型红外区域的波长和波数界限

名称	波长/μm	波数/cm^{-1}
近红外（泛音区）	0.75～2.5	13334～4000
中红外（基频区）	2.5～25	4000～400
远红外（转动区）	25～1000	400～10

由于中红外区最能深刻地反映分子内部所进行的各种物理过程以及分子结构方面的各种特性，对于解决分子结构和化学组成中的各种问题最为有效，因而它成为红外光谱中应用最广的部分。一般所说的红外光谱也就是指这一波区的红外光谱而言的。

有机分子中诸原子通过各类化学键连接为一个整体，当它受到光的辐射时，发生转动和振动能级的跃迁。简单的双原子化合物如 A—B 的振动方式是 A 和 B 两个原子沿着键作节奏性伸和缩的运动，可以形象地比作连着 A、B 两个球的弹簧的谐振运动。

为此，A—B 键伸缩振动的基频可用胡克定律推导的式(11-1) 计算其近似值：

$$v = \frac{1}{2\pi c}\sqrt{\frac{k}{M}} \tag{11-1}$$

式中，v 为键的振动基频，单位为 cm^{-1}；c 为光速；k 为化学键力常数，相当于胡克弹簧常数，是各种化学键的属性，代表键伸缩和张合的难易程度，与原子质量无关；M 为质量为

m_A 和 m_B 的 A、B 两原子的折合质量，即 $\dfrac{m_A \times m_B}{m_A + m_B}$。

式(11-1)表明键的振动频率与力常数成正比，力常数越大，振动的频率越高。基频与原子质量成反比，原子质量越轻，连接的键振动频率越高。

如将 C—H 单键力常数（$5 \times 10^5 \, dyn/cm$）、碳原子质量$\left(\dfrac{12}{6.02 \times 10^{23}}\right)$和氢原子质量$\left(\dfrac{1}{6.02 \times 10^{23}}\right)$代入式(11-1)，可得 C—H 键伸缩振动频率 $v \approx 3040 cm^{-1}$。与实际测量烷烃化合物中 C—H 键的伸缩振动频率 $2975 \sim 2950 cm^{-1}$ 很接近。

上述是双原子化合物的情况，多原子组成的非线型分子的振动方式就更多。含有 n 个原子就得用 $3n$ 个坐标描述分子的自由度，其中 3 个为转动、3 个为移动，剩下 $3n-6$ 个为振动自由度。每一种振动按理在红外光谱中都应该有其吸收峰，但是事实上只有在分子振动时有偶极矩改变的才会产生明显的吸收峰。如顺式二氯乙烯在 $1580 cm^{-1}$ 处有双键振动的强吸收峰。高度对称的化学键，如反式二氯乙烯分子中的双键，由于分子振动前后的偶极矩没有改变，此种双键在红外光谱中无吸收峰（$1665 cm^{-1}$ 处的弱吸收峰是 $845 cm^{-1}$ 和 $825 cm^{-1}$ 的合频），由于对称双键极化度发生改变，因此在拉曼光谱中 $1580 cm^{-1}$ 处有强吸收峰。

11.2　分子振动类型

由于红外光谱主要考查研究的是分子振动引起的对红外线的吸收，因此，有必要对分子中不同基团的振动模式进行详细介绍。分子中的基团（双原子除外）具有几种不同的基本振动模式。在中红外区，基团的振动模式分为两大类，即伸缩振动和弯曲振动。伸缩振动是指基团中的原子在振动时沿着价键方向来回运动。弯曲振动是指基团中的原子在振动时运动方向垂直于价键方向。

11.2.1　伸缩振动

伸缩振动（stretching vibration）时，基团中的原子沿着价键的方向来回运动，所以键角并不发生变化（图 11-1）。除了双原子的伸缩振动，三原子以上还有对称伸缩振动和反对称（不对称）伸缩振动。

(a)丙酮 C=O 伸缩振动 $1716 cm^{-1}$　　　(b)甲基丙烯酸 C=C 伸缩振动 $1637 cm^{-1}$

图 11-1　双原子键的伸缩振动

11.2.1.1　双原子的伸缩振动

双原子分子 X_2 的伸缩振动是拉曼活性的而不是红外活性的，如 O_2、N_2、H_2、Cl_2 等。但分子中的 X—X 基团（如 C—C、C=C、O—O、N=N 等基团）在伸缩振动时，如果偶极矩不发生变化，是拉曼活性的；如果偶极矩发生变化，则是红外活性的。分子中的 X—Y 基团的伸缩振动肯定是红外活性的。

11.2.1.2　对称伸缩振动

线形三原子基团 X—Y—X（如 CO_2）的对称伸缩振动（symmetric stretching vibration）、平面形四原子基团 XY_3（如 CO_3^{2-}、NO_3^{-} 等）的对称伸缩振动和四面体形五原子基团 XY_4（如 SO_4^{2-}、PO_4^{2-} 等）的对称伸缩振动，都是拉曼活性的而不是红外活性的。弯曲形三原子基

团 XY_2（如 H_2O、CH_2、NH_2 等）和角锥形四原子基团 XY_3（如 CH_3、NH_3 等）的对称伸缩振动都是红外活性的，如图 11-2 所示。

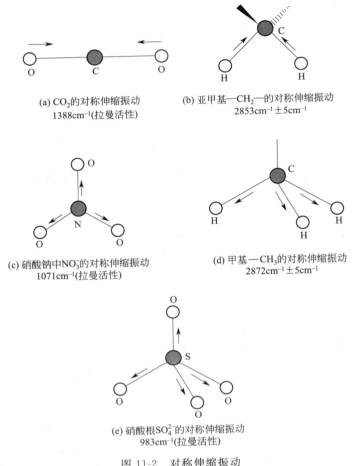

(a) CO_2的对称伸缩振动
$1388cm^{-1}$(拉曼活性)

(b) 亚甲基—CH_2—的对称伸缩振动
$2853cm^{-1}\pm5cm^{-1}$

(c) 硝酸钠中NO_3^-的对称伸缩振动
$1071cm^{-1}$(拉曼活性)

(d) 甲基—CH_3的对称伸缩振动
$2872cm^{-1}\pm5cm^{-1}$

(e) 硝酸根SO_4^{2-}的对称伸缩振动
$983cm^{-1}$(拉曼活性)

图 11-2   对称伸缩振动

11.2.1.3   反对称伸缩振动

各种基团的反对称伸缩振动（asymmetric stretching vibration）都是红外活性的，如线形 CO_2，弯曲形 H_2O、—CH_2—、—NH_2—、—NO_2，角锥形 NH_3、—NH_3^+、—CH_3，平面形 NO_3^-、BO_3^-、CO_3^-，四面体形 NH_4^+、SO_4^{2-}、PO_4^{3-} 等基团的反对称伸缩振动都是红外活性的，如图 11-3 所示。

11.2.2   弯曲振动

弯曲振动（bending vibration）时，基团的原子运动方向与价键方向垂直。弯曲振动又细分为剪式变角振动、对称变角振动、反对称（不对称）变角振动、面内弯曲振动、面外弯曲振动、面内摇摆振动、面外摇摆振动和卷曲振动。除了摇摆振动，其余振动键角都发生变化。

（1）变角振动   变角振动（deformation vibration）也叫变形振动，或弯曲振动。线形三原子基团的变角振动属弯曲振动，如 CO_2 的弯曲振动。弯曲形三原子基团的变角振动也叫剪式振动（scissor vibration），如 H_2O、—CH_2—、—NH_2 等的变角振动，如图 11-4 所示。

（2）对称变角振动   对称变角振动（symmetric deformation vibration）也叫对称弯曲振

动、对称变形振动。由四原子 XY_3 组成的基团有两种构型，即角锥形和平面形。角锥形基团有对称变角振动模式，如—CH_3、NH_3、—NH_3^+ 等，而平面形基团没有对称变角振动模式。由五原子 XY_4 组成的四面体基团有对称变角振动模式，如 NH_4^+、SiO_4^{2-}、SO_4^{2-}、PO_4^{3-} 等，如图 11-5 所示。

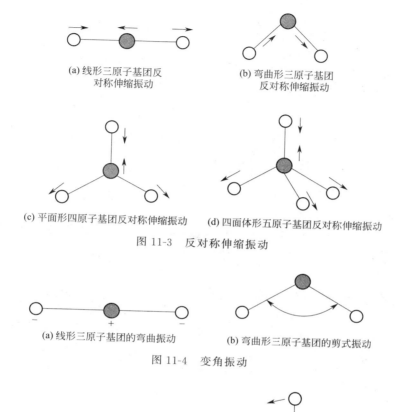

(a) 线形三原子基团反对称伸缩振动

(b) 弯曲形三原子基团反对称伸缩振动

(c) 平面形四原子基团反对称伸缩振动

(d) 四面体形五原子基团反对称伸缩振动

图 11-3　反对称伸缩振动

(a) 线形三原子基团的弯曲振动

(b) 弯曲形三原子基团的剪式振动

图 11-4　变角振动

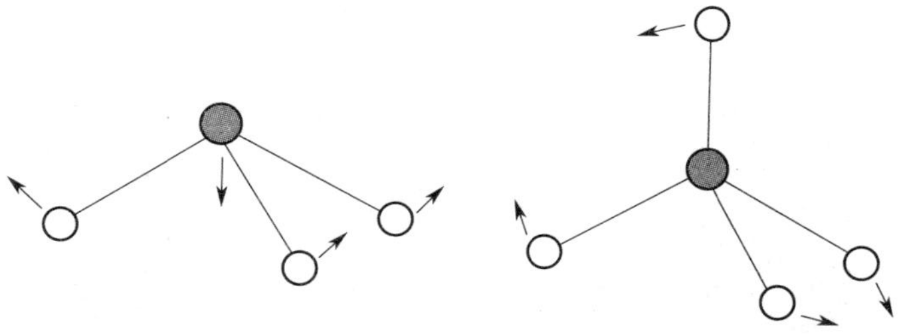

(a) 角锥形基团对称变角振动

(b) 四面体基团对称变角振动

图 11-5　对称变角振动

（3）反对称（不对称）变角振动　反对称变角振动（asymmetric deformation vibration）也叫不对称变角振动、反对称弯曲振动、反对称变形振动。由四原子 XY_3 组成的角锥形基团有反对称变角振动，而平面形基团没有反对称变角振动。由五原子 XY_4 组成的四面体基团有不对称变角振动，如图 11-6 所示。

（4）面内弯曲振动　面内弯曲振动（in-plane bending vibration）也叫面内变形振动（in-plane deformation vibration）或面内变角振动。—COH 面内弯曲振动是指 O—H 键在 COH 组成的平面内左右摇摆。苯环上的 C—H 面内弯曲振动也是指 C—H 在苯环平面内左右摇摆，但这种摇摆振动不属于面内摇摆振动。由四原子 XY_3 组成的平面形基团有面内弯曲振动，如 NO_3^-、CO_3^{2-} 等基团的面内弯曲振动，如图 11-7 所示。

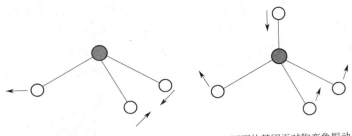

(a) 角锥形基团反对称变角振动   (b) 四面体基团不对称变角振动

图 11-6   反对称变角振动

(a)—COH面内弯曲振动   (b) 苯环上的C—H面内弯曲振动   (c) 四原子XY$_3$平面形基团面内弯曲振动
　　1430cm^{-1} 1036cm^{-1}

图 11-7   面内弯曲振动

（5）面外弯曲振动   面外弯曲振动（out-of-plane bending vibration）也叫面外变形振动（out-of-plane deformation vibration）、面外变角振动。—COH 面外弯曲振动是指 O—H 键离开 COH 平面上下摇摆。苯环上的 C—H 面外弯曲振动也是指 C—H 键在苯环平面上下摇摆，但这种摇摆振动不属于面外摇摆振动。由四原子 XY$_3$ 组成的平面形基团有面外弯曲振动，如 NO$_3^-$、CO$_3^{2-}$、BO$_3^-$ 等基团的面外弯曲振动是指中心原子在平面上下摆动，如图 11-8 所示。

(a)—COH面外弯曲振动   (b) 苯环上的C—H面外弯曲振动   (c) 四原子XY$_3$组成的平面
　　940cm^{-1} 673cm^{-1} 形基团面外弯曲振动

图 11-8   面外弯曲振动

（6）面内摇摆振动   面内摇摆振动（rocking vibration）是指基团作为一个整体在分子的对称平面内，像摆钟一样左右摇摆，如—CH$_2$—、—CH$_3$ 的面内摇摆振动。面内摇摆振动时，基团的键角不发生变化，如图 11-9 所示。

（7）面外摇摆振动   面外摇摆振动（wagging vibration）是指基团作为一个整体在分子的对称平面内上下摇摆。面外摇摆振动时，基团的键角也不发生变化，如—CH$_2$—、　CH$_2$ 的面外摇摆振动。结晶态长链脂肪酸的—CH$_2$—面外摇摆振动在 1300～1200cm^{-1} 区间出现几个小峰，峰的个数与 CH$_2$ 的数目有关，如图 11-10 所示。

（8）卷曲振动   卷曲振动（twisting vibration）是指三原子基团的两个化学键在三原子组成的平面内一上一下地扭动，所以卷曲振动也叫扭曲振动。卷曲振动时两个化学键的键角发生变化。如—CH$_2$—的卷曲振动，结晶态长链脂肪酸的—CH$_2$—的卷曲振动位于 1300cm^{-1} 左右，如图 11-11 所示。

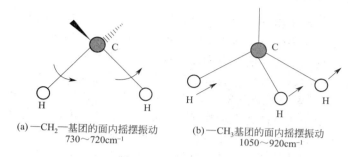

(a) —CH₂—基团的面内摇摆振动
730～720cm⁻¹

(b) —CH₃基团的面内摇摆振动
1050～920cm⁻¹

图 11-9　面内摇摆振动

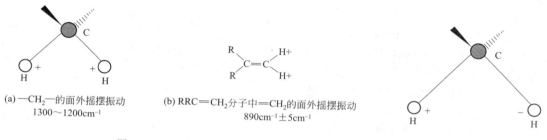

(a) —CH₂—的面外摇摆振动
1300～1200cm⁻¹

(b) RRC═CH₂分子中═CH₂的面外摇摆振动
890cm⁻¹±5cm⁻¹

图 11-10　面外摇摆振动

图 11-11　—CH₂—的卷曲振动

11.3　红外光谱的性质

1800 年赫谢尔测定太阳光谱时确认了红外辐射的存在。可以说，这时已经有了红外光谱的萌芽。但由于检测手段的限制，直到约 100 年后才有人测定了一些有机化合物的红外吸收谱。1905 年科伯伦茨（Coblentz）发表了 128 种化合物的红外吸收谱，揭示了分子结构与红外吸收谱之间的联系，给出了红外光谱方法有实用价值的结果。从 20 世纪 40 年代末至今，红外光谱仪器从第一代以棱镜为分谱元件，第二代以光栅为分谱元件，直至 70 年代发展起来的第三代以干涉图为基础进行傅里叶变换获得分谱的红外分光光度计，经历了大约半个世纪的发展，形成了很多有效的实用光谱技术。特别是激光出现之后，给红外光谱技术注入了新的活力，诞生了更高级的红外光谱方法，推动了众多科技领域研究工作的发展。红外光谱技术与激光技术以及计算技术的结合，无疑在今后的发展中将继续给它增添新的内容。

本节将对红外光谱的一些最基本的性质进行简要的论述，从红外辐射以及物质对它的吸收特征等方面叙述红外光谱方法所涉及的一些基本知识。

11.3.1　红外辐射和吸收

整个电磁波谱中，比可见光波长红端波长更长直至 $1000\mu m$ 的范围都属于红外辐射波段。根据红外辐射定律，任何物体只要温度高于 0K，都要向周围环境发射红外辐射，只是随着温度不同，辐射特性发生变化而已。

如果物质中分子由于吸收红外光谱，能级发生了跃迁，则说明相应频率的辐射就被物质吸收了。物质对红外辐射的吸收强度按频率展开所得的曲线图就是该物质的红外吸收谱图，也就是通常所说的红外吸收光谱。

11.3.2 红外光谱的特点

光谱所反映的是光与物质相互作用的结果，因此它必然带有物质内部粒子的状态及其运动规律的信息。这就使光谱成为研究物质结构的一种有效手段。红外光谱也有同样的作用，但因红外辐射能量量子较可见光小，它所对应的能级相应于分子的转动、振动能级。一般地，分子的纯转动（能级间隔 $\Delta E < 0.05 eV$）与晶格振动的跃迁均发生在远红外区。振动能级的间隔较大（$\Delta E = 0.05 \sim 1.0 eV$），与中红外区对应，绝大多数有机化合物和许多无机化合物的基频振动都出现在这个区域。由于所有的化合物在 $1600 \sim 650 \text{ cm}^{-1}$ 范围内的光谱互不相同，因此可用来鉴定不同的化合物，有人称之为"指纹区"。一般情况下，分子的振动能级跃迁和转动能级跃迁同时发生，因此得到的是两种运动叠加起来的红外光谱，即分子的振动-转动光谱。

近红外区相应于倍频和合频振动。设基频为 v_1、v_2，倍频为 mv_1、nv_2，则合频是 $mv_1 \pm nv_2$。

红外光谱的研究工作在相当程度上受到红外探测器件研制水平的影响。红外波段探测器大部分是内光电效应器件，为了保证有足够的灵敏度和较快的响应时间，必须使器件在低温下工作。即使如此，它们也达不到可见光范围内使用光电倍增管探测时可以计数单个光子的程度。但也正是由于红外辐射波长较可见光长，才使得 20 世纪 70 年代迅速发展起来的傅里叶变换红外光谱技术成为可能。因为这一技术是让干涉谱图经过傅里叶变换后变成通常的红外光谱，而干涉谱通常是根据迈克尔逊干涉仪的原理产生的，当波长较短时，其动镜移动的公差要求在技术上难以实现。这就是为什么该方法虽然有明显的优点，但只能在红外区应用的原因。

红外光谱技术主要用于研究分子的结构，根据谱线的形状、吸收峰位置以及特征吸收峰的强度等进行化学定性和定量分析，从而确定某种化学组分的存在及其含量。但由它所对应的能级特性可知，红外光谱方法显然不能给出与原子能态变化有关的信息，这是由红外光谱的波长范围所规定的局限性。

前面所讨论的红外光谱都是由对红外辐射透明的物质吸收了不同波长的辐射后记录透过辐射强度所形成的吸收光谱，然而有些高分子物质（如橡胶等）是不透明的，因而不能由直接透射的方法来产生吸收光谱。这就产生了反射光谱方法，其中应用最多的是内反射光谱方法。当红外辐射按一定条件入射到两种介质界面时，会产生全内反射，但入射辐射是在穿透了表面一定深度后再反射出去的。在表面内被吸收的某个频率的反射强度减弱，从而形成了强度变化的反射光谱。事实上，这种界面全反射光谱也是一种特殊形式的吸收光谱。

11.3.3 红外光谱与拉曼光谱

由前述可知，红外光谱与物质分子的转动、振动等运动状态有关。当这种运动使分子的电偶极矩发生变化时，就可能和入射红外辐射的交变电场发生耦合，使辐射场的能量转移到分子上，从而使其发生能级跃迁，这时就产生了物质对红外辐射的吸收。显然，不伴随电偶极矩变化的运动就不会形成吸收谱带。在偶极跃迁近似条件下，能引起偶极矩变化的振动通常称为红外活性的，否则称为非红外活性的。

由 N 个原子组成的分子有（$3N-6$）个基本振动形式，其中很多是红外活性的，因此就形成大量的红外吸收谱带，并产生复杂的红外光谱。

除红外光谱与分子的振动、转动形态有关外，拉曼光谱也涉及这种运动形态。拉曼光谱是以印度物理学家拉曼 1928 年发现的光散射效应（即拉曼效应）为其理论基础的。因此，拉曼光谱是一种散射光谱。

当激发光与物质分子相互作用时，分子会对光子产生弹性散射和非弹性散射。前者的散射光与入射光的频率相同，称之为瑞利（Rayleigh）散射。后者的散射光与入射光的频率不同，称为拉曼散射。

当频率为 v_0 的光子与分子相互作用时，会使分子激发到一个不确定的虚能态。若分子由此虚能态回到一个振动激发态时，则会辐射一个散射光子，而其频率 $v_1 = v_0 - \Delta v$，称 Δv 为拉曼频移，与振动基态和第一激发态的能量差 ΔE 满足 $\Delta E = h\Delta v$ 的关系。如果入射的 v_0 光子与处于振动激发态的分子作用，可以把分子激发到更高的能态，当其回到振动基态时散射一个频率为 $v_2 = v_0 + \Delta v$ 的光子。我们称 v_1 的谱线为斯托克斯线，而 v_2 称为反斯托克斯线。显然，在通常的环境温度下，反斯托克斯线的强度比斯托克斯线要弱得多。其实，自然拉曼散射光的强度是很弱的，只有入射光的 $10^{-6} \sim 10^{-7}$，测量上的困难使其应用受到了限制。只是在激光出现之后，有了高强度的激发光源，才使散射光强有了很大的提高，使拉曼光谱有了长足的发展，形成了激光拉曼光谱技术。

根据拉曼光谱的理论可知，只有当振动过程中伴随有分子极化系数的变化时，才会产生拉曼散射，我们称这种振动是拉曼活性的。如果一个分子在振动过程中同时发生电偶极矩的变化和极化系数的变化，则该振动既是红外活性的，又是拉曼活性的；反之，如果对这两者都不是活性的，则称为在光谱上是不可识别的，我们必须研究更高级的跃迁。与拉曼频移相应的能级差可以是振动能级差，也可以是转动能级差、电子能级差，还可以是晶格振动能级差。

如果采用激光作为激发光源，当其强度达到相当高程度的时候，拉曼散射的强度会比原来增加 $2 \sim 3$ 个数量级，而且散射光具有激光的性质，这就是所谓的受激拉曼散射。这是一种非线性光学效应。受激拉曼散射的研究扩大了原有的拉曼光谱技术的内容和应用范围，它不仅丰富了相干辐射的谱线数，而且比通常的拉曼光谱技术带给人们更多的关于物质结构的新信息。

11.4　红外光谱仪的构造原理

20 世纪 70 年代，我国开始从国外引进傅里叶变换红外光谱仪（简称 FTIR 光谱仪）。进入 80 年代，我国开始大批量引进 FTIR 光谱仪。80 年代中后期，北京瑞利分析仪器公司（北京第二光学仪器厂）引进美国 Analect 公司的 FTIR 技术，开始生产 FTIR 光谱仪。到 2004 年为止，我国 FTIR 光谱仪的保有量已经达到 3000 台左右。FTIR 光谱仪遍布我国高等院校、科研机构、厂矿企业和各个分析测试部门，在教学、科研和分析测试等方面发挥着非常重要的作用。

FTIR 光谱仪由红外光学台（光学系统）、计算机和打印机 3 部分组成。无论哪个仪器公司生产的 FTIR 光谱仪，也无论是哪种型号的 FTIR 光谱仪，其光学系统都由红外光源、光阑、干涉仪、激光器、检测器和几个红外反射镜组成。图 11-12 所示为 FTIR 光谱仪的光学系统原理。红外光源发出的红外线经椭圆发射镜 M_1 收集和反射，发射光通过光阑后到达准直镜

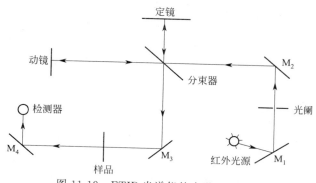

图 11-12　FTIR 光谱仪的光学系统原理

M_2，从准直镜反射出来的平行反射光射向干涉仪，从干涉仪出来的平行干涉光经准直镜 M_3 反射后射向样品室，透过样品的红外线经聚光镜 M_4 聚焦后到达检测器。下面分别讨论组成光学系统的各个零部件的结构和性能。

11.4.1 红外光源

虽然傅里叶变换红外光谱技术发展非常迅速，但多年来红外光源技术发展却很缓慢。近 10 年来，虽然红外光源所用的材料有些改进，但仍然不能大幅度提高光源的能量。光源是 FTIR 光谱仪的关键部件之一，红外辐射能量的高低直接影响检查的灵敏度。理想的红外光源能够测试整个红外波段，即能够测试远红外、中红外和近红外。但目前要测试整个红外波段至少需要更换 3 种光源，即中红外光源、远红外光源和近红外光源。红外光谱中用得最多的是中红外波段，目前中红外波段使用的光源基本上能满足测试要求。

中红外光源的种类和适用范围列于表 11-2 中。

表 11-2 中红外光源的种类和适用范围 　　　　　　　　单位：cm^{-1}

光源种类	适用范围	光源种类	适用范围
		水冷却陶瓷光源	7800～50
水冷却碳硅棒光源	7800～50	空气冷却陶瓷光源	9600～50
EVER-GLO 光源	9600～20		

从表 11-2 可以看出，目前使用的中红外光源基本上可以分为碳硅棒光源和陶瓷光源两类。不管是碳硅棒光源还是陶瓷光源，都能够覆盖整个中红外波段。光源又分为水冷却和空气冷却两类。使用水冷却光源时，需要用水循环系统，这给仪器的使用带来诸多不便。冷却系统一旦漏水，不仅会影响红外测试工作，还可能造成光学仪损坏。所以，现在许多 FTIR 光谱仪都采用空气冷却光源。

水冷却碳硅棒光源能量高，功率大，热辐射强。热辐射会影响干涉仪的稳定性。为了减少热量对干涉仪的影响，一方面须用循环水冷却光源外套，以便带走多余的热量；另一方面还可以采用热挡板技术，遮挡热辐射对干涉仪的影响。碳硅棒光源的形状通常是两头粗，中间细，有效部位在中间，面积很小。碳硅棒光源质地很脆，为了延长光源的使用寿命，将光源的中间部分加工成螺线管形，在光源加热和冷却时不至于因应力过大而造成断裂。目前高分辨率的 FTIR 光谱仪仍然使用水冷却碳硅棒光源。

EVER-GLO 光源是一种改进型碳硅棒光源。它的发光面积非常小，只有 $20mm^2$ 左右，但红外辐射很强，而热辐射很弱，因此不需要用水冷却。不但不需要冷却，相反还需要保温。EVER-GLO 光源的使用寿命达 10 年以上，是一种使用寿命很长的红外光源。

陶瓷光源分为水冷却和空气冷却两种。早期的陶瓷光源为水冷却光源，现在使用的陶瓷光源基本上都改为空气冷却光源。

11.4.2 光阑

红外光源发出的红外线经椭圆反射镜反射后，先经过光阑，再到达准直镜。光阑的作用是控制光通量的大小。加大光阑孔径，光通量增大，有利于提高检测灵敏度；缩小光阑孔径，光通量减少，检测灵敏度降低。

FTIR 光谱仪光阑孔径的设置分为两种：一种是连续可变光阑；另一种是固定孔径光阑。

连续可变光阑就像照相机的光圈一样，它的孔径可以连续可变，孔径的大小采用数字表示，如有些 FTIR 光谱仪光阑的孔径用 0～150 表示。孔径的大小可以通过红外软件人为设定，数字 0 表示光阑孔径最小，150 表示光阑全打开。采用这种光阑，如果检测器是 DTGS 或 MCT/A，不需要在红外光路中插入光通量衰减器。

固定孔径光阑是在一块可转动的圆板上打几个一定直径的圆孔，根据所测定光谱的分辨率，通过红外软件选择其中一个圆孔。测定低分辨率光谱时，选择直径最大的圆孔；测定高分辨率光谱时，选择直径最小的圆孔。采用固定孔径光阑，有时需要在光路中插入光通量衰减器。

11.4.3　干涉仪

干涉仪是 FTIR 光谱仪光学系统中的核心部分。FTIR 光谱仪的最高分辨率和其他性能指标主要由干涉仪决定。目前，FTIR 光谱仪使用的干涉仪分为多种，但不管使用哪一种类型的干涉仪，其内部的基本组成是相同的，即各种干涉仪的内部都包含动镜、定镜和分束器这 3 个部件。

11.4.4　检测器

检测器的作用是检测红外干涉光通过红外样品后的能量。因此，对使用的检测器有 3 点要求：具有高的检测灵敏度、快的响应速度和较宽的测量范围。

FTIR 光谱仪使用的检测器种类很多，但目前还没有一种检测器能够检测整个红外波段。测定不同波段的红外光谱需要使用不同的检测器。

目前测定中红外光谱使用的检测器可以分为两类：一类是 DTGS 检测器，另一类是 MCT 检测器。

11.5　典型非金属矿的红外光谱分析

硅酸盐矿物的红外光谱主要表现为复杂的 Si—O 基团（络阴离子）的振动。各种 Si—O 络阴离子都是由 SiO_4 四面体构成。自由的 SiO_4 属 T_a 对称，简正振动模式与其他含氧盐的四面体基团相似（表 11-3）。实际上矿物的 SiO_4 受晶体场作用，对称低于 T_a，偏离理想对称的振动模式。硅酸盐矿物中 SiO_4 四面体除了呈孤立岛状，还可彼此连接成双四面体状、环状、链状、层状和架状。在聚合的 Si—O 骨干中，Si—O 键合有两种形式：Si—O_t^-（O_t^- 是指末端氧）和 Si—O_b（O_b 是指桥氧，即 Si—O_b—Si 形式），如图 11-13 所示。因此，Si—O 振动包括 Si—O_t^- 和 Si—O_b 的伸缩振动和弯曲振动，可分别表示为

对称伸缩振动 ν_s Si—O_t^-，ν_s Si—O_b—Si

非对称伸缩振动 ν_{as} Si—O_t^-，ν_{as} Si—O_b—Si

弯曲振动 δ Si—O

表 11-3　SiO_4 离子简正振动模式　　　　　　　　单位：cm^{-1}

振动模式	对称性	活性	频率	备注
ν_1	A_1	R	819	
ν_2	E	R	840	二重简并
ν_3	F_2	IR、R	956	三重简并
ν_4	F_2	IR、R	527	三重简并

矿物中，Si—O 的振动频率在 $1200\sim400cm^{-1}$ 范围，高于自由 SiO_4 离子的频率。不同结构类型的振动频率有差别。但总的看来，聚合的 Si—O 振动频率随聚合程度增加而升高。Si—O_t 与 Si—O_b 的振动频率也有差别，因为二者键力常数不同，前者大于后者（表 11-4）。可以预料，Si—O_t 振动频率定会高于 Si—O_b。矿物中阳离子（M）成分亦影响 Si—O 振动频率，不同性质的阳离子类质同象代换，谱带频率往往发生较明显的变化。

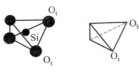

(a)独立岛状SiO$_4^{4-}$

(b)双四面体状[Si$_2$O$_7$]$^{6-}$

(c)六方环状[Si$_6$O$_{19}$]$^{4-}$

图 11-13　岛状和环状 SiO$_4$ 四面体基团示意图

表 11-4　一些矿物的键力常数　　　　　　　　　　单位：10^5 dyn/cm

项目	石英	锆英石	一般硅酸盐矿物	
	Kleinman 等(1962)	Matossi(1949)	Saksena(1961)	Stepanov 等(1957)
伸缩振动				
Si—O$_t$	—	4.0	5.0	5.53
Si—O$_b$	4.32	—	4.0	4.42
弯曲振动				
O—Si—O	0.24；0.39	0.38	0.7	0.58
Si—O—Si	0.093；−0.33	—	—	0.17
Si—O$_b$—Si	0.093，−0.33	0.7	0.58	—
Si—O$_b$—Si	0.039，−0.33	—	—	0.17

　　硅酸盐矿物的结构复杂，对称性低，预示着矿物红外光谱的复杂性。但是，所有矿物的红外光谱都有共同特征：在 $1200 \sim 850\text{cm}^{-1}$ 和 $500 \sim 400\text{cm}^{-1}$ 有两个强吸收带。而且岛、环、链、层、架状硅酸盐直至 SiO$_2$，其强吸收带依次向高频移动，振动频率表现出规律性变化，如图 11-14 所示。

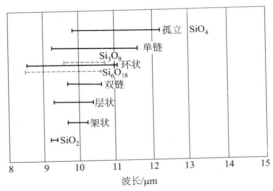

图 11-14　各亚类硅酸盐矿物在 $8 \sim 15\mu\text{m}(1250 \sim 670\text{cm}^{-1})$ 内 Si—O 振动频率对比图

11.5.1　岛状硅酸盐

　　岛状硅酸盐矿物的红外光谱由 SiO$_4^{4-}$（或/和 Si$_2$O$_7$）基团振动模式、晶格振动模式及其他基团振动模式组成。晶格振动一般位于 450cm^{-1} 以下。

　　孤立的 SiO$_4$ 为五原子四面体基团，它保持 T_a 对称时，其振动模式及选择定则见表 11-3。在矿物中，SiO$_4^{4-}$ 因受周围阳离子晶体场的影响，导致四面体发生畸变，对称性低于 T_a，并使非红外活性振动变为红外活性，简并解除，红外光谱上吸收带增多。

　　Si$_2$O$_7$ 与 SiO$_4$ 基团吸收最显著的不同在 $730 \sim 630\text{cm}^{-1}$ 范围出现一个属于 ν_s Si—O—Si 桥伸缩振动（ν_1）的锐吸收带。ν_1 频率变化与 Si—O—Si 桥的键角有关，总的看来，键角越大，频率越高。

　　锆英石 Zr（SiO$_4$）属四方晶系，空间群 D_{4h}^{19}-I4$_1$/amd，其红外光谱主要由 SiO$_4$ 基团振动

模式组成。在锆石中，SiO_4 位置对称为 D_{2d}。在这种对称下，其 ν_1 和 ν_2 为非红外活性；ν_3 和 ν_4 是红外活性，三重简并振动模式分裂为 B_2 和 E 两种模式。对应因子群为 A_{2u} 与 E_u 模式，故红外活性谱带应有 4 个，与实测光谱一致（表 11-5 和图 11-15）。伸缩振动 ν_3 在 $1000\mathrm{cm}^{-1}$ 左右，吸收带宽，分裂较差；弯曲振动 ν_4 却明显分裂成两个谱带，分别位于 $610\mathrm{cm}^{-1}$ 左右和 $435\mathrm{cm}^{-1}$ 左右，吸收强度中等至弱。$400\mathrm{cm}^{-1}$ 以下的弱吸收归属 SiO_4 四面体基团的平动与转动。锆英石的红外谱简单，吸收带少。与其他岛状硅酸盐矿物相比，ν_4 的两个分谱带相距较远，频差大（$\Delta\nu=180\sim170\mathrm{cm}^{-1}$），这是锆英石光谱的一个特点。

表 11-5　锆英石的红外吸收频率　　　　　　　　　　单位：cm^{-1}

ν_3	ν_4	平动	转动
1000,905	615,436	400,390	322
1008,892	612,436	382	320

注：资料来源于 Dawson P.，1971 年。

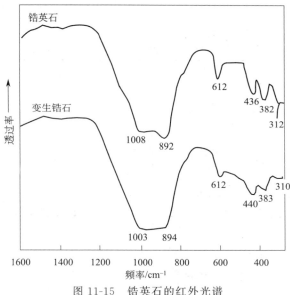

图 11-15　锆英石的红外光谱

　　锆石常含有钍、铀等元素，这些放射性元素的辐射作用可使锆英石非晶质化，称为变生锆石。变生锆石与晶质锆石的红外谱差异在于：前者各吸收带加宽、变钝，约 $1000\mathrm{cm}^{-1}$ 处（ν_3 带）最为明显；$610\mathrm{cm}^{-1}$ 带强度明显减弱；变生锆石含有水，出现 ν_{H_2O}（$3400\sim2000\mathrm{cm}^{-1}$）和 δ_{H_2O}（$1600\mathrm{cm}^{-1}$）带。各带加宽程度和谱带强度依赖于变生程度，故利用红外光谱可研究锆石的变生程度，并确定其生成或改造年龄。

11.5.2　环状硅酸盐矿物

　　环状络阴离子居于岛状与无限延伸的链状之间的过渡位置上，由有限的硅氧四面体连接起来构成环状基团。每个硅形成两个 $Si—O_b—Si$ 型键和两个 $Si—O_t^-$ 型键。环状络阴离子的振动模式可分为 $\nu_s SiOSi$、$\nu_{as} SiOSi$，$\nu_s OSiO$、$\nu_{as} OSiO$ 和 $\delta_{Si—O}$ 振动。$\nu_s SiOSi$ 在 $830\sim600\mathrm{cm}^{-1}$ 范围，$\nu_{as} SiOSi$、$\nu_s OSiO$ 和 $\nu_{as} OSiO$ 的振动频率较高，一般在 $1200\sim800\mathrm{cm}^{-1}$ 范围内。$\delta Si—O$ 弯曲振动在 $600\mathrm{cm}^{-1}$ 以下，与 $\nu M—O$ 振动一起，无法指定。

　　三方环、四方环和六方环络阴离子的内振动谱带数相同，并不受组成环的四面体个数增加而变化。但是，其振动频率受 $Si—O—Si$ 键角大小的影响，随着 $Si—O—Si$ 键角加大，$\nu SiOSi$

升高。故一般情况下，六方环振动频率最高可达 $1200cm^{-1}$，三方环则较低，在 $1010cm^{-1}$ 左右。通常 $\nu_{as}OSiO$ 振动频率高于 $\nu_{as}SiOSi$ 的频率，对六方环矿物来说，由于 Si—O—Si 键角较大，$\nu_{as}SiOSi$ 频率大于 $\nu_{as}OSiO$。

有的环状硅酸盐矿物含有水分子和其他基团，其红外光谱还包括 H_2O、OH^-、BO_3、CO_2 等的振动（图 11-16，表 11-6，表 11-7）。

表 11-6　绿柱石的红外吸收频率　　　　　　　　　　单位：cm^{-1}

亚种	$\nu_{as}SiOSi$ $\nu_{as}OSiO$ $\nu_s OSiO$	$\nu_s SiOSi$	$\delta_{Si-O}\cdot\nu_{M-O}$	νH_2O	δ_{H_2O}	资料来源	碱金属含量/%
绿柱石	1190,1008,950	800,733,673,650	590,517,488,430,355	3700,3600		a	
	1162,1053,955	815,749,681	593,524,498	3555	1623	b	4.57
	1152,1040,941	805,740,678	588,515,485,420	3573	1620	c	3.09
铯绿柱石	1210,1050,970	820,752,688	604,534,504,449,365			d	

注：a—The Sadtler Standard spectra（1973 年）；b—Плюсина. И. И.（1964 年）；c—刘永先（1980 年）；d—Млн. жур.（1981 年）。

表 11-7　电气石的红外吸收频率　　　　　　　　　　单位：cm^{-1}

亚种	资料来源	$\nu_{as}BO_3$	$\nu_{as}SiOSi$ $\nu_{as}OSiO$ $\nu_s OSiO$ $\nu_s BO_3$	$\nu_s SiOSi$ δ_{BO_3}	$\delta_{Si-O}\cdot\nu_{M-O}\cdot\delta_{BO_3}$	ν_{OH}
黑电气石	a	1340,1240	1025,970	762,703	640,550,495,410	3570
	b	1345,1290,1255	1090,1015,980	775,742,700	605,578,553,485,420	3533,3500,3457
镁电气石	a	1350,1255	1090,1042,985	777,713	650,570,500,422,370,322	3580
锂电气石	a	1340,1290	1095,1015,977	775,710	500	3580,3470
	b	1345,1265	1090,1020,960	775,712	620,585,500	3545,3421

注：a—The Sadtler Standard spectra（1973 年）；b—张志兰（1980 年）。

下面讨论绿柱石的红外光谱。

绿柱石（$Be_3Al_2[Si_6O_{18}]$）为六方晶系，空间群 D_{6h}^2-P6/mcc. Si—O 络阴离子六方环状。绿柱石的红外光谱如图 11-16 所示，吸收带大致可分为 4 组。

$1200\sim950cm^{-1}$：$\nu_{as}SiOSi$、$\nu_{as}OSiO$、$\nu_s OSiO$ 振动，有 3 个强吸收带。

$820\sim600cm^{-1}$：$\nu_{as}SiOSi$ 振动，有 4 个中至弱的吸收带。

$<600cm^{-1}$：δ_{Si-O} 振动与 ν_{M-O} 振动及二者耦合振动，有几个中等强度的吸收带。

$3700\sim3400cm^{-1}$、$1630\sim1540cm^{-1}$：水分子的伸缩振动 ν_{H_2O}、弯曲振动 δ_{H_2O}。它出现在天然产出的绿柱石红外谱上。据 Wood D. L. 等（1968 年）研究，在绿柱石宽阔孔道中的水，按其排列可分为两种类型（图 11-17），在红外谱上表现的特征也有所不同。

Ⅰ型水，水分子的对称轴垂直于结构的 C_6 轴，H—H 方向平行于 C_6 轴排列。ν_1 对称伸缩振动在 $3555cm^{-1}$ 处，ν_3 反对称伸缩振动在 $3700cm^{-1}$ 处，ν_2 弯曲振动在 $1540cm^{-1}$ 处，这是常见类型。

Ⅱ型水，水分子的对称轴平行于结构的 C_6 轴，其 ν_1 在 $3592cm^{-1}$，ν_2 在 $1628cm^{-1}$，ν_3 在 $3655cm^{-1}$。Wood D. L. 认为，结构通道中有碱金属存在，毗邻的碱金属产生的电场使水分子相对Ⅰ型水旋转了 $90°$。故Ⅱ型水只见于含碱金属离子较高的绿柱石中。水吸收带随碱金属含量增加而加强，受碱金属的影响，弯曲频率略有升高，说明与 Si—O 环之间的键力比Ⅰ型水强。

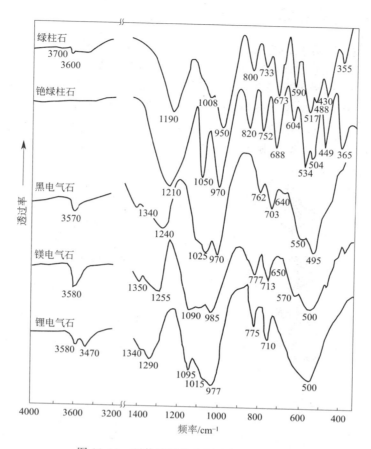

图 11-16　环状硅酸盐主要矿物红外光谱

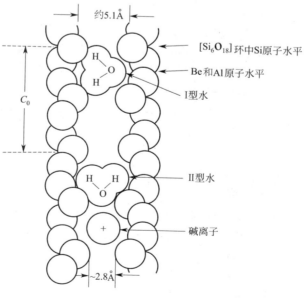

图 11-17　绿柱石结构内 Si—O 六方环宽阔通道中的 Ⅰ、Ⅱ型水

11.5.3 链状硅酸盐矿物

链状硅酸盐矿物的红外光谱主要由 Si—O 链状基团的振动模式构成。重要的 Si—O 链是辉石单链和角闪石双链，它们的对称属性为 C_{2N}（图 11-18，图 11-19）。低对称解除了自由状态 SiO_4 的 ν_2、ν_3、ν_4 的简并状态，ν_1、ν_2 变为红外活性。链内 Si—O 键有两种形式：Si—O^- 与 Si—O_b—Si。Si—O 振动大体可分为 Si—O^- 与 Si—O—Si 基本振动类型。如前所述，Si—O_b 的键强低于 Si—O_t，Si—O^- 振动频率将会比相应的 Si—O—Si 频率高一些。对 Si—O—Si 键角较大的基团，ν_{as} SiOSi 振动频率高于 ν_{as} OSiO。Si—O 振动谱带主要在两个区：

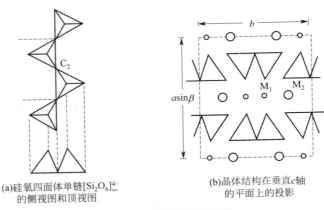

(a)硅氧四面体单链$[Si_2O_6]^{4-}_\infty$
的侧视图和顶视图

(b)晶体结构在垂直c轴
的平面上的投影

图 11-18　透辉石晶体结构

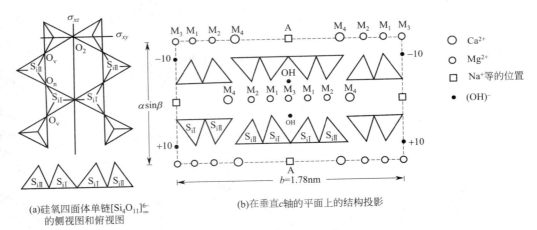

(a)硅氧四面体单链$[Si_4O_{11}]^{6-}_\infty$
的侧视图和俯视图

(b)在垂直c轴的平面上的结构投影

图 11-19　透闪石晶体结构

① $1100\sim800\text{cm}^{-1}$，由若干吸收带组成，属 SiO^- 及 Si—O—Si 的对称和反对称伸缩振动，由于谱带复杂，尚无法进一步指定。

② $750\sim550\text{cm}^{-1}$，为 Si—O—Si 对称伸缩振动带。Omori K.（1971 年）认为该谱带属 Si—O_t^- 弯曲振动。谱带位置取决于 Si—O—Si 键角的大小。吸收带数目在理论上等于链内重复周期 Si—O 四面体的个数（或 Si—O_b 键数）P（单链），或者 $P+1$（双链），若结构内有不同的链存在，还应考虑链类型数。例如，在结构中只有一种类型链的透辉石和透闪石。P 分别为 2 与 4，红外光谱上，前者出现两个吸收带，后者为 5 个吸收带。如果有 A、B 两种类型链，则吸收带数增加一倍，即单链为 $2P$，应有 4 个带，双链为 $2(P+1)$，应有 10 个带。

600cm^{-1} 以下的回收带属 M—O 振动和 Si—O 变形振动。Al 的不同配位数对 Al—O 振动频率有较大影响，6 次配位的 Al^{VI}—O 振动频率低于 $600cm^{-1}$，4 次配位的 Al^{IV}—O 振动频率升高到 $750cm^{-1}$。

角闪石族矿物含有 OH，在 $3675\sim3615cm^{-1}$ 处出现 OH 伸缩振动。

链状硅酸盐矿物的红外光谱与岛状 SiO_4 型矿物的红外光谱差别是：前者在 $750\sim550cm^{-1}$ 范围，出现几个中等强度的吸收带；Si—O 振动最高频率高于岛状。双链结构相当于无限连接的环，故 Si—O 谱带频率与环状相似，但二者成分结构不同，红外谱有较大差别。

辉石族本族矿物属单链硅酸盐结构如图 11-18 所示，其化学通式为 $XY[Z_2O_6]$。

$X(=M_2)$：$Ca，Mg，Fe^{2+}，Mn^{2+}，Na，Li$

$Y(=M_t)$：$Mg，Fe^{2+}，Mn，Al，Fe^{3+}，Cr^{3+}，Ti^{4+}，V^{3+}$

$Z(=T)$：$Si，Al$

本族矿物按晶体结构分类，M_2 的主要阳离子划分如下。

M_2 主要为 Mg、Fe，构成顽火辉石 $Mg_2[Si_2O_6]$-铁辉石 $Fe_2[Si_2O_6]$ 系列。

M_2 主要为 Ca、Mg、Fe，构成透辉石 $CaMg[Si_2O_6]$-钙铁辉石系列 $CaFe[Si_2O_6]$（钙系列）。

M_2 主要为 Na，有硬玉、霓石等（碱性辉石）。

M_2 主要为 Li，有锂辉石等（碱性辉石）。

辉石族矿物属斜方晶系或单斜系，空间群有 D_{2h}^{15}-$Pbca$、$D_{2h}^5 P2_1/c$、C_{2h}^6-C_2/c、C_2^3-C_2 等。Лазарев. А. Н.（1967）假定，在结构中，$[Si_2O_6]_\infty^{4-}$ 长链分子与周围阳离子作用相对较弱，把它作为一个孤立单位考虑，其对称为 C_{2v}[图 11-18(a)]。Si—O 伸缩振动红外活性模式有 8 个（$3A_1+A_2+3B_1+B_2$），它与 SiO_4 四面体 T_a 对称下的非对称伸缩振动 $\nu_3(F_2)$ 和对称伸缩振动 $\nu_1(A_1)$ 关系如下（X=Si，$as=\nu_{as}$，$S=\nu_s$）：

$$\begin{array}{c}
SiO_4\quad Td \\
Si_2O_6\quad C_{2v}
\end{array}
\qquad
\begin{array}{ccccccc}
 & F_2 & & & & A_1 & \\
B_2 & B_1 & B_1 & A_1 & A_1 & B_1 & A_2 & A_1 \\
as'_{xox} & as_{xox} & as'_{oxo} & as_{oxo} & S_{oxo} & S'_{oxo} & S'_{xox} & S_{xox}
\end{array}$$

根据 Лазарев. А. Н. 的预测，在 $1100\sim600cm^{-1}$ 范围内应出现 8 个谱带，与实测光谱基本吻合。

辉石族矿物的红外光谱（图 11-20，表 11-8）可分为 $1100\sim850cm^{-1}$、$750\sim600cm^{-1}$、$600\sim300cm^{-1}$ 3 个区叙述：

表 11-8　辉石族主要矿物的红外吸收频率　　　　单位：cm^{-1}

矿物	资料来源	$N_{as,Si-O-Si}$、$\nu_{as,O-Si-O}$、$\nu_{s,O-Si-O}$	$N_{s,Si-O-Si}$	δ_{Si-O}、ν_{M-O}	$\nu_{Al^{IV}-O}$
顽火辉石	a	1060,1010,930,850	745,724,690,650	535,500,450,400,347	
古铜辉石	a	1014,860	720,685,645	530,495,460,447,390,344	
	b	1104,1014,970,934,877	647	557,532	
紫苏辉石	a	1050,1020,930,860	720,683,640	557,525,493,445,387,342	
斜方铁辉石	a	1090,1015,950,940,885	728,662,628	535,505,483,420,380	
透辉石	a	1070,963,920,860	673,633	506,460,400,336,317	
	b	1117,1014,970,930	677,645	564,519,511	
钙铁辉石	a	1060,960,910,860	672,630	510,466,394,360,323,305	
	b	1085,1056,959,912,860	633,624	518,492,466	
普通辉石	a	1060,950,915,860	670,630	500,460,404,330	750
霓石	a	1070,940	725,643	560,500,450,390,318	
	b	1059,1004,950,897,864	725,639	560,545,507,467	
霓辉石	a	1072,1010,955,860	730,643	563,500,450,400,328,318	
硬玉	a	1060,985,930,850	745,662	582,520,460,430,392,366,328	
	b	1064,995,926,858	744,663	590,532,500,463,442	
锂辉石	a	1120,1080,1020,913,857	640	590,530,465,397,372,338	

注：a—彭文世等，1982；b—Лазарев AH（1967）。

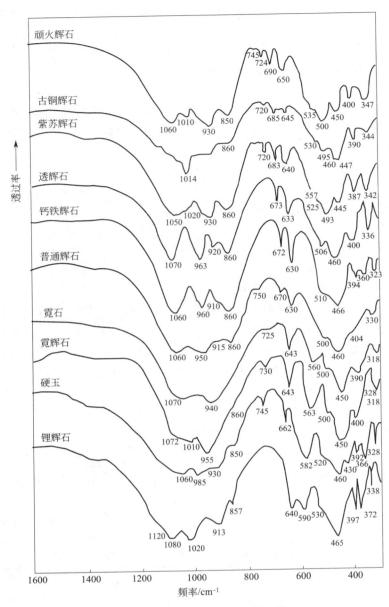

图 11-20　辉石族矿物的红外光谱

① $1100\sim850\mathrm{cm}^{-1}$ 为 Si—O 振动最强吸收区，有 4～6 个吸收带（肩），即 $\nu_s'\mathrm{SiOSi}$、$\nu_{as}\mathrm{SiOSi}$、$\nu_{as}'\mathrm{OSiO}$、$\nu_{as}\mathrm{OSiO}$、$\nu_s'\mathrm{OSiO}$、$\nu_s\mathrm{OSiO}$，谱带归属无法确切指定。在各类辉石中各带相对强度、分裂程度是有差别的，如图 11-20 所示。

② $750\sim600\mathrm{cm}^{-1}$ 吸收区，吸收强度中等至弱，有 2 个或 4 个锐吸收带。属 $\nu_s'\mathrm{SiOSi}$ 和 $\nu_s\mathrm{SiOSi}(A_1+A_2)$ 振动，频率为 $740\mathrm{cm}^{-1}$、$720\mathrm{cm}^{-1}$、$670\mathrm{cm}^{-1}$、$620\mathrm{cm}^{-1}$，强度依次增大。

此区吸收带的数目取决于矿物结构中的 Si—O 链类型数。对于透辉石-钙铁辉石系列、碱性辉石等单斜辉石，有两个吸收带，与链的重复周期中 $\mathrm{SiO_4}$ 四面体个数（两个）一致（普通辉石在 $750\mathrm{cm}^{-1}$ 处多了一个弱吸收带，可能归属 $\nu_s\mathrm{Si-O-Al^{IV}}$ 振动）。斜方辉石及易变辉石有 3～4 个带，正好是单斜辉石的一倍，与结构中存在 A、B 两种 Si—O 链相符。因此，可把吸收带数作为单斜辉石与斜辉石区别的标志。可用高频带位置区别各类单斜辉石（碱性系列在

$750 \sim 720 cm^{-1}$，钙系列在 $670 cm^{-1}$ 左右）。

③ $600 \sim 300 cm^{-1}$ 强吸收区，属 Si—O 弯曲振动与 M—O 伸缩振动，频率为 560（m）cm^{-1}、530（sh）cm^{-1}、500（w）cm^{-1}、$490 \sim 460$（vs）cm^{-1}、$450 \sim 400$（m）cm^{-1}、$380 \sim 360$（m）cm^{-1}、$340 \sim 320$（m）cm^{-1}。

a. 频率与成分的关系。大部分谱带频率受阳离子的半径、质量和电负性的影响发生复杂变化。彭文世等（1986 年）研究了合成斜方辉石系列 Fe^{2+} 代替 Mg 对 Si—O 伸缩振动的影响。结果表明，Fe^{2+} 含量增加，$1060 cm^{-1}$、$1010 cm^{-1}$ 处吸收带（属 ν_{as} OSiO）频率降低，而 $930 cm^{-1}$、$860 cm^{-1}$ 处的吸收带（属 ν_{as} OSiO）频率升高。这种变化可能与键长改变有关。因为在结构中，Si—O 键长受周围 M 阳离子性质的影响，Si—O_t 平均波长将随 Fe^{2+} 含量增加而增长，Si—O_b 则相反。故与 Si—O_t 键有关的振动频率必然会降低，与 Si—O_b 键有关的振动频率就升高。$640 cm^{-1}$、$570 cm^{-1}$ 谱带（属 ν_s SiOSi）频率随 Fe^{2+} 含量增加而降低。其余各谱带频率在不同程度上都受到成分的影响，唯独 $720 cm^{-1}$ 带未表现出明显的相关性。因此，对斜方辉石，可根据 $\Delta\nu$（$720 cm^{-1}$ 与 $670 cm^{-1}$ 或 $640 cm^{-1}$ 频差）与 Mg、Fe^{2+} 含量的关系来确定斜方辉石成分。

一些与 M—O 振动有关的吸收带、频率和成分之间不存在线性关系。如斜方辉石的 $450 cm^{-1}$、$330 cm^{-1}$ 谱带，当 Fe^{2+} 代替 Mg 量逐渐增至 50% 时，$450 cm^{-1}$ 谱带强度随之降低，直至消失。Fe^{2+} 继续增加，此带又以吸收肩形式出现。$380 cm^{-1}$ 谱带也有类似变化。这种变化与 Fe^{2+} 在 M_1 和 M_2 两种非等效位置有序分布有关。

b. 谱带分裂程度与成分的关系。单斜辉石在 $750 \sim 600 cm^{-1}$ 区只有两个吸收带，它们的位置和间距与阳离子成分有关。M_2 位主要是 Ca（透辉石-钙铁辉石系列，普通辉石），两带位置在 $670 cm^{-1}$、$630 cm^{-1}$ 处，间距 $40 cm^{-1}$。M_2 位主要是 Na、Li，两带分别在 $725 cm^{-1}$、$640 cm^{-1}$ 与 $745 cm^{-1}$、$660 cm^{-1}$ 处，间距 $80 cm^{-1}$。这可能是由于 M_2 位二价 Ca 离子与 Si—O 链的键合力比一价离子强，Si—O 链有较大曲折（3 个相邻桥氧夹角：钙系列为 $165°$，Na、Li 辉石为 $174°$），Na、Li 的辉石链较直，即 Si—O—Si 键角较大有关，故后者的频率比前者高。其分裂间距不同，则可能与键合力差异有关。

11.5.4　层状硅酸盐矿物

最常见的层状硅酸盐含有平面的六方 Si—O 网络（如云母），其他的平面结构或类似的结构（如海泡石、活性白土、鱼眼石）以及具有层状阴离子的碱性和碱土人工合成硅酸盐也有类似的振动出现。

在各种主要的层状硅酸盐中，有必要将 2：1 层状硅酸盐和 1：1 层状硅酸盐区分开分析。第一类是类云母结构，在这类结构里，六方硅酸盐阴离子被八面体配位的离子连在一起，形成一个类似于夹层的结构单元。这些结构单元在晶体里或者仅由范德华力（滑石和叶蜡石）或者由层间阳离子（云母和蒙脱石）微弱地连在一起。在第二类里，1：1 层状硅酸盐中（高岭石和蛇纹石）一层硅酸盐阴离子被一羟基层取代，而且层状单元通过一层羟基面与另一层氧面之间的氢键相连。在第三类里，2：1：1 层状硅酸盐以绿泥石为代表，每个类云母层夹一层具有水镁石结构的混合的 Mg—Al—Fe 氢氧化物层，结果就像在 1：1 层状硅酸盐中那样，结构单元被羟基-氧的相互作用所连接。在这三类的任一类里，都可以进一步区分为三八面体系列和二八面体系列。在三八面体系列中，每个原始单位晶胞中的所有三个八面体位置都被占据（主要被二价离子占据）；而在二八面体系列中，这三个位置中仅有两个被占据（主要被三价离子占据）。

一般把层状硅酸盐的振动近似地分成各组成单元（羟基团、硅酸盐阴离子、八面体阳离子和层间阳离子）的振动。这种划分对位于 $3750 \sim 3400 cm^{-1}$ 区间的高频 OH 伸缩振动，基本上是完善的，而对位于 $950 \sim 600 cm^{-1}$ 区间的 OH 弯曲（摆动）频率，虽然还有意义，但是不太完善。位于 $1200 \sim 700 cm^{-1}$ 区间的 Si—O 伸缩振动，与该结构的其他振动只是微弱地耦合，但是位于 $600 \sim 150 cm^{-1}$ 区间的 Si—O 弯曲振动，与八面体阳离子的振动及羟基的平移振动强烈地耦合。尽管与受抑制更弱的硅酸盐阴离子的变形可能有某种相互作用，然而还是可以证明 $150 \sim 70 cm^{-1}$ 区间的层间阳离子振动是局部的。

在这些亚单元中，现有研究已对羟基振动了解得很充分，并且发现它是羟基环境的灵敏指示剂，因此，需要将 OH 振动的其余部分分开讨论。

11.5.4.1 羟基振动

（1）2:1 层状硅酸盐　层状硅酸盐族的母体成员是滑石（三八面体）和叶蜡石（二八面体），蒙脱石和云母被认为是由这些母体成员经过一系列类质同象取代派生的。同时，由于硅酸盐矿物中出现的 Al^{3+} 被 Li^+、Mg^{2+} 等的不等价取代，又出现为了平衡多余电荷而配位的 OH 的振动。

例如，在滑石和皂石中（图 11-21），MgOH 单元的 OH 伸缩频率在 $3677 cm^{-1}$，但是在水化的锂蒙脱石中大约高 $20 cm^{-1}$。在金云母中，与层间钾（它直接位于 O—H 轴上，在羟基的上方）有关的电场，使频率增高大约 $35 cm^{-1}$，当含有层间 Na^+、K^+、NH_4^+ 或烷基铵离子的皂石和蛭石（没有锂蒙脱石）被脱去水时，出现相似的位移。在云母中，$Mg(OH)_3$ 基团的 OH 伸缩位置看来多少有点可变。$3712 \sim 3704 cm^{-1}$ 的频率区间通常被认为是天然金云母，而 $3725 cm^{-1}$ 则是从具有理想组成的人造金云母得到的。在氧化的黑云母中，发现了 $3680 \sim 90 cm^{-1}$ 那样低的频率。这些变化大概反映与这些结构中各种八面体和四面体取代相关的结构扰动。甚至在单矿物中，取代的随机性还造成羟基振动有一个变化的范围。

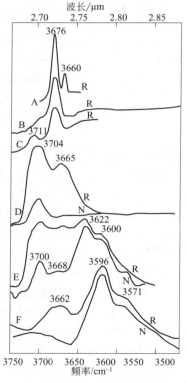

图 11-21　2:1 层状硅酸盐

A—滑石；B—锂蒙脱石；C—皂石；D—金云母；
E—黑云母；F—黑云母的羟基吸收

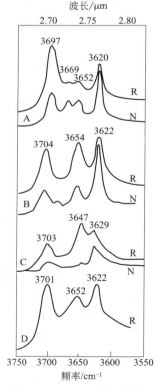

图 11-22　1:1 层状硅酸盐

A—高岭石；B—地开石；C—珍珠陶土；
D—普库高岭土（无序的）的羟基吸收

（2）1:1 层状硅酸盐　在高岭土族中（图 11-22），高岭石和地开石的 OH^- 伸缩吸收的一般特征已经被很好地确定。在同位素替代表征的研究结果中，含有肼的高岭石的夹层容许单位层的表面羟基优先氘化，而且氘化表明这些羟基在 $3697cm^{-1}$、$3669cm^{-1}$ 和 $3652cm^{-1}$ 产生 3 个高频谱带，由内部羟基引起的 $3620cm^{-1}$ 谱带仅在高温下才成为氘化的谱带。以此类推，地开石 $3622cm^{-1}$ 上的谱带和珍珠陶土 $3629cm^{-1}$ 的谱带也被认为是由内部羟基引起的。定向研究表明，内部羟基几乎与层平行。与表面羟基有联系的振动跃迁矩是不同的：在高岭石中，$3697cm^{-1}$ 的振动跃迁矩几乎垂直于层，而其他两个则几乎平行于层面。在地开石和珍珠陶土中，则是两个（在 $3703cm^{-1}$ 和 $3650cm^{-1}$ 附近）几乎垂直于层，一个（$3687cm^{-1}$ 附近的一个弱谱带）更平行于层。因为羟基的取向研究仅能在黏土质点大小的定向沉淀物上做，而且吸收带在一定程度上是重叠的，所以要对跃迁矩的方向作很准确的估算是不可能的，但是高岭石的研究（考虑到谱带重叠）表明，$3669cm^{-1}$、$3652cm^{-1}$ 和 $3620cm^{-1}$ 上高岭石谱带特性是不能区分的。

11.5.4.2　晶格振动

把假六方硅-氧层看成是独立的实体，它具有最高的对称（C_{6v}），在此基础上推算出它的振动是有用的。因此，它的振动可以分成 5 种：$2A_1 + 3B_1 + 1B_2 + 3E_1 + 3E_2$。这些振动的近似图形连同由石井等根据似乎合理的一套力常数计算的频率一起示于图 11-23。维德（1964年）得到了类似的值。只有跃迁矩分别垂直于层和平行于层的 A_1 和 E_1 振动是红外活性的；A_1、E_1 和 E_2 振动可能是拉曼活性的。当四面体层进入滑石的单位层时，它的对称性由于两个六方层的错开而降低到 C_s（仅一个对称面），这样，它的所有振动就可能都是红外活性的了。此外，频率较低的振动，特别是涉及顶角氧的那些振动（e_1^3 和 e_2^3），必然与八团体的 Mg^{2+} 的振动及羟基离子的振动耦合。然而，尽管对称性降低，近似的 C_{6v} 对称还是满意地解释了 $450cm^{-1}$ 以上的滑石的光谱。Mg 滑石与 Ni 滑石的光谱、OH 滑石与 OD 滑石的光谱以及定向沉淀物与压成样片的光谱的比较，说明 a_1^1 和 a_1^2 振动位于 $1039cm^{-1}$ 和 $687cm^{-1}$，e_1^1 振动位于 $1014cm^{-1}$。OH 的摆动和平移振动分别位于 $669cm^{-1}$ 和 $465cm^{-1}$，涉及 Mg^{2+} 的垂直振动位于 $535cm^{-1}$。e_1^2 振动可能位于 $450cm^{-1}$。在 $1150 \sim 450cm^{-1}$ 区间，表明对称性低于 C_{6v} 的仅有的特征谱线是 $890cm^{-1}$ 和 $500cm^{-1}$ 两个弱吸收，它们必定是由 Si—O 振动引起的，当近于 C_{6v} 对称时，这种 Si—O 振动是非活性的。$450cm^{-1}$ 和 $200cm^{-1}$ 之间复杂的吸收图形，似乎涉及包括硅-氧网络、八面体阳离子和羟基基团在内的混合振动，低于 $200cm^{-1}$ 的 $169cm^{-1}$ 和 $177cm^{-1}$ 一对谱带，对应于八面体 Mg^{2+} 的面内振动；在 Ni 滑石中，这对谱带位移到 $143cm^{-1}$ 和 $151cm^{-1}$。

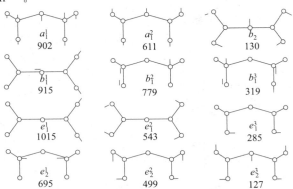

图 11-23　理想的六方 $(Si_2O_5)n$ 层的振动

　　从滑石向皂石（Al 取代 Si）和锂蒙脱石（Li 取代 Mg）转换的取代作用，导致滑石的所有吸收明显加宽并发生位移。进一步增加 Al 对 Si 的取代，则形成金云母和富镁黑云石，而增加 Fe^{2+} 对 Mg^{2+} 的取代，则形成黑云母。这些取代对 $1000cm^{-1}$、$450cm^{-1}$ 处主要的 Si—O 吸收位置没有多少影响，可是却使 900～500cm^{-1} 区间的光谱具有明显的差别，这些差别至少可以用来大致区分这些云母的成分（图 11-24 和图 11-25）。对这些谱的一些变化能够给出令人满意的定性解释。当然，金云母 600cm^{-1} 附近的 OH 摆动在氟金云母中是不存在的。对于任意取向的金云母（图 11-24B）来说，四面体层的垂直振动（滑石的弱谱带在 690cm^{-1}）是这个区间最强的谱带。在金云母中，位于 820cm^{-1}、730cm^{-1}、660cm^{-1} 附近的振动（在滑石中不出现）大概与 Al—O 振动相关。因为 820cm^{-1} 的谱带是垂直偏振的（图 11-24B 和图 11-25A），所以它与 AlO_4 四面体的顶角 Al—O 键的一个振动相关，而其他两个面内振动则可能与 Al—O—Si 键相关。所有这些振动都可能与 AlO_6 四面体周围的 SiO_4 四面体的振动相耦合。这种归属表明，820cm^{-1} 谱带应当对八面体阳离子的性质特别敏感，事实也确是如此。所以，在合成的含铁金云母（羟铁云母，图 11-25D）中，820cm^{-1} 的谱带被 770cm^{-1} 的一个吸收代替。在天然产出的黑云母片中可以看到，强度随着 Fe^{2+} 含量的增加而增强的这个新的吸收也是垂直偏振的（图 11-25C 和 D）。

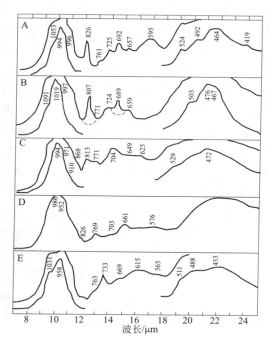

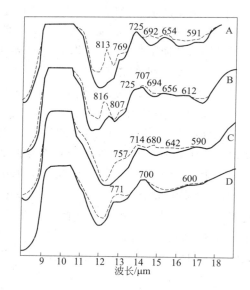

图 11-24　相当于金云母-富镁黑云母-黑
云母族端元的人造云母的光谱
A—$KMg_3(AlSi_3)O_{10}(OH)_2$；
B—$KMg_3(AlSi_3)O_{10}F_2$；
C—$K(Mg_{2.5}Al_{0.5})(Al_{1.5}Si_{2.5})O_{10}(OH)_2$；
D—$KFe_3^{2+}(AlSi_3)O_{10}(OH)_2$；
E—$KMg_3(Fe^{3+}Si_3)O_{10}(OH)_2$

图 11-25　金云母-黑云母系列的天然云母片在
垂直入射（实线）和 45°入射（虚线）时的光谱
A—$(K_{1.89}Na_{0.06})(Mg_{5.37}Ti_{0.03}Fe_{0.31}^{2+}Fe_{0.10}^{3+}Al_{0.09})$
$(Si_{5.97}Al_{2.03})O_{20}(OH)_{1.35}F_{2.65}$；
B—$(K_{1.73}Na_{0.12})(Mg_{5.49}Ti_{0.07}Fe_{0.03}^{2+}Fe_{0.10}^{3+}Al_{0.22})$
$(Si_{5.71}Al_{2.29})O_{20}(OH)_{2.66}F_{1.34}$；
C—$(K_{1.91}Na_{0.08})(Mg_{1.87}Fe_{3.02}^{2+}Fe_{0.19}^{3+}Ti_{0.33}Al_{0.2})$
$(Si_{5.48}Al_{2.52})O_{20}(OH)_{3.06}F_{0.94}$；
D—$(K_{1.78}Na_{0.04})(Mg_{1.80}Fe_{2.12}^{2+}Fe_{0.34}^{3+}Ti_{0.21}Al_{0.84})$
$(Si_{5.58}Al_{2.42})O_{20}(OH)_{3.87}F_{0.13}$

在那些 Al 对 Si 的置换超过理想金云母分子式中 1:4 的金云母中，在 807cm^{-1} 和 707cm^{-1} 上可以看到具有面内跃迁矩的两个新谱带（图 11-25B）。在合成的富镁黑云母中（图 11-24C），704cm^{-1} 上的吸收成为 750～660cm^{-1} 区间的显著特点，如图 11-25 所示。

与金云母、富镁黑云母羟铁云母比较起来，在高铁金云母中（图 11-24E），Fe^{3+} 对 Si 的置换引起 Si—O 伸缩谱带向低频方向的明显位移，并且在 750～650cm^{-1} 区间内与 Fe^{3+}—

O—和 Fe^{3+}—O—Si 相关的谱带，与含 Al 的那些谱带相比，明显位于较低的频率位置上。显然，红外光谱可以指示 Al 和 Fe^{3+} 在四面体位置和八面体位置间的分布情况。

在三八面体的绿泥石中，云母层的振动一般与金云母和黑云母的振动类似。如同在纯的云母中一样，$820cm^{-1}$、$760cm^{-1}$ 附近的吸收谱带可能与四面体的 Al—O 振动有关，并且随着 Al 对 Si 置换的增加，谱带强度加大（图 11-26 中光谱 B 和 C）。当 Fe^{2+} 的含量增加时，$820cm^{-1}$ 谱带消失（图 11-26 中的光谱 E 和 F）。$700\sim600cm^{-1}$ 区间的一个或几个强谱带是由 2:1 层中和羟基层中 OH 摆动产生的，而且它们的位置好像对八面体的组成是敏感的；$690cm^{-1}$ 附近的最高频率（图 11-26A）由含 Al 高的绿泥石引起，$660\sim620cm^{-1}$ 的最低频率由含 Fe 高的绿泥石引起（图 11-26E 和 F）。$1000cm^{-1}$ 和 $450cm^{-1}$ 附近最强的 Si—O 振动的位置不能灵敏地指示成分，这是因为虽然在其频率和晶胞参数之间有清楚的相关性，可是这种相关性又多半受 Fe 含量的控制，但不完全如此。在 Al 对 Si 置换少的绿泥石中（图 11-26B），由于具有跃迁矩垂直于层的频率最高的谱带（$1100cm^{-1}$ 附近），Si—O 伸缩区间的一些细节变得明显了。含二八面体 2:1 层的绿泥石出现类似于白云母的特征，这些特征把它们与三八面体的 2:1 层绿泥石区别开，其特征包括 $530cm^{-1}$ 附近的 Si—O 弯曲振动和 $920cm^{-1}$ 附近的 Al_2OH 摆动（图 11-26A）。

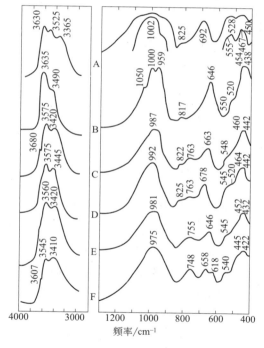

图 11-26 14 埃绿泥石的红外光谱

A—$(Ca_{0.11}Mg_{1.18}Fe_{0.03}^{2+}Fe_{0.35}^{3+}Al_{3.02})(Al_{0.74}Si_{3.26})O_{10}(OH)_8$；

B—$(Mg_{4.68}Fe_{0.27}^{2+}Fe_{0.17}^{3+}Al_{0.81})(Al_{0.85}Si_{3.15})O_{10}(OH)_8$；

C—$(Mg_{4.74}Mn_{0.05}Fe_{0.07}^{3+}Al_{1.16})(Al_{1.27}Si_{2.73})O_{10}(OH)_8$；

D—$(Ca_{0.09}Mg_{3.35}Fe_{0.03}^{2+}Fe_{0.09}^{3+}Al_{2.10})(Al_{1.35}Si_{2.67})O_{10}(OH)_8$；

E—$(Mg_{2.86}Mn_{0.04}Fe_{1.85}^{2+}Fe_{0.14}^{3+}Al_{1.13})(Al_{1.31}Si_{2.69})O_{10}(OH)_8$；

F—$(Mg_{0.79}Mn_{0.59}Fe_{2.82}^{2+}Fe_{0.15}^{3+}Al_{1.45})(Al_{1.13}Si_{2.87})O_{10}(OH)_8$

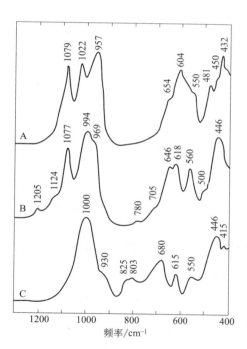

图 11-27 未发生置换的四面体层的光谱图

A—纤蛇纹石；B—叶蛇纹石；C—合成的 7 埃绿泥石 $(Mg_{4.25}Al_{1.75})(Si_{2.25}Al_{1.75})O_{10}(OH)_8$

以上讨论的全是 2:1 型或含有 2:1 结构单元的矿物。在有了 1:1 三八面体的层状硅酸盐（叶蛇纹石和纤蛇纹石）的情况下，我们再返回来看未发生置换的四面体层，它们的光谱（图 11-27）与滑石的光谱（图 11-28）有明显的相似性。在具板状晶体的叶蛇纹石中，具有跃迁矩与层垂直的振动，这可以通过对比定向沉淀的样品的光谱与在 KBr 中任意取向的样品的光谱来识别。这种比较表明，叶蛇纹石 $1078cm^{-1}$ 的谱带像滑石 $1039cm^{-1}$ 的谱带一样，也是垂直振动，而且 $557cm^{-1}$ 的谱带也是个垂直振动，大概类似于滑石中涉及 Mg 振动的 $535cm^{-1}$ 的谱带。氢与重氢的交换指出，层内羟基和层面上羟基摆动可以解释 $646.618cm^{-1}$ 吸收带出现的原因。$1205cm^{-1}$、$1124cm^{-1}$ 处的弱谱带可能是组合谱带或者代表在对称性近似为 C_{6v} 时的非活性振动。吸收带比较宽和 e_1^1 振动的分裂全都说明叶蛇纹石中四面体层的有效对称比滑石的有效对称低。纤蛇纹石的管状形态在区分平行于层和垂直于层的振动时有碍于使用定向沉淀法，但是由于纤维排列成行，平行和垂直于纤维轴的两种振动差别明显。把这点和氢与重氢的交换结合起来，用来对样品进行详细解释。正蛇纹石的光谱介于叶蛇纹石和纤蛇纹石之间，并且不容易把它与后两种矿物的简单混合物区别开来。结晶差的含水的镁和镍硅酸盐（镍水蛇纹石或水蛇纹石）给出的光谱表明它们与蛇纹石和滑石在结构上有关系，如图 11-27 所示。

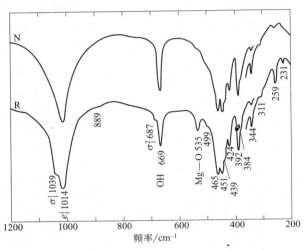

图 11-28　滑石的光谱（R 为样品任意取向的 KBr 压片；N 为正常落下的膜）

11.5.5　架状硅酸盐矿物

在架状硅酸盐矿物的结构中，Si—O 四面体彼此共四个角顶连接成聚合程度最高的架状骨干。Si—O 四面体中必有 Al 取代 Si。它们的红外光谱主要为 Si—O 和 Al—O 振动，包括 Si(Al^{IV})—O 伸缩振动、Si—O—Si(Al^{IV}) 和 O—Si(Al^{IV})—O 弯曲振动，其频率分别在 $1150\sim930cm^{-1}$、$800\sim700cm^{-1}$、$600\sim300cm^{-1}$ 范围。结构中的大阳离子 K、Na、Ca 的振动（K—O、Na—O、Ca—O 伸缩振动）频率小于 $200cm^{-1}$，对谱的影响较小。部分矿物含有 H_2O（沸石水），所以它们的红外光谱还包括 H_2O 的吸收。

架状硅酸盐矿物的类质同象比较广泛，既在阳离子之间有 K⇌Na、Na⇌Ca 等代换，又在四面体内发生 Al 取代 Si。由于代换离子半径、电荷、化学键强度不同，因此，会或多或少地引起配位多面体大小和对称性变化，甚至可能导致整个晶格的畸变，使谱带产生分裂、位移。

Al 在四面体中取代 Si，它的占位可为有序，也可为无序。有序度高者，谱带尖锐、分裂明显。不同的有序度，谱带位置差别可达 $15cm^{-1}$。

所有硅酸盐矿物的红外谱在 $1000cm^{-1}$ 和 $500cm^{-1}$ 附近都要形成两个强吸收带。从岛状→链状→层状→架状硅酸盐矿物，SiO_2 聚合度依次增加，强吸收带位置也依次向高频偏移。吸收带的波长范围趋向变窄。谱带数目增多（层状硅酸盐矿物和 SiO_2 除外），图谱愈加复杂。所以，架状硅酸盐矿物谱带最多、最复杂，除 SiO_2 外，强带频率最高、吸收波长范围最窄。

　　下面讨论的主要是长石族矿物的红外光谱。

　　长石族矿物的化学式为 M $[T_4O_8]$，M＝K、Na、Ca 等，T＝Si、Al。长石族矿物主要包括 3 种组分：钾长石 K $[AlSi_3O_8]$（Or）、钠长石 Na$[AlSi_3O_8]$（Ab）、钙长石 Ca$[Al_2Si_2O_8]$（An）。它们构成两个系列：钾钠长石（碱性长石）系列 Or—Ab 和斜长石（钠钙长石）系列 Ab—An。长石结构对称性低，单斜或三斜晶系，单位晶胞大（$Z＝4$，钙长石 $Z＝8$），简正振动模式多。单斜碱性长石简正振动分裂为 36 个红外活性模式（Au 17 个，Eu 19 个），三斜碱性长石和钠长石有 36 个 Au 红外活性模式（图 11-29），体心钙长石是 75 个 Au 红外活性模式，原始钙长石有 153 个 Au 红外活性模式。可以预料，光谱是复杂的。实测红外光谱在 1200～300cm^{-1} 范围，可观测到 16～17 个谱带，比预测振动模式数少，这可能是由于存在某些偶然简并，或者谱带间距太小，造成互相重叠以致难以辨别。

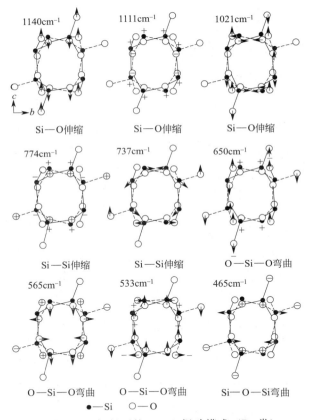

图 11-29　钾长石的 Si—O 振动模式（Bu 类）

　　图 11-29 所示为钾长石部分结构沿 a 轴在（100）面上的投影；（＋）、（一）代表原子平行 a 轴向上、向下运动；图上波数是钾长石偏振红外光谱吸收带的频率。

　　在长石中，Al 取代 Si 的比例是 1/4～1/2，钙长石的 Si—O 四面体中有 1/2 的 Si 被 Al 取代，Si、Al 排列是有序的。钾长石和钠长石有 1/4 的 Si 被 Al 取代，Al 在结构中的分布可能是有序的，也可能是无序的。Al、Si 有序化，在碱性长石中，则使结构对称性降低，导致某些谱带分裂、位移。在斜长石中，有序化可能发生在非等效晶位之间，引起 AlO_4 和 SiO_4 四面体局部对称性变化，亦导致某些谱带位移。

各种长石的红外光谱都相似。吸收带位于 1200cm^{-1} 以下的中低频区，其中 $1300\sim$ 950cm^{-1} 范围是最强吸收区；$650\sim550\text{cm}^{-1}$ 范围和 400cm^{-1} 处为次强吸收区。在这 3 个强、次强吸收区之间还有一些中等至弱的吸收。Iiishi K. 等（1971 年）根据不同成分的人工合成长石谱及其频率变化，对各吸收带性质作了归属。其归属可大致概括如下：$1200\sim950\text{cm}^{-1}$ 范围属 Si—O 与 Si(Al)—O 伸缩振动［有 Al^{IV} 参与的 Si—O 振动，记为 Si(Al)—O，下同］；$900\sim650\text{cm}^{-1}$ 范围是 Si—Si、Si—Al(Si) 伸缩振动；$650\sim550\text{cm}^{-1}$ 属 O—Si(Al)—O 弯曲振动；$550\sim400\text{cm}^{-1}$ 是 Si—O—Si 弯曲振动与 K—O（或 Na—O、Ca—O）伸缩振动耦合带；400cm^{-1} 属 Si—O—Si(Al) 弯曲振动；小于 200cm^{-1} 属 Ca—O、Na—O、K—O 伸缩振动。可以看出，Si(Al)—O 伸缩振动构成了频率最高、吸收最强区；O—Si(Al)—O 及 Si—O—Si(Al) 弯曲振动处于频率较低、强度次之的两个次强吸收区。

以上，我们对典型非金属矿的红外光谱作了简要介绍。今后，随着科学技术和工农业的发展，红外光谱一定能开辟更新、更广阔的应用领域。

参 考 文 献

[1] 陈魁.试验设计与分析 [M].北京:清华大学出版社,2005.

[2] 赵选民.试验设计方法 [M].北京:科学出版社,2006.

[3] 苏均和.试验设计 [M].上海:上海财经大学出版社,2005.

[4] 李志西,杜双奎.试验优化设计与统计分析 [M].北京:科学出版社,2010.

[5] 何为,薛卫东,唐斌.优化试验设计方法及数据分析 [M].北京:化学工业出版社,2012.

[6] 邱轶兵.试验设计与数据处理 [M].合肥:中国科学技术大学出版社,2008.

[7] 张忠明.材料科学中的试验设计与分析 [M].北京:机械工业出版社,2012.

[8] 任露泉.试验设计及其优化 [M].北京:科学出版社,2009.

[9] 刘文卿.实验设计 [M].北京:清华大学出版社,2007.

[10] 栾军.现代试验设计优化方法 [M].上海:上海交通大学出版社,1994.

[11] 鲁伟明.结晶学与岩相学 [M].北京:化学工业出版社,2008.

[12] 罗刚.晶体光学及光性矿物学 [M].北京:地质出版社,2009.

[13] 秦善.晶体学基础 [M].北京:北京大学出版社,2004.

[14] 李胜荣.结晶学与矿物学 [M].北京:地质出版社,2008.

[15] 耿谦.硅酸盐岩相学 [M].北京:中国轻工业出版社,1994.

[16] 马志领,李志林.无机及分析化学 [M].北京:化学工业出版社,2007.

[17] 庄乾坤,刘虎威,陈洪渊.分析化学学科前沿与展望 [M].北京:科学出版社,2012.

[18] 杨宏孝,严秀茹,崔健中,等.无机化学 [M].北京:高等教育出版社,2010.

[19] 梁钰.X射线荧光光谱分析基础 [M].北京:科学出版社,2007.

[20] 吉昂,陶光仪,卓尚军,等.X射线荧光光谱分析 [M].北京:科学出版社,2003.

[21] [法] C.特哈斯,J.M.默赫麦.电感耦合等离子体光谱分析 [M].北京:科学出版社,1989.

[22] 陈新坤.电感耦合等离子体光谱法原理和应用 [M].天津:南开大学出版社,1987.

[23] 赵喜成.ICP-AES在测定胶黏剂等化工产品中硼、锡、铜和铁元素的应用 [D].烟台:烟台大学,2013.

[24] 杨小刚,杜昕,姚亮.ICP-AES技术应用的研究进展 [J].现代科学仪器,2012,3:139-144.

[25] 杨南如.无机非金属材料测试方法 [M].武汉:武汉工业大学出版社,1994.

[26] 周玉.材料分析方法 [M].北京:机械工业出版社,2013.

[27] 李树棠.晶体X射线衍射学基础 [M].北京:冶金工业出版社,1990.

[28] 常铁军,祁欣.材料近代分析测试方法 [M].哈尔滨:哈尔滨工业大学出版社,1999.

[29] 张海军,贾全利,董林.粉末多晶X射线衍射技术原理及应用 [M].郑州:郑州大学出版社,2010.

[30] 廖立兵.X射线衍射方法与应用 [M].北京:地质出版社,2008.

[31] 张大同.扫描电镜与能谱分析技术 [M].广州:华南理工大学出版社,2009.

[32] 朱宜,汪裕苹,陈文雄.扫描电镜图像的形成处理和显微分析 [M].北京:北京大学出版社,1991.

[33] 曾毅,吴伟,高建华.扫描电镜和电子探针的基础及应用 [M].上海:上海科学技术出版社,2009.

[34] 郭素枝.扫描电镜技术及其应用 [M].厦门:厦门大学出版社,2006.

[35] 廖乾初.扫描电镜分析技术与应用 [M].北京:机械工业出版社,1990.

[36] 廖乾初.扫描电镜原理及应用技术 [M].北京:冶金工业出版社,1990.

[37] 杨明太,任大鹏.实用X射线光谱分析 [M].北京:原子能出版社,2008.

[38] 陈丽华.扫描电镜在地质上的应用 [M].北京:科学出版社,1986.

[39] 张清敏.扫描电子显微镜和X射线微区分析 [M].天津:南开大学出版社,1988.

[40] 中国科学院植物研究所.扫描电子显微镜在植物学上的应用 [M].北京:科学出版社,1974.

[41] 翟淑芬,李端.扫描电子显微镜及其在地质学中的应用 [M].武汉:中国地质大学出版社,1991.

[42] 白春礼,田芳,罗克.扫描力显微镜 [M].北京:科学出版社,2000.

[43] 白春礼.扫描隧道显微术及其应用 [M].北京:科学出版社,1992.

[44] 杨序刚,杨潇.原子力显微术及其应用 [M].北京:化学工业出版社,2012.

[45] Lal R, Ramachandran S, Arnsdorf M F. Multidimensional atomic force microscopy: a versatile novel technology for nanopharmacology research [J]. AAPS Journal, 2010, 12 (4): 716-728.

[46] Gillies G, Prestige C A. Colloid probe AFM investigation of the influence of cross-linking on the interaction behavior and nano-rheology of colloidal droplets [J]. Langmuir, 2005, 21 (26): 12342-12347.

[47] 陈注里.原子力显微镜的几种成像模式简介 [J].电子显微学报,2013,32 (2):178-186.

[48] 王文利.非金属矿物材料发展概况及几点建议 [N].中国建材报,2013.

［49］ Wicks F，Kjoller K，Henderson G. Imaging the hydroxyl surface of lizardite at atomic resolution with the atomic force microscope ［J］. The Canadian Mineralogist，1992，30（1）：83-91.

［50］ 王建绒. 一水硬铝石对重金属离子的吸附性能研究 ［D］. 长沙：中南大学，2007.

［51］ Gotzinger M，Peukert W. dispersive forces of particle-surface interactions：direct AFM measurements and modelling ［J］. Powder Technology，2003，130（1-3）：102-109.

［52］ Huamin Gan G W B，Y Shane Yu. Morphology of lead（Ⅱ）and chromium（Ⅲ）reaction products on phyllosilicate surfaces as determined by atomic force microscopy ［J］. Clays and Clay Minerals，1996，44（6）：734-743.

［53］ 吴平霄. 无机插层蒙脱石功能材料的微结构变化研究 ［J］. 现代化工，2003，（07）：34-36，40.

［54］ 吴平霄，张惠芬，郭九皋，等. 蒙脱石热处理产物的微结构变化研究 ［J］. 地质科学，2000，（02）：185-196.

［55］ 于伯龄，姜胶东. 实用热分析 ［M］. 北京：纺织工业出版社，1988.

［56］ 刘振海，畠山立子. 分析化学手册，第八分册-热分析 ［M］. 北京：化学工业出版社，1999.

［57］ 陈国玺，张月明，等. 矿物热分析粉晶分析相变图谱手册 ［M］. 成都：四川科学技术出版社，1989.

［58］ D. N. Todor. Thermal analysis of minerals ［M］. Kent：Abacus Press，1976.

［59］ 钟海庆. 红外光谱法入门 ［M］. 北京：化学工业出版社，1984.

［60］ 翁诗甫. 傅里叶变换红外光谱分析 ［M］. 北京：化学工业出版社，2010.

［61］ 王兆民. 红外光谱学-理论与实践 ［M］. 北京：兵器工业出版社，1995.

［62］ 法默. 矿物的红外光谱 ［M］. 应育浦，译. 北京：科学出版社，1982.

［63］ 闻辂. 矿物红外光谱学 ［M］. 重庆：重庆大学出版社，1988.